建筑工程计价丛书

土石方及桩基础工程计价与应用

杜贵成　主　编

金盾出版社

内 容 提 要

本书主要依据《建设工程工程量清单计价规范》(GB 50500—2008)、《全国统一建筑工程基础定额(土建)》(GJD—101—95)编写,系统地介绍了土石方及桩基础工程的施工工艺、工程量清单计价及定额计价的基本知识和方法。全书共分为四部分:第一部分土石方及桩基础工程基础知识,内容包括建筑工程识图基础知识,土石方工程基础知识,基坑支护工程基础知识,地基与基础工程基础知识,地下防水工程基础知识;第二部分建筑工程计价基础知识,内容包括建筑工程造价基础知识,建筑工程定额计价,建筑工程工程量清单计价;第三部分土石方及桩基础工程计价方法及应用,内容为土石方工程计量与计价,桩与地基基础工程计量与计价,地下防水工程计量与计价,措施项目计量与计价;第四部分土石方及桩基础工程竣工决算,内容为土石方及桩基础工程竣工验收与决算。

本书可以作为监理单位、施工企业的一线管理人员及劳务操作人员的培训教材和参考用书。

图书在版编目(CIP)数据

土石方及桩基础工程计价与应用/杜贵成主编. -- 北京:金盾出版社,2011.12
(建筑工程计价丛书)
ISBN 978-7-5082-7241-2

Ⅰ.①土… Ⅱ.①杜… Ⅲ.①土方工程—工程造价—中国 ②桩基础—建筑工程—工程造价—中国 Ⅳ.①TU723.3

中国版本图书馆 CIP 数据核字(2011)第 202854 号

金盾出版社出版、总发行

北京太平路 5 号(地铁万寿路站往南)
邮政编码:100036 电话:68214039 83219215
传真:68276683 网址:www.jdcbs.cn
封面印刷:北京凌奇印刷有限责任公司
正文印刷:双峰印刷装订有限公司
装订:双峰印刷装订有限公司
各地新华书店经销
开本:787×1092 1/16 印张:15.625 字数:378 千字
2011 年 12 月第 1 版第 1 次印刷
印数:0~8 000 册 定价:39.00 元

序　言

　　随着我国社会主义市场经济的飞速发展，国家对建设工程的投资正逐年加大，建设工程造价体制改革正不断深入地发展，工程造价工作已经成为社会主义现代化建设事业中一项不可或缺的基础性工作。工程造价编制水平的高低关系到我国工程造价管理体制改革能否继续深入。

　　工程造价的确定是规范建设市场秩序，提高投资效益的重要环节，具有很强的政策性、经济性、科学性和技术性。现阶段我国正积极推行建设工程工程量清单计价制度，并颁布实施了《建设工程工程量清单计价规范》(GB 50500—2008)。清单计价规范的颁布实施，很大程度上推动了工程造价管理体制改革的深入发展，为我国社会主义经济建设提供了良好的发展机遇。

　　面对这种新的机遇和挑战，要求广大工程造价工作者不断学习，努力提高自己的业务水平，以适应工程造价领域发展形势的需要。同时，由于工程造价管理与编制工作的重要性，对从事工程造价工作的人员也提出了更高的要求。工程造价工作人员不仅要具有现代管理人员的技术技能与管理能力，还需具备良好的职业道德和文化素养，能够在一定的时间内高效率、高质量地完成工程造价工作。

　　为帮助广大工程造价人员适应市场经济条件下工程造价工作的需要，我们特组织了一批具有丰富工程造价理论知识和实践工作经验的专家学者，编写了这套《建筑工程计价丛书》。本套丛书共分为以下几册：

　　《电气设备安装工程计价与应用》

　　《给排水、采暖、燃气工程计价与应用》

　　《土石方及桩基础工程计价与应用》

　　《砌筑及混凝土工程计价与应用》

　　《装饰装修工程计价与应用》

　　与市面上已经出版的同类书籍相比，本套丛书具有以下优点：

　　1. 应用新规范。丛书主要依据《建设工程工程量清单计价规范》(GB 50500—2008)进行编写。为突出丛书的实用性、科学性和可操作性，丛书还通过列举大量的工程造价计价计算实例的方法，更好地帮助读者掌握工程造价知识。

　　2. 理论联系实际。丛书的编写注重理论与实践的紧密结合，汲取以往建设工程造价领域的经验，将收集的资料和积累的信息与理论联系在一起，更好地帮助建设工程造价工作人员提高自己的工作能力和解决工作中遇到的实际问题。

　　3. 广泛性与实用性。丛书内容广泛，编写体例新颖，实用性和可操作性强，可供相应工程管理人员、工程概预算人员岗位技能培训使用。

　　本套丛书在编写过程中参考和引用了大量的参考文献和资料，在此，向参考资料原作者及材料收集人员表示衷心的感谢。由于编者水平有限，书中错误及疏漏之处在所难免，敬请读者批评指正。

丛书编委会

前　言

随着我国经济和建筑科技的飞速发展,我国工程造价管理体制、计价定价模式以及施工工艺正逐步完善,急需既懂技术和经济,又懂法律和管理的复合型造价人才。为了适应市场对人才的需求,满足广大造价从业人员的学习热情,我们参照了造价工程师、监理工程师和一级建造师等执业考试用书的部分内容,结合工程造价管理工作的实际经验,依据最新的建设工程工程量清单计价办法和最新的建筑面积计算规范编写了本书。

本书在编写中,注重理论与实践相结合,从学会看施工图,熟悉建筑构造和施工工艺入手,以定额和工程量清单的应用、编制为重点,编排了相应的例题,集科学性、系统性、逻辑性、实用性于一身,具有很强的可操作性。

本书由杜贵成主编,参加编写的有张文超、丁旭东、裴玉栋、霍丹、王文娟、高艳明、李靖、周明松、丁艳虎、李娜。在编写过程中,得到了土石方及桩基础工程造价方面的专家和技术人员的大力支持和帮助,在此一并致谢。

由于编者水平有限,书中不免有疏漏之处,恳请广大读者热心指点,以便进一步修改和完善。

作　者

目　　录

第一部分　土石方及桩基础工程基础知识

第一章　土石方及桩基础工程识图

内容提要：

1. 了解《房屋建筑制图统一标准》(GB/T 50001—2010)的基本内容。
2. 掌握建筑施工图与结构施工图的识读方法。

第一节　建筑制图基本规定

1. 图纸的幅面和规格

单位工程的施工图装订成套，为了使整套施工图方便装订，《房屋建筑制图统一标准》(GB/T 50001—2010)规定图纸按其大小分为 5 种，见表 1-1。表中幅面关系为：A0＝2A1＝4A2＝8A3＝16A4。同一项工程的图纸，幅面不宜多于两种。通常 A0～A3 图纸宜横式使用，必要时亦可立式使用，如图 1-1 所示。若图纸幅面不够，可将图纸长边加长，但是短边不宜加长，长边加长应符合表 1-2 的规定。

表 1-1　幅面及图框尺寸　　　　　　　　　　　（单位：mm）

尺寸代号 ＼ 幅面代号	A0	A1	A2	A3	A4
$b \times l$	841×1189	594×841	420×594	297×420	210×297
c	10			5	
a	25				

注：表中 b 为幅面短边尺寸，l 为幅面长边尺寸，c 为图框线与幅面线间宽度，a 为图框线与装订边间宽度。

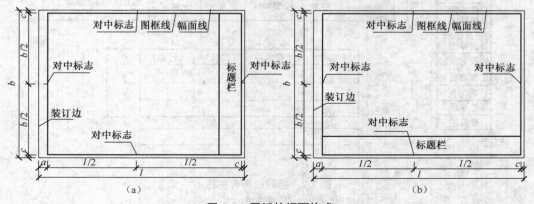

图 1-1　图纸的幅面格式

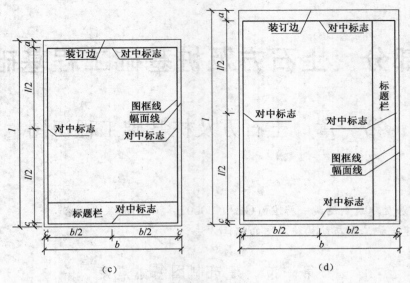

图 1-1　图纸的幅面格式(续)

(a)A0~A3 横式幅面(一)　(b)A0~A3 横式幅面(二)　(c)A0~A4 立式幅面(一)　(d)A0~A4 立式幅面(二)

表 1-2　图纸长边加长尺寸　　　　　　　　　　(单位:mm)

幅面代号	长边尺寸	长边加长后的尺寸
A0	1189	1486(A0+1/4l)　1635(A0+3/8l)　1783(A0+1/2l)　1932(A0+5/8l)　2080(A0+3/4l)　2230(A0+7/8l)　2378(A0+l)
A1	841	1051(A1+1/4l)　1261(A1+1/2l)　1471(A1+3/4l)　1682(A1+l)　1892(A1+5/4l)　2102(A1+3/2l)
A2	594	743(A2+1/4l)　891(A2+1/2l)　1041(A2+3/4l)　1189(A2+l)　1338(A2+5/4l)　1486(A2+3/2l)　1635(A2+7/4l)　1783(A2+2l)　1932(A2+9/4l)　2080(A2+5/2l)
A3	420	630(A3+1/2l)　841(A3+l)　1051(A3+3/2l)　1261(A3+2l)　1471(A3+5/2l)　1682(A3+3l)　1892(A3+7/2l)

注:有特殊需要的图纸,可采用 $b×l$ 为 841mm×891mm 与 1189mm×1261mm 的幅面。

在每张施工图中,通过图纸右下角的标题栏可以更便捷地查阅图纸,如图 1-2a 所示。标题

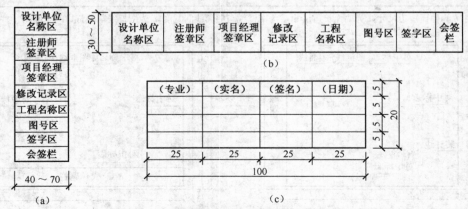

图 1-2　标题栏与会签栏

(a)标题栏(一)　(b)标题栏(二)　(c)会签栏

栏主要以表格形式表达本张图纸的属性,例如设计单位名称、工程名称、图样名称、图样类别、编号以及设计、审核、负责人的签名,若涉外工程应加注"中华人民共和国"字样。会签栏则是各专业工种负责人的签字区,通常位于图纸的右上角,如图1-2b所示。

2. 图线

工程图样中的内容都用图线表达。为了使各种图线所表达的内容统一,《房屋建筑制图统一标准》(GB/T 50001—2010)对建筑工程图样中图线的种类、用途和画法都作了规定。在建筑工程图样中图线的线型、线宽及其用途见表1-3。

表1-3　图线

名称		线型	线宽	用途
实线	粗		b	主要可见轮廓线
	中粗		$0.7b$	可见轮廓线
	中		$0.5b$	可见轮廓线、尺寸线、变更云线
	细		$0.25b$	图例填充线、家具线
虚线	粗		b	见各有关专业制图标准
	中粗		$0.7b$	不可见轮廓线
	中		$0.5b$	不可见轮廓线、图例线
	细		$0.25b$	图例填充线、家具线
单点长画线	粗		b	见各有关专业制图标准
	中		$0.5b$	见各有关专业制图标准
	细		$0.25b$	中心线、对称线、轴线等
双点长画线	粗		b	见各有关专业制图标准
	中		$0.5b$	见各有关专业制图标准
	细		$0.25b$	假想轮廓线、成型前原始轮廓线
折断线	细		$0.25b$	断开界线
波浪线	细		$0.25b$	断开界线

图线的宽度可从表1-4中选用。

表1-4　线宽组　　　　　　　　　　　　　(单位:mm)

线宽比	线宽组			
b	1.4	1.0	0.7	0.5
$0.7b$	1.0	0.7	0.5	0.35
$0.5b$	0.7	0.5	0.35	0.25
$0.25b$	0.35	0.25	0.18	0.13

注:1. 需要缩微的图纸,不宜采用0.18mm及更细的线宽。

　　2. 同一张图纸内,各不同线宽中的细线,可统一采用较细的线宽组的细线。

图纸的图框线和标题栏的线宽可从表1-5中选用。

表 1-5　图框线、标题栏的线宽　　　　　　（单位：mm）

幅面代号	图　框　线	标题栏外框线	标题栏分隔线
A0、A1	b	0.5b	0.25b
A2、A3、A4	b	0.7b	0.35b

3. 字体

　　建筑工程图样除用不同的图线表示建筑及其构件的形状、大小外，还有一些无法用图线表达的内容，例如建筑装修的颜色、对各部位施工的要求、尺寸标注等，因此，在图样中必须用文字加以注释。在建筑施工图中的文字包括汉字、拉丁字母、阿拉伯数字、符号、代号等。为了保持图样的严肃性，图样中的字体应笔画清晰、字体端正、排列整齐、间隔均匀。

　　文字的字高应从表 1-6 中选用。字高大于 10mm 的文字宜采用 True type 字体，若要书写更大的字，其高度应按 $\sqrt{2}$ 的倍数递增。

表 1-6　文字的字高　　　　　　（单位：mm）

字体种类	中文矢量字体	True type 字体及非中文矢量字体
字高	3.5、5、7、10、14、20	3、4、6、8、10、14、20

　　(1)汉字。图样及说明中的汉字，宜采用长仿宋体或黑体，宽度与高度的关系应符合表 1-7 的规定。长仿宋体字的书写要领是横平竖直、起落分明、笔锋满格、结构匀称、间隔均匀、排列整齐、字体端正。

表 1-7　长仿宋体字高宽关系　　　　　　（单位：mm）

字高	20	14	10	7	5	3.5
字宽	14	10	7	5	3.5	2.5

　　(2)拉丁字母、阿拉伯数字和罗马数字。图样及说明中的拉丁字母、阿拉伯数字与罗马数字，宜采用单线简体或 Roman 字体。拉丁字母、阿拉伯数字与罗马数字的书写规则，应符合表 1-8 的规定。

表 1-8　拉丁字母、阿拉伯数字与罗马数字的书写规则

书　写　格　式	字　　　体	窄　字　体
大写字母高度	h	h
小写字母高度(上下均无延伸)	$7/10h$	$10/14h$
小写字母伸出的头部或尾部	$3/10h$	$4/14h$
笔画宽度	$1/10h$	$1/14h$
字母间距	$2/10h$	$2/14h$
上下行基准线的最小间距	$15/10h$	$21/14h$
词间距	$6/10h$	$6/14h$

拉丁字母、阿拉伯数字和罗马数字,若写成斜体字,其斜度应是从字的底线逆时针向上倾斜 75°。斜体字的高度与宽度应与相应的直体字相等,这三种字体的字高均不应小于 2.5mm。

4. 比例

建筑物应根据其大小采用适当的比例绘制,图样的比例是指图形与实物相应要素的线性尺寸之比。比例的大小是指其比值的大小,例如 1∶10 大于 1∶50。比例通常注写在图名的右方,与文字的基准线应取平,字高比图名小一号或两号,如图 1-3 所示。

平面图　　1∶100　　⑤1∶20

图 1-3　比例的注写

绘图所用的比例应根据图样的用途和被绘对象的复杂程度,从表 1-9 中选用,并优先选用常用比例。

表 1-9　绘图所用的比例

常用比例	1∶1,1∶2,1∶5,1∶10,1∶20,1∶30,1∶50,1∶100,1∶150,1∶200,1∶500,1∶1000,1∶2000
可用比例	1∶3,1∶4,1∶6,1∶15,1∶25,1∶40,1∶60,1∶80,1∶250,1∶300,1∶400,1∶600,1∶5000、1∶10000,1∶20000,1∶50000,1∶100000,1∶200000

5. 尺寸标注

(1)尺寸的组成。尺寸由尺寸界线、尺寸线、尺寸起止符号和尺寸数字四部分组成,如图 1-4 所示。

①尺寸界线:尺寸界线用细实线绘制,与所要标注轮廓线垂直。其一端应离开图样轮廓线不小于 2mm,另一端超过尺寸线 2～3mm,图样轮廓线、轴线和中心线可以作为尺寸界线。

②尺寸线:尺寸线表示所要标注轮廓线的方向,用细实线绘制,与所要标注轮廓线平行,与尺寸界线垂直,不得超越尺寸界线,也不得用其他图线代替。互相平行的尺寸线的间距应大于 7mm,并应保持一致,尺寸线离图样轮廓线的距离不应小于 10mm。

③尺寸起止符号:尺寸起止符号是尺寸的起点和止点,用中粗斜短线绘制,长度宜为 2～3mm,其倾斜方向应与尺寸界线成顺时针 45°角。半径、直径、角度和弧长的尺寸起止符号,宜用箭头表示,箭头的画法如图 1-5 所示。

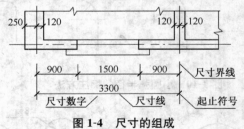

图 1-4　尺寸的组成 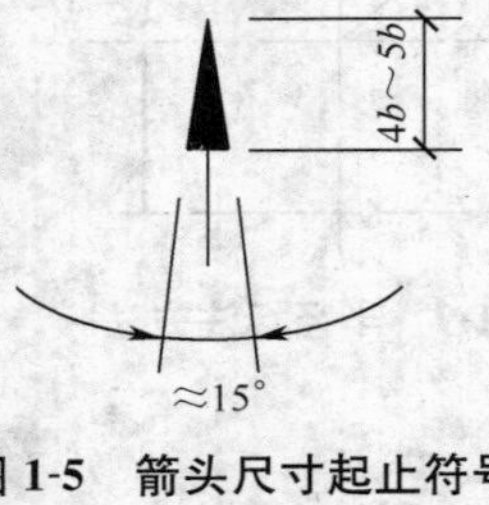　　　　　　**图 1-5　箭头尺寸起止符号**

④尺寸数字:尺寸数字必须用阿拉伯数字注写。建筑工程图样中的尺寸数字表示建筑物或构件的实际大小,与所绘图样的比例和精确度无关。在《房屋建筑制图统一标准》(GB/T 50001—2010)中规定,尺寸数字的单位,除总平面图上的尺寸单位和标高的单位以"m"为单位外,其余尺寸均以"mm"为单位,在施工图中不注写单位。尺寸标注时,当尺寸线是水平线时,尺寸数字应写在尺寸线的上方,字头向上;当尺寸线是竖线时,尺寸数字应写在尺寸线的左方,字头向左。当尺寸

线为其他方向时,其注写方向如图 1-6
所示。

尺寸宜标注在图样轮廓线以外,不
宜与图线、文字及符号等相交,如图 1-7
所示。尺寸数字应依据其方向注写在靠
近尺寸线的上方中部。如没有足够的注
写位置,最外边的尺寸数字可注写在尺
寸界线的外侧,中间相邻的尺寸数字可
上下错开注写,引出线端部用圆点表示
标注尺寸的位置,如图 1-8 所示。

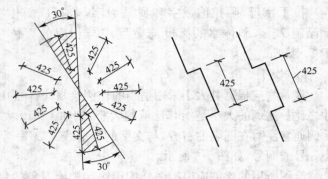

图 1-6　尺寸数字的注写方向

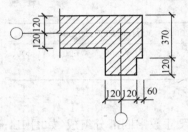

图 1-7　尺寸数字的注写

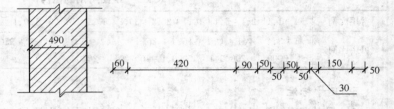

图 1-8　尺寸数字的注写位置

(2)半径、直径、球的尺寸标注。半径的尺寸线应一端从圆心开始,另一端画箭头指向圆弧。
半径数字前应加注半径符号"R",如图 1-9 所示。较小圆弧的半径,可按图 1-10 形式标注;较大
圆弧的半径,可按图 1-11 形式标注。

标注圆的直径尺寸时,直径数字前应加直径符号"ϕ"。在圆内标注的尺寸线应通过圆心,两
端画箭头指至圆弧,如图 1-12 所示。较小圆的直径尺寸,可标注在圆外,图 1-13 所示。

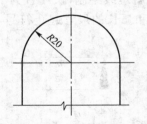

图 1-9　半径标注方法

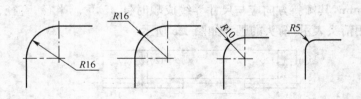

图 1-10　小圆弧半径的标注方法

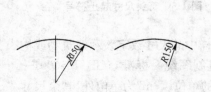

图 1-11　大圆弧半径的标注方法

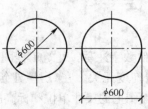

图 1-12　圆直径的标注方法

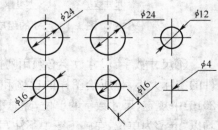

图 1-13　小圆直径的标注方法

标注球的半径尺寸时,应在尺寸前加注符号"SR"。标注球的直径尺寸时,应在尺寸数字前加注符号"Sφ"。注写方法与圆弧半径和圆直径的尺寸标注方法相同。

(3)其他尺寸标注。

①角度、弧度、弧长的标注:角度的尺寸线应以圆弧表示。该圆弧的圆心应是该角的顶点,角的两条边为尺寸界线。起止符号应以箭头表示,如没有足够位置画箭头,可用圆点代替,角度数字应沿尺寸线方向注写,如图1-14所示。

标注圆弧的弧长时,尺寸线应以与该圆弧同心的圆弧线表示,尺寸界线应指向圆心,起止符号用箭头表示,弧长数字上方应加注圆弧符号"⌒",如图1-15所示。

标注圆弧的弦长时,尺寸线应以平行于该弦的直线表示,尺寸界线应垂直于该弦,起止符号用中粗斜短线表示,如图1-16所示。

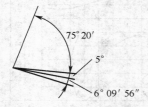
图1-14　角度标注方法

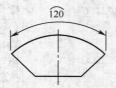
图1-15　弧长标注方法

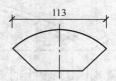
图1-16　弦长标注方法

②薄板厚度、正方形、坡度、非圆曲线等尺寸标注:在薄板板面标注板厚尺寸时,应在厚度数字前加厚度符号"t",如图1-17所示。

标注正方形的尺寸,可用"边长×边长"的形式,也可在边长数字前加正方形符号"□",如图1-18所示。

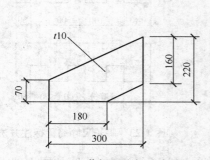
图1-17　薄板厚度标注方法

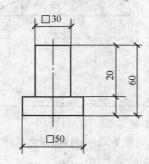
图1-18　标注正方形尺寸

标注坡度时,应加注坡度符号"⟶",如图1-19a、b,该符号为单面箭头,箭头应指向下坡方向。坡度也可用直角三角形形式标注,如图1-19c所示。

外形为非圆曲线的构件,可用坐标形式标注尺寸,如图1-20所示。

复杂的图形,可用网格形式标注尺寸,如图1-21所示。

③尺寸的简化标注:杆件或管线的长度,在单线图(桁架简图、钢筋简图、管线简图)上,可直接将尺寸数字沿杆件或管线的一侧注写,如图1-22所示。

连续排列的等长尺寸,可用"等长尺寸×个数=总长"或"等分尺寸×个数=总长"的形式标注,如图1-23所示。

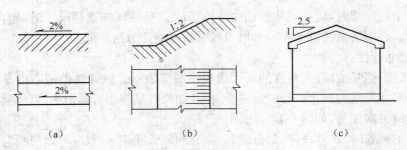

图 1-19   坡度标注方法

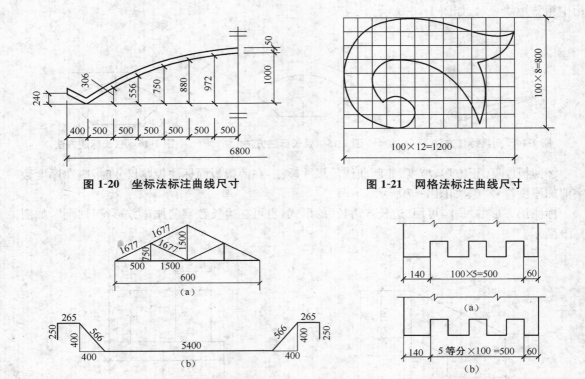

图 1-20   坐标法标注曲线尺寸   图 1-21   网格法标注曲线尺寸

图 1-22   单线图尺寸标注方法   图 1-23   等长尺寸简化标注方法

构配件内的构造因素(如孔、槽等)如相同,可仅标注其中一个要素的尺寸,如图 1-24 所示。

对称构配件采用对称省略画法时,该对称构配件的尺寸线应略超过对称符号,仅在尺寸线的一端画尺寸起止符号,尺寸数字应按整体全尺寸注写,其注写位置宜与对称符号对齐,如图1-25所示。

两个构配件,如个别尺寸数字不同,可在同一图样中将其中一个构配件的不同尺寸数字注写在括号内,该构配件的名称也应注写在相应的括号内,如图 1-26 所示。

多个构配件,如仅某些尺寸不同,这些有变化的尺寸数字,可用拉丁字母注写在同一图样中,另列表格写明其具体尺寸,如图 1-27 所示。

④标高:标高符号应以直角等腰三角形表示,按图 1-28a 所示形式用细实线绘制,当标注位置不够,也可按图 1-28b 所示形式绘制。标高符号的具体画法应符合图 1-28c、d 的规定。

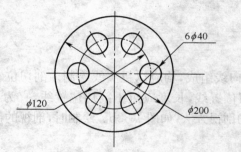

图 1-24　相同要素尺寸标注方法

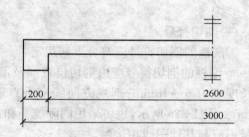

图 1-25　对称构配件尺寸标注方法

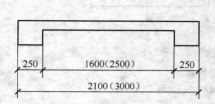

图 1-26　相似构配件尺寸标注方法

构配件编号	a	b	c
Z-1	200	200	200
Z-2	250	450	200
Z-3	200	450	250

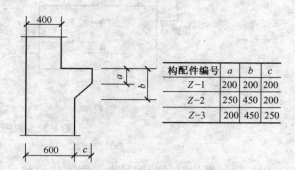

图 1-27　相似构配件尺寸表格式标注方法

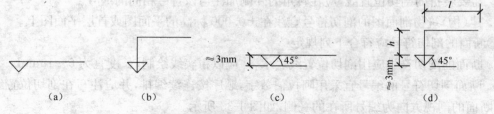

图 1-28　标高符号

l. 取适当长度注写标高数字　*h*. 根据需要取适当高度

总平面图室外地坪标高符号，宜用涂黑的三角形表示，具体画法应符合图 1-29 的规定。

标高符号的尖端应指至被注高度的位置。尖端宜向下，也可向上。标高数字应注写在标高符号的上侧或下侧，如图 1-30 所示。

标高数字应以米为单位，注写到小数点以后第三位。在总平面图中，可注写到小数字点以后第二位。

零点标高应注写成±0.000，正数标高不注"＋"，负数标高应注"－"，例如 3.000、－0.600。

在图样的同一位置需表示几个不同标高时，标高数字可按图 1-31 的形式注写。

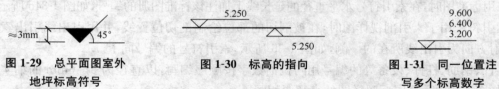

图 1-29　总平面图室外地坪标高符号

图 1-30　标高的指向

图 1-31　同一位置注写多个标高数字

6. 符号

(1)剖切符号。

①剖视的剖切符号应符合下列规定：

a. 剖视的剖切符号应由剖切位置线及剖视方向线组成，均应以粗实线绘制。剖切位置线的长度宜为 6～10mm；剖视方向线应垂直于剖切位置线，长度应短于剖切位置线，宜为 4～6mm，如图 1-32a 所示，也可采用国际统一和常用的剖视方法，如图 1-32b。绘制时，剖视的剖切符号不应与其他图线相接触。

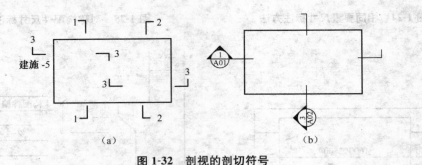

图 1-32　剖视的剖切符号

(a)剖视的剖切符号(一)　(b)剖视的剖切符号(二)

b. 剖视剖切符号的编号宜采用阿拉伯数字，顺序按由左至右、由下至上连续编排，并应注写在剖视方向线的端部。

c. 需要转折的剖切位置线，应在转角的外侧加注与该符号相同的编号。

d. 建(构)筑物剖面图的剖切符号宜注在±0.000 标高的平面图或首层平面图上。

②断面的剖切符号应符合下列规定：

a. 断面的剖切符号应用剖切位置线表示，并应以粗实线绘制，长度宜为 6～10mm。

b. 断面剖切符号的编号宜采用阿拉伯数字，顺序按连续编排，并应注写在剖切位置线的一侧；该断面的剖视方向为编号所在的一侧，如图 1-33 所示。

③剖面图或断面图，若与被剖切图样不在同一张图内，可在剖切位置线的另一侧注明其所在图纸的编号，也可以在图上集中说明。

(2)索引符号与详图符号。 图样中的某一局部或构件需另见详图时，以索引符号索引，如图 1-34a 所示。索引符号由直径为 8～10mm 的圆和水平直径组成，圆和水平直径用细实线表示。索引出的详图与被索引出的详图同在一张图纸时，在索引符号的上半圆中用阿拉伯数字注明该详图的编号，在下半圆中间画一段水平细实线，如图 1-34b 所示。索引出的详图与被索引出的详图不在同一张图纸时，在索引符号的上半圆中用阿拉伯数字注明该详图的编号，在下半圆中用阿拉伯数字注明该详图所在图纸的编号，如图 1-34c 所示，数字较多时，也可加文字标注。索引出的详图采用标准图时，在索引符号水平直径的延长线上加注该标准图册的编号，如图 1-34d 所示。

索引符号用于索引剖视详图时，在被剖切的部位绘制剖切位置线，并用引出线引出索引符号，投射方向为引出线所在的一侧，如图 1-35 所示，索引符号的编号同上。

零件、钢筋、杆件、设备等的编号用阿拉伯数字按顺序编写，以直径为 5～6mm 的细实线圆表示，如图 1-36 所示，同一图样圆的直径要相同。

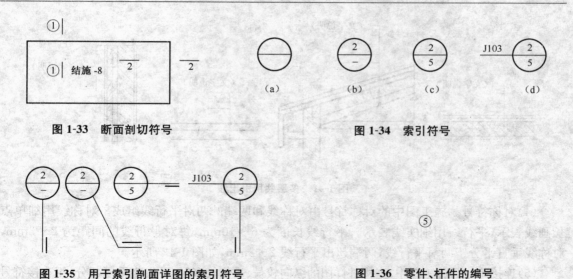

图 1-33　断面剖切符号　　　　　　　　　　图 1-34　索引符号

图 1-35　用于索引剖面详图的索引符号　　　　图 1-36　零件、杆件的编号

详图符号的圆用直径为 14mm 的粗实线绘制,当详图与被索引出的图样在同一张图纸内时,在详图符号内用阿拉伯数字注明该详图编号,如图 1-37 所示。当详图与被索引出的图样不在同一张图纸时,用细实线在详图符号内画一水平直径,上半圆中注明详图的编号,下半圆注明被索引图纸的编号,如图 1-38 所示。

图 1-37　与被索引出的图样在　　　　　图 1-38　与被索引出的图样不在
　　　　同一张图纸的详图符号　　　　　　　　　　同一张图纸的详图符号

(3)引出线。引出线应以细实线绘制,宜采用水平方向的直线、与水平方向成 30°、45°、60°、90° 的直线,或经上述角度再折为水平线。文字说明宜注写在水平线的上方,如图 1-39a 所示,也可注写在水平线的端部,如图 1-39b 所示。索引详图的引出线,应对准索引符号的圆心,如图1-39c所示。

同时引出几个相同部分的引出线,宜互相平行,如图 1-40a 所示,也可画成集中于一点的放射线,如图 1-40b 所示。

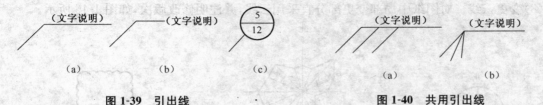

图 1-39　引出线　　　　　　　　　　　　图 1-40　共用引出线

多层构造或多层管道共用引出线,应通过被引出的各层,并用圆点示意对应各层次。文字说明宜注写在水平线的上方,或注写在水平线的端部,说明的顺序应由上至下,并应与被说明的层次相互一致;若层次为横向排序,则由上至下的说明顺序应与由左至右的层次相互一致,如图 1-41 所示。

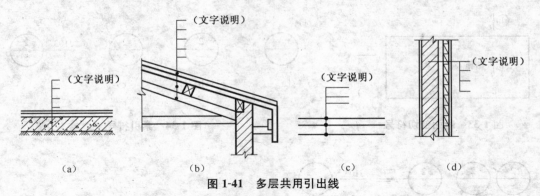

图 1-41　多层共用引出线

（4）对称符号。施工图中的对称符号由对称线和两端的两对平行线组成。对称线用细单点长画线表示，平行线用细实线表示。平行线长度为 6～10mm，每对平行线的间距为 2～3mm，对称线垂直平分于两对平行线，两端超出平行线 2～3mm，如图 1-42 所示。

（5）连接符号。施工图中，当构件详图的纵向较长、重复较多时，可省略重复部分，用连接符号相连。连接符号用折断线表示所需连接的部位，当两部位相距过远时，折断线两端靠图样一侧要标注大写拉丁字母表示连接编号。两个被连接的图样要用相同的字母编号，如图 1-43 所示。

图 1-42　对称符号　　　　　　　　　　　　　　图 1-43　连接符号

（6）指北针。在总平面图中应画有指北针，以表示建筑物的方向。指北针的形状如图 1-44 所示，其圆的直径宜为 24mm，用细实线绘制；指针尾部的宽度宜为 3mm，指针头部应注"北"或"N"字。需用较大直径绘制指北针时，指针尾部宽度宜为直径的 1/8。

（7）风向频率玫瑰图。为表示某一地区常年的风向情况，在总平面图中要画上风向频率玫瑰图（简称风玫瑰图），如图 1-45 所示。图中把东南西北划分为 16 个方位，各方位上的长度，就是把多年来各方位平均刮风的次数占刮风总次数的百分数值，按一定的比例定出的。图中所示的风向是指从外面刮向地区中心的方向。实线指全年的风向，虚线指夏季的风向。

（8）变更云线。对图纸中局部变更部分宜采用云线，并注明修改版次，如图 1-46 所示。

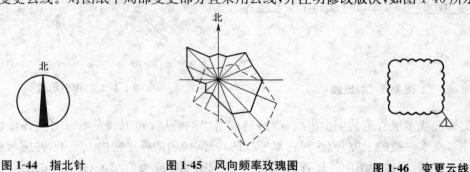

图 1-44　指北针　　　　图 1-45　风向频率玫瑰图　　　　图 1-46　变更云线
　　　　　　　　　　　　　　　　　　　　　　　　　　　　　　1. 修改次数

第二节　建筑施工图识读基础知识

一、施工图的分类及编排顺序

1. 施工图的分类

施工图按其内容和作用的不同,可分为以下三大类。

(1)建筑施工图。建筑施工图简称建施,其基本图样包括:建筑总平面图、平面图、立面图和详图等;其建筑详图包括墙身剖面图、楼梯详图、浴厕详图、门窗详图及门窗表,以及各种装修、构造做法、说明等。在建筑施工图的标题栏内均注写建施××号,以供查阅。

(2)结构施工图。结构施工图简称结施,其基本图样包括:基础平面图、楼层结构平面图、屋顶结构平面图、楼梯结构图等;其结构详图有:基础详图,梁、板、柱等构件详图及节点详图等。在结构施工图的标题内均注写结施××号,以供查阅。

(3)设备施工图。设备施工图简称设施,设施包括三部分专业图样,即:给排水施工图;采暖通风施工图;电气施工图。

设备施工图由平面布置图、管线走向系统图(如轴测图)和设备详图等构成。在这些图样的标题栏内分别注写水施××号、暖施××号、电施××号,以便查阅。

2. 施工图的编排顺序

工程施工图的编排顺序通常是代表全局性的图样在前,表示局部的图样在后;先施工的图样在前,后施工的图样在后;重要的图样在前,次要的图样在后;基本图样在前,详图在后。整套图样的编排顺序如下:

①图样目录。

②总说明(说明工程概况和总的要求,对于中小型工程,可将其编在建筑施工图内)。

③建筑施工图。

④结构施工图。

⑤设备施工图(一般按水施、暖施、电施的顺序排列)。

二、建筑施工图的识读

1. 建筑总平面图的识读

建筑总平面图是将拟建工程四周一定范围内的新建、拟建、原有和拆除的建筑物、构筑物连同其周围的地形地物状况,用水平投影方法和相应的图例所画出的图样。

(1)总平面图的用途。总平面图是一个建设项目的总体布局,表示新建房屋所在基地范围内的平面布置、具体位置以及周围情况,总平面图通常画在具有等高线的地形图上。总平面图有以下用途:

①工程施工的依据(如施工定位,施工放线和土石方工程)。

②室外管线布置的依据。

③工程预算的重要依据(如土石方工程量,室外管线工程量的计算)。

(2)总平面图的基本内容。

①标明新建区域的地形、地貌、平面布置,包括红线位置,各建(构)筑物、道路、河流、绿化等的位置及其相互间的位置关系。

②确定新建房屋的平面位置。通常依据原有建筑物或道路定位,标注定位尺寸;修建成片住宅、较大的公共建筑物、工厂或地形复杂时,用坐标确定房屋及道路转折点的位置。

③标明建筑物首层地面的绝对标高,室外地坪、道路的绝对标高;说明土方填挖情况、地面坡度及雨水排除方向。

④用指北针和风向频率玫瑰图来表示建筑物的朝向。

(3)总平面图的识读要点。

①熟悉总平面图的图例(表1-10),查阅图标及文字说明,了解工程性质、位置、规模及图纸比例。

②查看建设基地的地形、地貌、用地范围及周围环境等,了解新建房屋和道路、绿化布置情况。

③了解新建房屋的具体位置和定位依据。

④了解新建房屋的室内外高差,道路标高,坡度以及地表水排流情况。

表1-10 总平面图图例

序号	名 称	图 例	备 注
1	新建建筑物	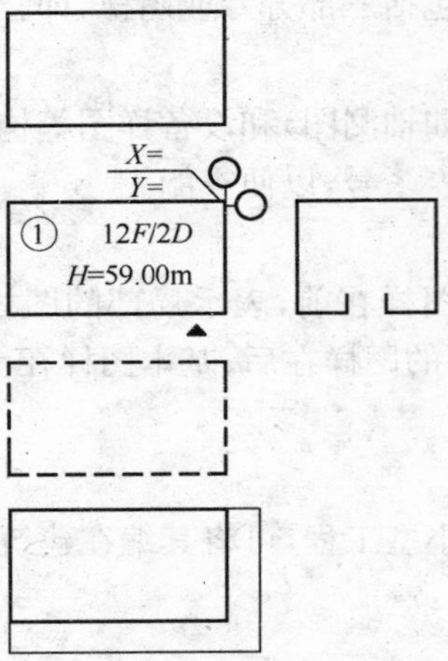 $X=$ $Y=$ ① $12F/2D$ $H=59.00m$	新建建筑物以粗实线表示与室外地坪相接处±0.000外墙定位轮廓线 建筑物一般以±0.000高度处的外墙定位轴线交叉点坐标定位。轴线用细实线表示,并标明轴线号 根据不同设计阶段标注建筑编号,地上、地下层数,建筑高度,建筑出入口位置(两种表示方法均可,但同一图纸采用一种表示方法) 地下建筑物以粗虚线表示其轮廓 建筑上部(±0.000以上)外挑建筑用细实线表示 建筑物上部连廊用细虚线表示并标注位置
2	原有建筑物	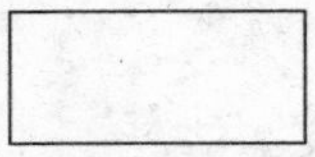	用细实线表示
3	计划扩建的预留地或建筑物		用中粗虚线表示
4	拆除的建筑物		用细实线表示
5	建筑物下面的通道	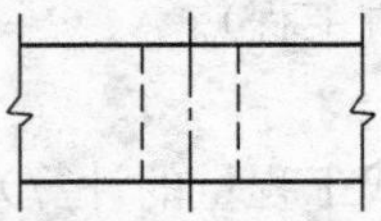	—
6	散状材料露天堆场		需要时可注明材料名称

续表 1-10

序号	名　称	图　例	备　注
7	其他材料露天堆场或露天作业场	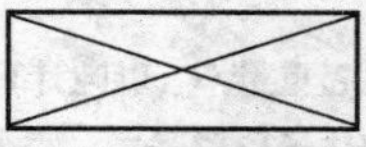	需要时可注明材料名称
8	铺砌场地	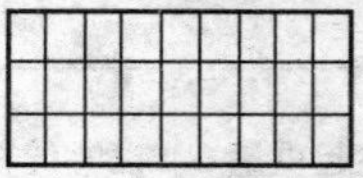	—
9	敞棚或敞廊	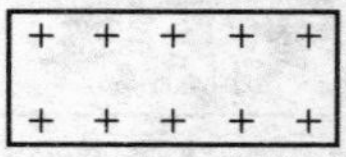	—
10	高架式料仓	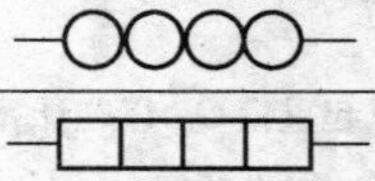	
11	漏斗式贮仓		左图、右图为底卸式 中图为侧卸式
12	冷却塔（池）		应注明冷却塔或冷却池
13	水塔、贮罐	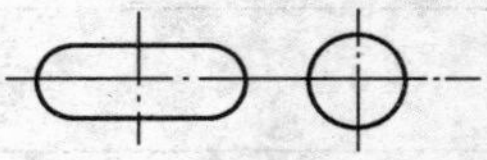	左图为卧式贮罐 右图为水塔或立式贮罐
14	水池、坑槽		也可以不涂黑
15	明溜矿槽（井）	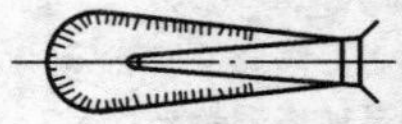	
16	斜井或平硐	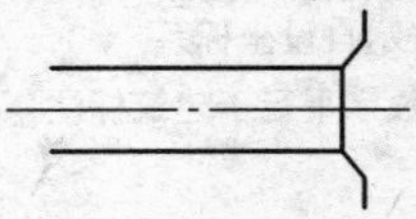	—
17	烟囱		实线为烟囱下部直径，虚线为基础，必要时可注写烟囱高度和上、下口直径
18	围墙及大门		—
19	挡土墙	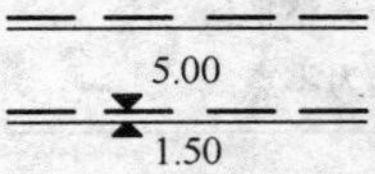 5.00 1.50	挡土墙根据不同设计阶段的需要标注 墙顶标高 墙底标高
20	挡土墙上设围墙		—
21	台阶及无障碍坡道	(1) 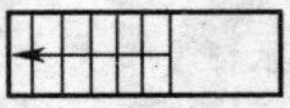 (2) 	(1)表示台阶（级数仅为示意） (2)表示无障碍坡道

续表 1-10

序号	名　称	图　例	备　注
22	露天桥式起重机	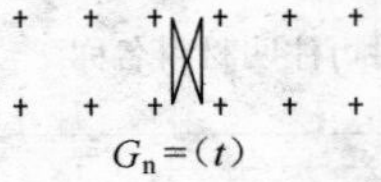 $G_n=(t)$	起重机起重量 G_n，以吨计算 "+"为柱子位置
23	露天电动葫芦	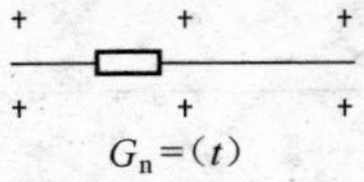 $G_n=(t)$	起重机起重量 G_n，以吨计算 "+"为支架位置
24	门式起重机	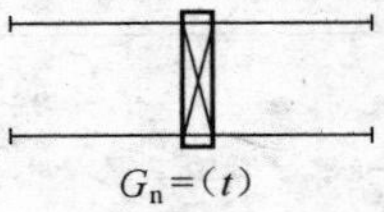 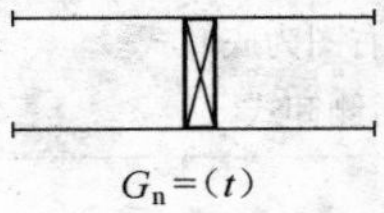 $G_n=(t)$ $G_n=(t)$	起重机起重量 G_n，以吨计算 上图表示有外伸臂 下图表示无外伸臂
25	架空索道		"Ⅰ"为支架位置
26	斜坡卷扬机道		
27	斜坡栈桥（皮带廊等）	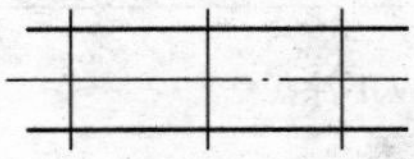	细实线表示支架中心线位置
28	坐标	(1) 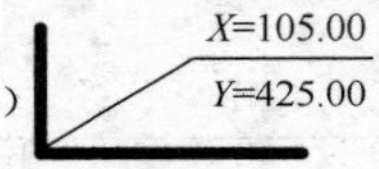 $X=105.00$ $Y=425.00$ (2) $A=105.00$ $B=425.00$ 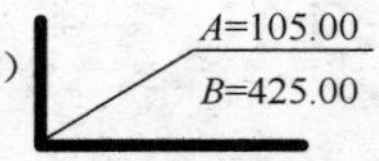	(1)表示地形测量坐标系 (2)表示自设坐标系 坐标数字平行于建筑标注
29	方格网交叉点标高	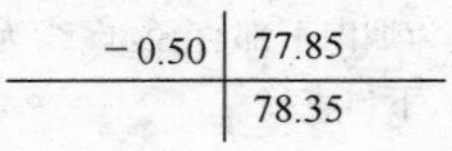 -0.50 | 77.85 78.35	"78.35"为原地面标高 "77.85"为设计标高 "−0.50"为施工高度 "−"表示挖方（"+"表示填方）
30	填方区、挖方区、未整平区及零线	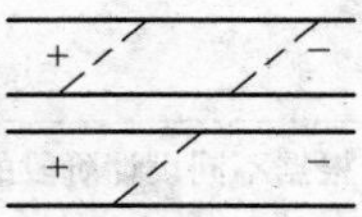 + − +	"+"表示填方区 "−"表示挖方区 中间为未整平区 点划线为零点线
31	填挖边坡		
32	分水脊线与谷线	 	上图表示脊线 下图表示谷线

续表 1-10

序号	名 称	图 例	备 注
33	洪水淹没线	 -------	洪水最高水位以文字标注
34	地表排水方向		—
35	截水沟	 40.00	"1"表示 1‰的沟底纵向坡度,"40.00"表示变坡点间距离,箭头表示水流方向
36	排水明沟	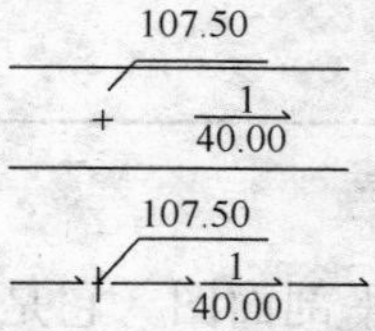 107.50 $\frac{1}{40.00}$ 107.50 $\frac{1}{40.00}$	上图用于比例较大的图面 下图用于比例较小的图面 "1"表示 1‰的沟底纵向坡度,"40.00"表示变坡点间距离,箭头表示水流方向 "107.50"表示沟底变坡点标高(变坡点以"+"表示)
37	有盖板的排水沟	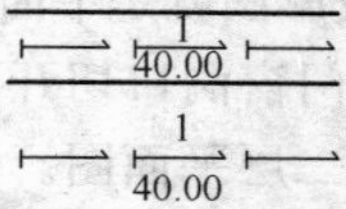 $\frac{1}{40.00}$ $\frac{1}{40.00}$	—
38	雨水口	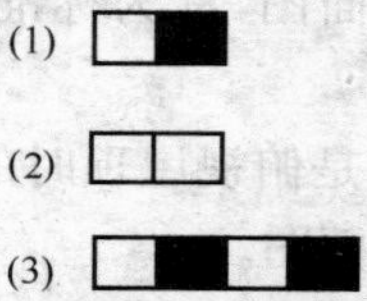 (1) (2) (3)	(1)雨水口 (2)原有雨水口 (3)双落式雨水口
39	消火栓井		—
40	急流槽		箭头表示水流方向
41	跌水	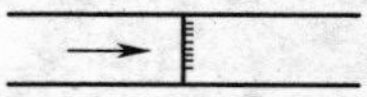	
42	拦水(闸)坝	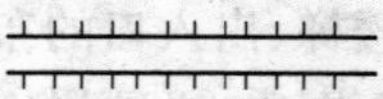	—
43	透水路堤		边坡较长时,可在一端或两端局部表示
44	过水路面		—
45	室内地坪标高	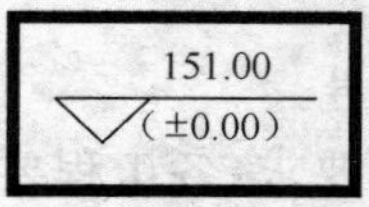 151.00 (±0.00)	数字平行于建筑物书写
46	室外地坪标高	 143.00	室外标高也可采用等高线

续表 1-10

序号	名称	图 例	备 注
47	盲道		—
48	地下车库入口		机动车停车场
49	地面露天停车场		—
50	露天机械停车场		—

2. 建筑平面图的识读

建筑平面图,简称平面图,实际上是一幢房屋的水平剖面图。它是假想用一水平剖面将房屋沿门窗洞口剖开,移去上部分,剖面以下部分的水平投影图就是平面图。

通常情况下,多层房屋应画出各层平面图。沿底层门窗洞口切开后得到的平面图,称为底层平面图。沿二层门窗洞口切开后得到的平面图,称为二层平面图。依次可得到三层、四层平面图。若某些楼层平面相同,可以只画出其中一个平面图,称为标准层平面图(或中间层平面图)。

为了表明屋面构造,通常还要画出屋顶平面图。它是俯视屋顶时的水平投影图,主要表示屋面的形状及排水情况和突出屋面的构造位置,不是剖面图。

(1)建筑平面图的用途。建筑平面图主要表示建筑物的平面形状、水平方向各部分(出入口、走廊、楼梯、房间、阳台等)的布置和组合关系,墙、柱及其他建筑物的位置和大小,其主要用途包括以下两个方面:

①它是施工放线,砌墙、柱,安装门窗框、设备的依据。

②它是编制和审查工程预算的主要依据。

(2)建筑平面图的基本内容。

①表明建筑物的平面形状,内部各房间包括走廊、楼梯、出入口的布置及朝向。

②表明建筑物及其各部分的平面尺寸。在建筑平面图中,必须详细标注尺寸。平面图中的尺寸分为外部尺寸和内部尺寸。外部尺寸有三道,通常沿横向、竖向分别标注在图形的下方和左方。

③表明地面及各层楼面标高。

④表明各种门、窗位置,代号和编号,以及门的开启方向。门的代号用 M 表示,窗的代号用 C 表示,编号用阿拉伯数字表示。

⑤表示剖面图剖切符号、详图索引符号的位置及编号。

⑥综合反映其他各工种(工艺、水、暖、电)对土建的要求:各工程要求的坑、台、水池、地沟、电闸箱、消火栓、雨水管等及其在墙或楼板上的预留洞,应在图中表明其位置及尺寸。

⑦表明室内装修做法包括室内地面、墙面及顶棚等处的材料及做法。通常简单的装修。在平面图内直接用文字说明;较复杂的工程则另列房间明细表和材料做法表,或另画建筑装修图。

⑧文字说明。平面图中不易表明的内容,例如施工要求、砖及石灰浆的强度等级等需用文字说明。

（3）平面图识读要点。

①熟悉建筑配件图例（表 1-11）、图名、图号、比例及文字说明。

②定位轴线。定位轴线是表示建筑物主要结构或构件位置的点划线。凡是承重墙、柱、梁、屋架等主要承重构件都应画上轴线,并编上轴线号,以确定其位置;对于次要的墙、柱等承重构件,则编附加轴线号确定其位置。

③房屋平面布置,包括平面形状、朝向、出入口、房间、走廊、门厅、楼梯间等的布置组合情况。

④阅读各类尺寸。图中标注房屋总长及总宽尺寸,各房间开间、进深、细部尺寸和室内外地面标高。阅读时,应依次查阅总长和总宽尺寸,轴线间尺寸,门窗洞口和窗间墙尺寸,外部尺寸和内部局（细）部尺寸及高度尺寸（标高）。

⑤门窗的类型、数量、位置及开启方向。

⑥墙体、（构造）柱的材料、尺寸。涂黑的小方块表示构造柱的位置。

⑦阅读剖切符号和索引符号的位置和数量。

表 1-11　建筑构造及配件图例

序号	名　称	图　例	备　注
1	墙体	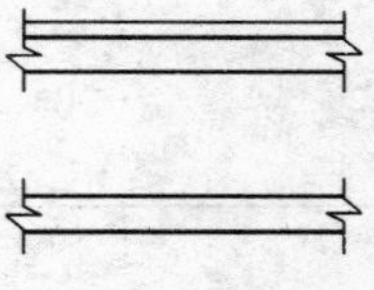	(1)上图为外墙,下图为内墙 (2)外墙细线表示有保温层或有幕墙 (3)应加注文字或涂色或图案填充表示各种材料的墙体 (4)在各层平面图中防火墙宜着重以特殊图案填充表示
2	隔断		(1)加注文字或涂色或图案填充表示各种材料的轻质隔断 (2)适用于到顶与不到顶隔断
3	玻璃幕墙		幕墙龙骨是否表示由项目设计决定
4	栏杆		—
5	楼梯	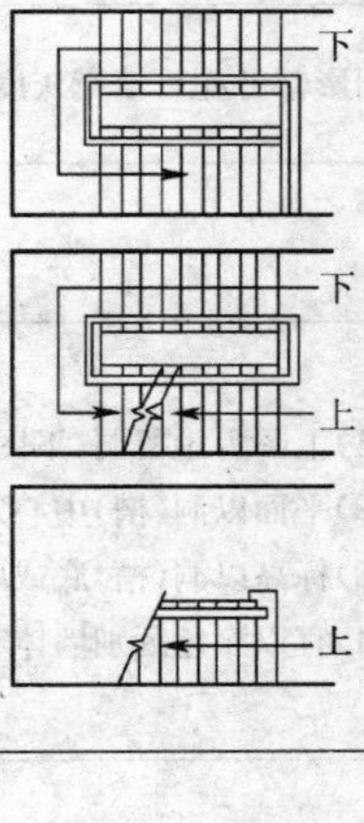	(1)上图为顶层楼梯平面,中图为中间层楼梯平面,下图为底层楼梯平面 (2)需设置靠墙扶手或中间扶手时,应在图中表示

续表 1-11

序号	名 称	图 例	备 注
6	坡道		长坡道 上图为两侧垂直的门口坡道,中图为有挡墙的门口坡道,下图为两侧找坡的门口坡道
7	台阶	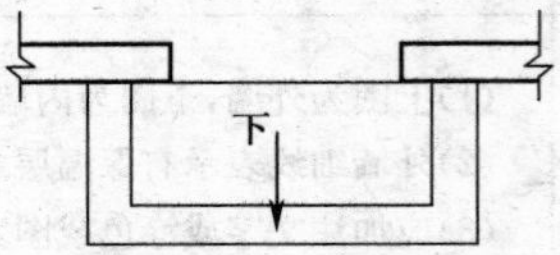	—
8	平面高差	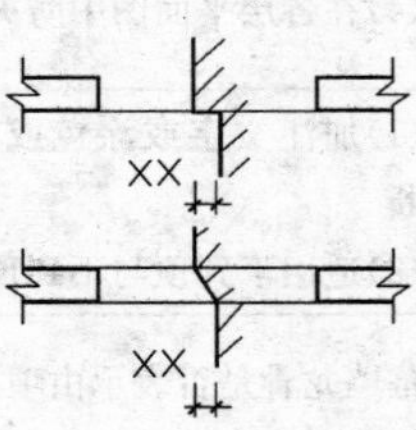 ×× ××	用于高差小的地面或楼面交接处,并应与门的开启方向协调
9	检查口	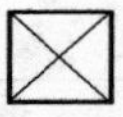 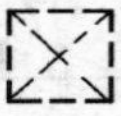	左图为可见检查口,右图为不可见检查口
10	孔洞	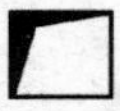 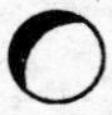	阴影部分亦可填充灰度或涂色代替
11	坑槽	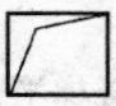 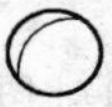	—
12	墙预留洞、槽	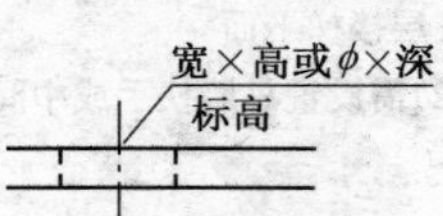 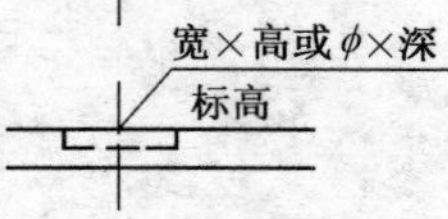 宽×高或ϕ×深 标高 宽×高或ϕ×深 标高	(1)上图为预留洞,下图为预留槽 (2)平面以洞(槽)中心定位 (3)标高以洞(槽)底或中心定位 (4)宜以涂色区别墙体和预留洞(槽)

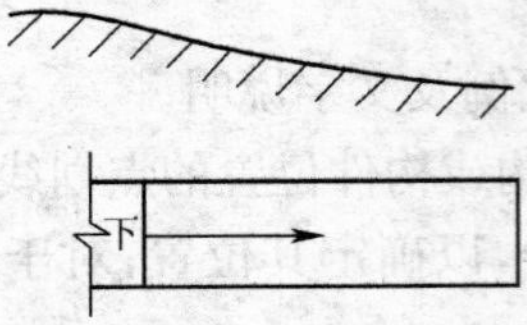

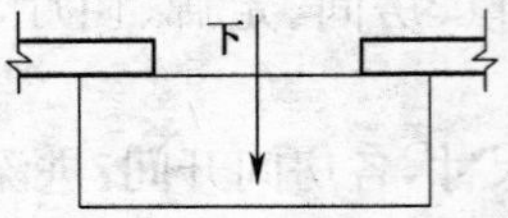

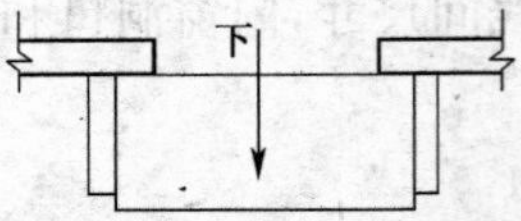

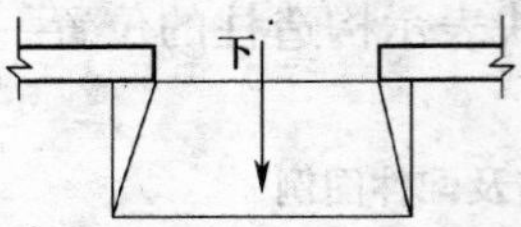

续表 1-11

序号	名　称	图　例	备　注
13	地沟		上图为有盖板地沟,下图为无盖板明沟
14	烟道	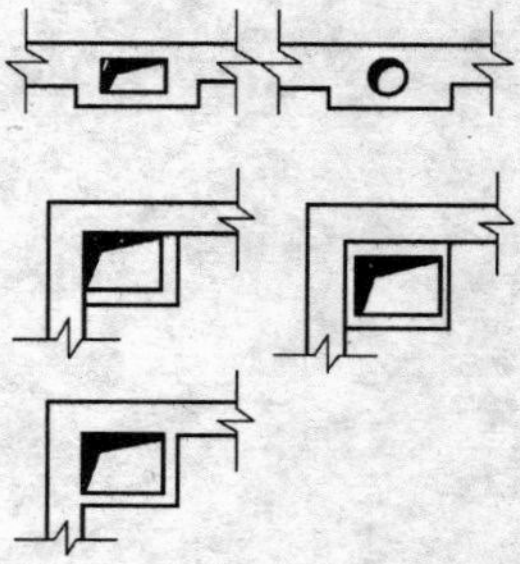	(1)阴影部分亦可填充灰度或涂色代替 (2)烟道、风道与墙体为相同材料,其相接处墙身线应连通 (3)烟道、风道根据需要增加不同材料的内衬
15	风道	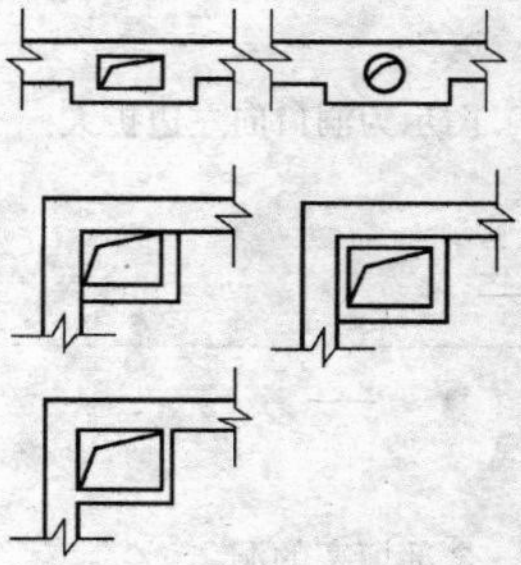	
16	新建的墙和窗	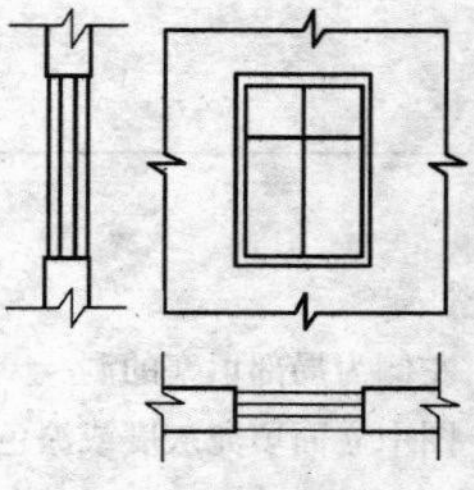	—
17	改建时保留的墙和窗	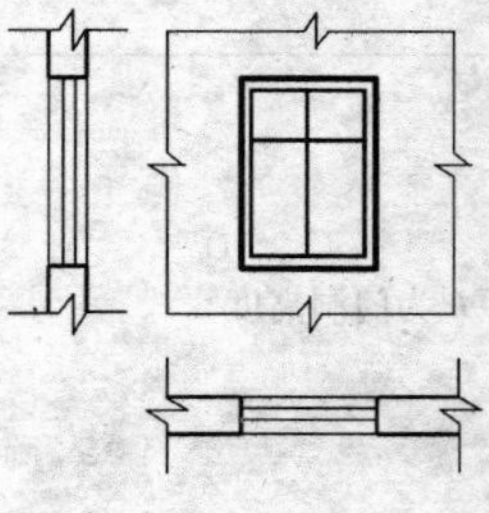	只更换窗时,应加粗窗的轮廓线

续表 1-11

序号	名　称	图　例	备　注
18	拆除的墙	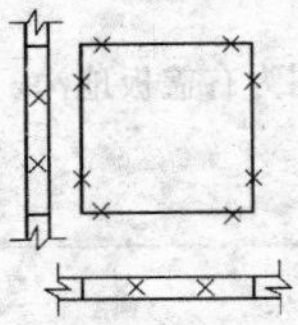	
19	改建时在原有墙或楼板新开的洞	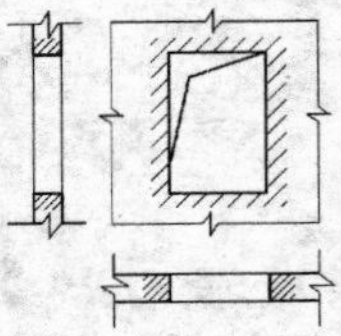	
20	在原有墙或楼板洞旁扩大的洞	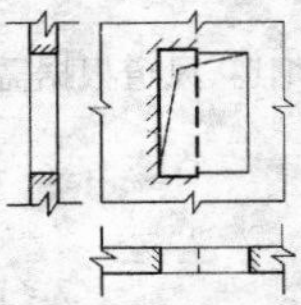	图示为洞口向左边扩大
21	在原有墙或楼板上全部填塞的洞	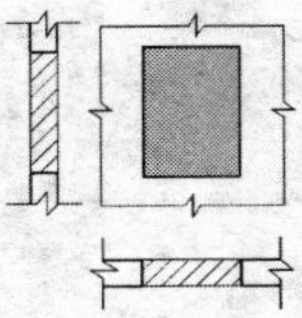	全部填塞的洞 图中立面填充灰度或涂色
22	在原有墙或楼板上局部填塞的洞	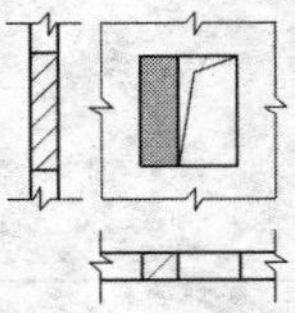	左侧为局部填塞的洞 图中立面填充灰度或涂色
23	空门洞	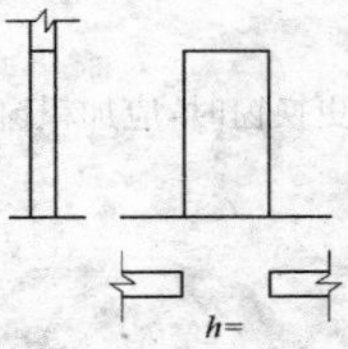 $h=$	h 为门洞高度

续表 1-11

序号	名　称	图　例	备　注
24	单面开启单扇门(包括平开或单面弹簧)	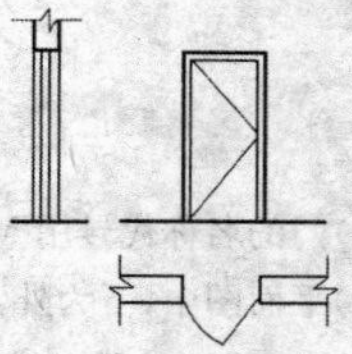	
	双面开启单扇门(包括双面平开或双面弹簧)	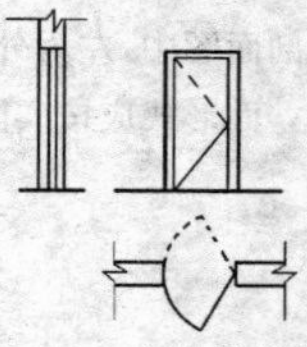	
	双层单扇平开门	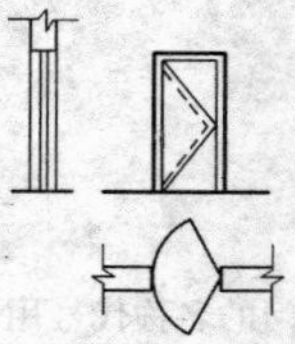	(1)门的名称代号用 M 表示 (2)平面图中,下为外,上为内 门开启线为 90°、60°或 45°,开启弧线宜绘出 (3)立面图中,开启线实线为外开,虚线为内开,开启线交角的一侧为安装合页一侧,开启线在建筑立面图中可不表示,在立面大样图中可根据需要绘出 (4)剖面图中,左为外、右为内 (5)附加纱扇应以文字说明,在平、立、剖面图中均不表示 (6)立面形式应按实际情况绘制
25	单面开启双扇门(包括平开或单面弹簧)	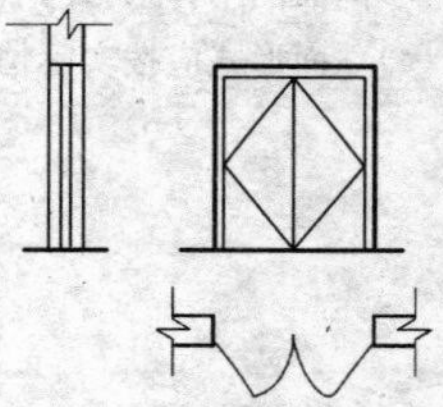	
	双面开启双扇门(包括双面平开或双面弹簧)	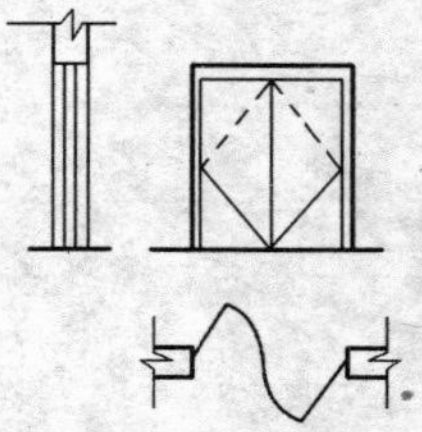	
	双层双扇平开门	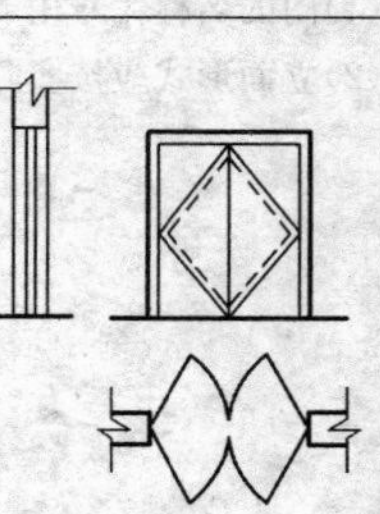	

续表 1-11

序号	名　称	图　例	备　注
26	折叠门	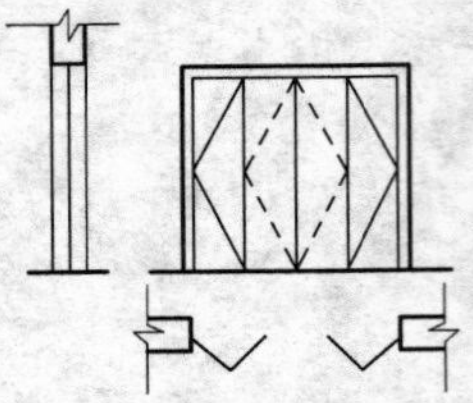	(1)门的名称代号用 M 表示 (2)平面图中,下为外,上为内 (3)立面图中,开启线实线为外开,虚线为内开,开启线交角的一侧为安装合页一侧 (4)剖面图中,左为外,右为内 (5)立面形式应按实际情况绘制
	推拉折叠门	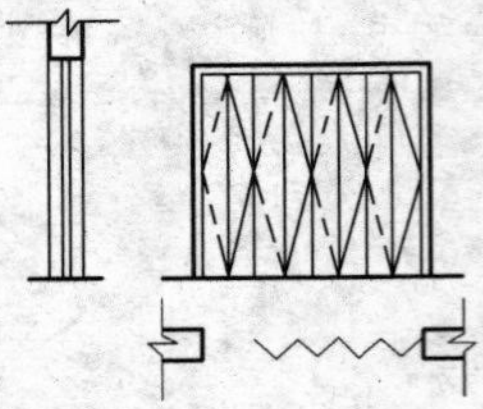	
27	墙洞外单扇推拉门	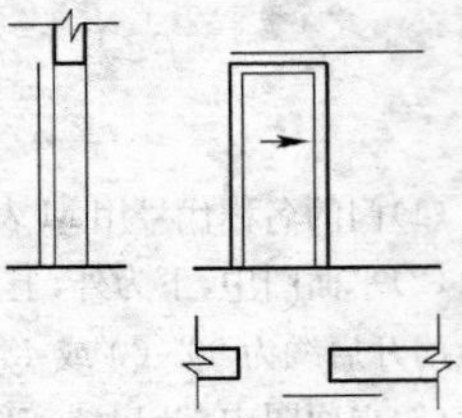	(1)门的名称代号用 M 表示 (2)平面图中,下为外,上为内 (3)剖面图中,左为外,右为内 (4)立面形式应按实际情况绘制
	墙洞外双扇推拉门	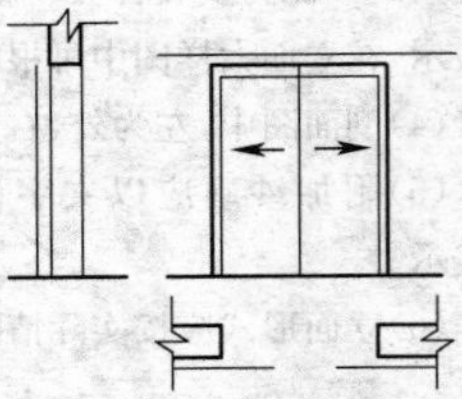	
	墙中单扇推拉门	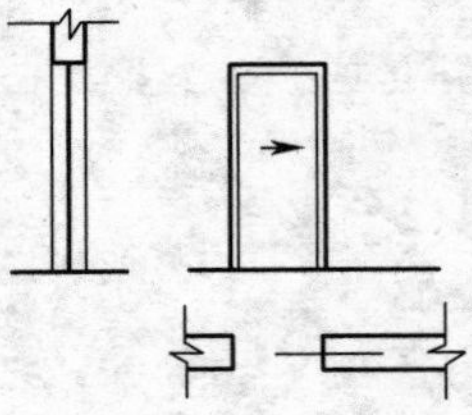	(1)门的名称代号用 M 表示 (2)立面形式应按实际情况绘制
	墙中双扇推拉门	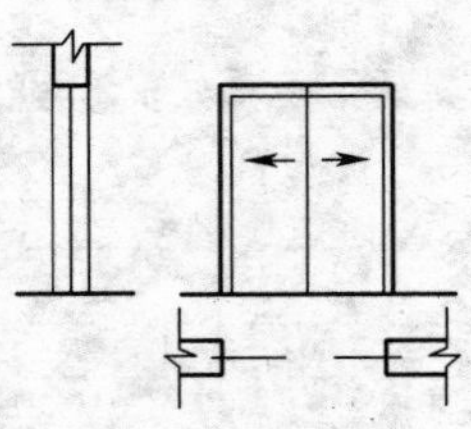	

序号	名　称	图　例	备　注
28	推杠门	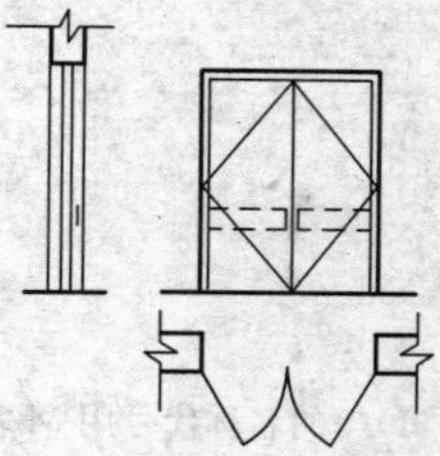	(1)门的名称代号用 M 表示 (2)平面图中,下为外,上为内 门开启线为 90°、60°或 45° (3)立面图中,开启线实线为外开,虚线为内开;开启线交角的一侧为安装合页一侧;开启线在建筑立面图中可不表示,在室内设计门窗立面大样图中需绘出 (4)剖面图中,左为外,右为内 (5)立面形式应按实际情况绘制
29	门连窗	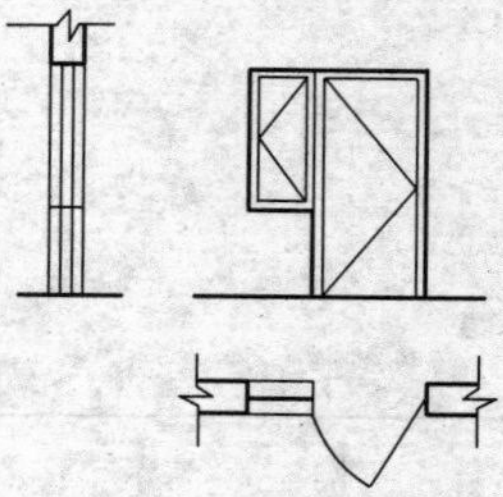	
30	旋转门	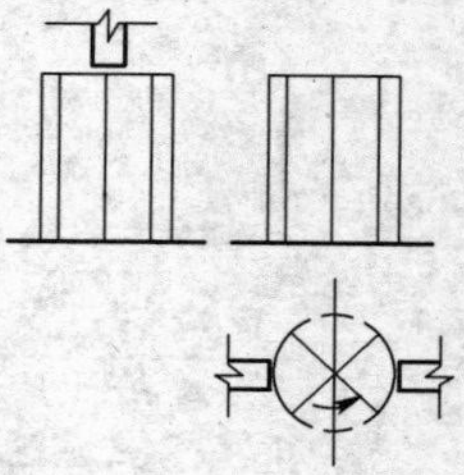	
	两翼智能旋转门	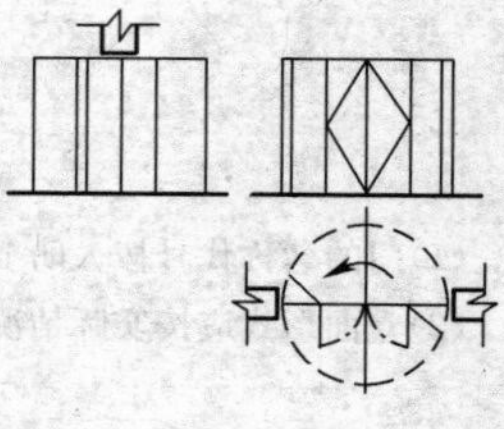	(1)门的名称代号用 M 表示 (2)立面形式应按实际情况绘制
31	自动门	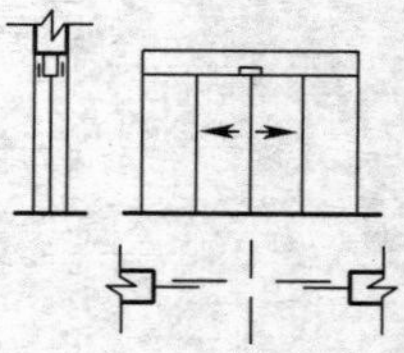	
32	折叠上翻门	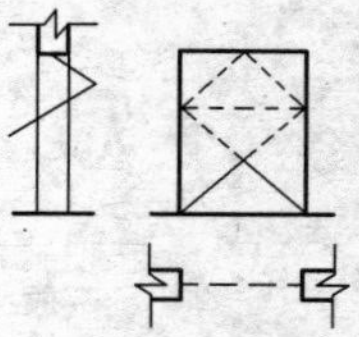	(1)门的名称代号用 M 表示 (2)平面图中,下为外,上为内 (3)剖面图中,左为外,右为内 (4)立面形式应按实际情况绘制

续表 1-11

序号	名　称	图　例	备　注
33	提升门	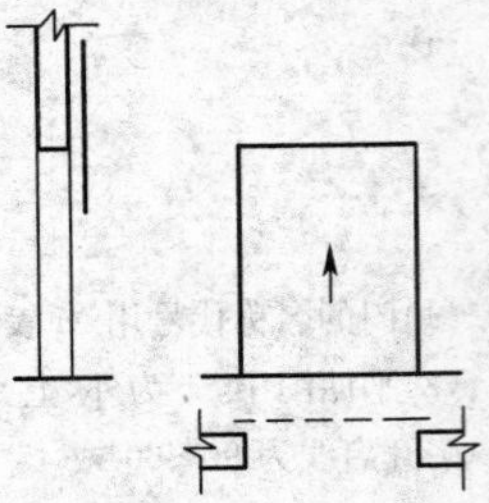	(1)门的名称代号用 M 表示 (2)立面形式应按实际情况绘制
34	分节提升门	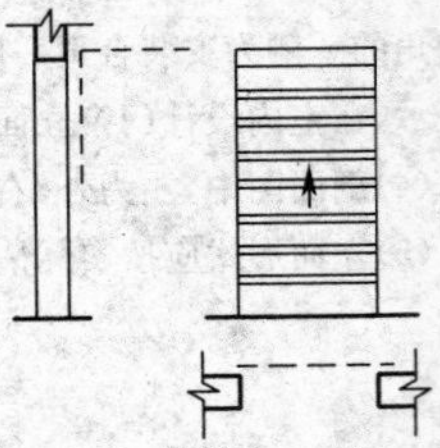	
35	人防单扇防护密闭门	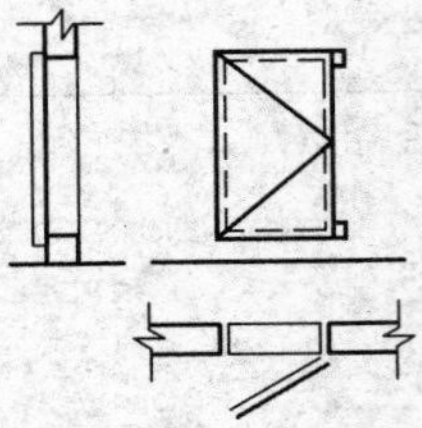	(1)门的名称代号按人防要求表示 (2)立面形式应按实际情况绘制
	人防单扇密闭门	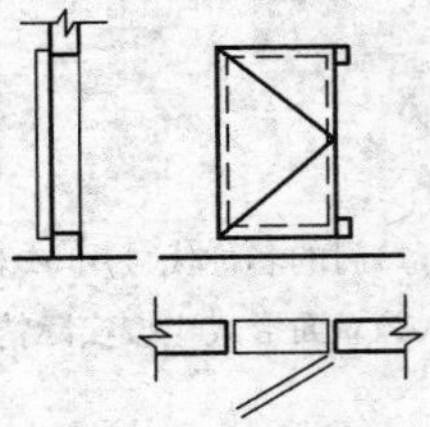	
36	人防双扇防护密闭门	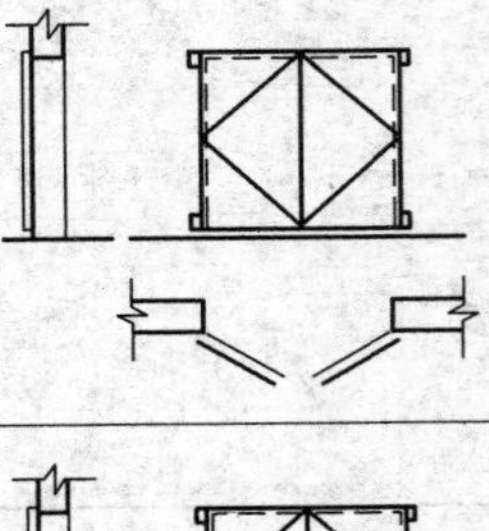	
	人防双扇密闭门	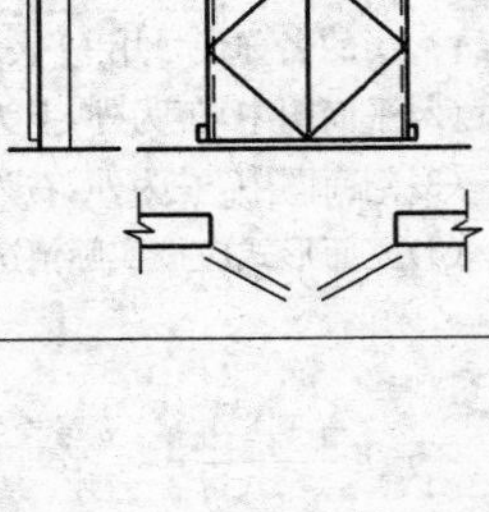	

续表 1-11

序号	名　称	图　例	备　注
37	横向卷帘门	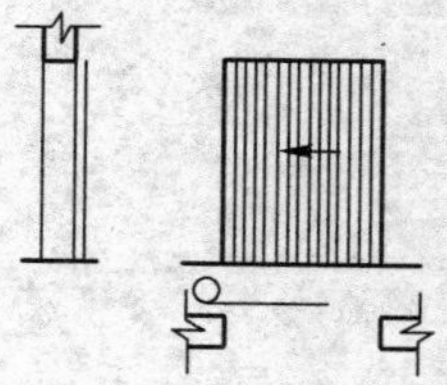	
	竖向卷帘门	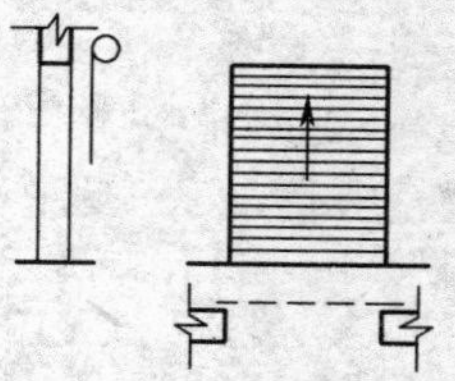	
	单侧双层卷帘门	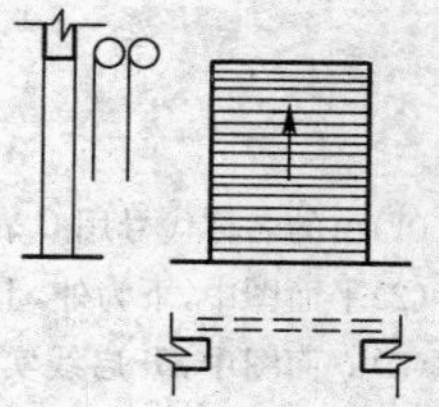	
	双侧单层卷帘门	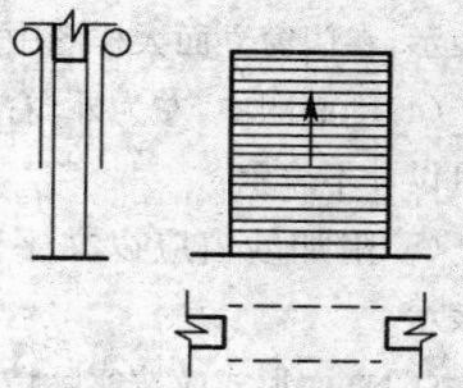	
38	固定窗	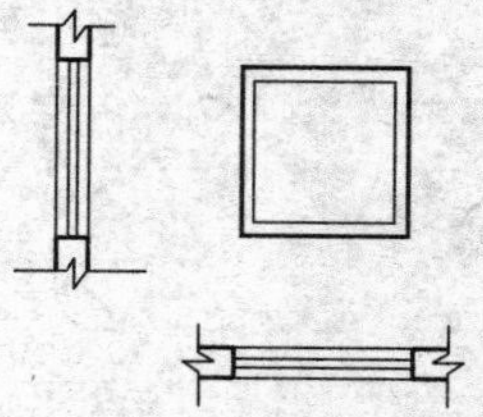	(1)窗的名称代号用C表示 (2)平面图中，下为外，上为内 (3)立面图中，开启线实线为外开，虚线为内开；开启线交角的一侧为安装合页一侧；开启线在建筑立面图中可不表示，在门窗立面大样图中需绘出 (4)剖面图中，左为外、右为内；虚线仅表示开启方向，项目设计不表示 (5)附加纱窗应以文字说明，在平、立、剖面图中均不表示 (6)立面形式应按实际情况绘制
39	上悬窗	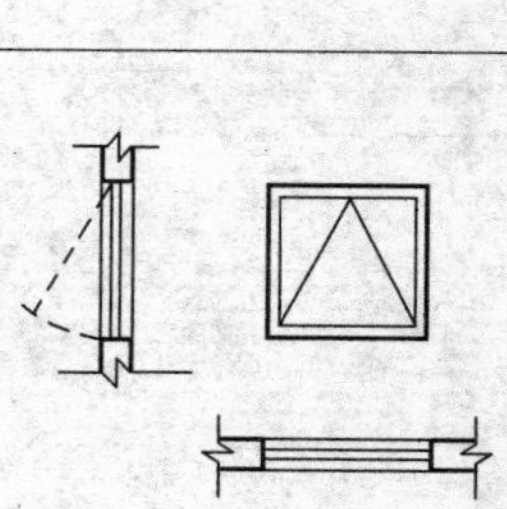	

续表 1-11

序号	名 称	图 例	备 注
40	中悬窗	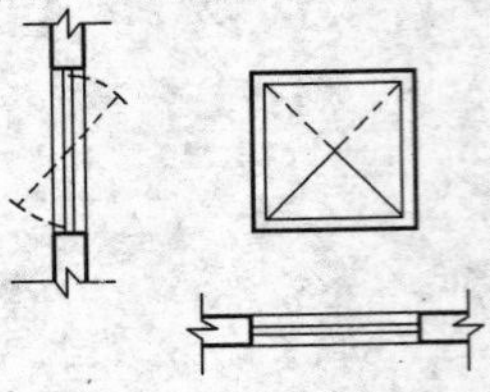	
41	下悬窗	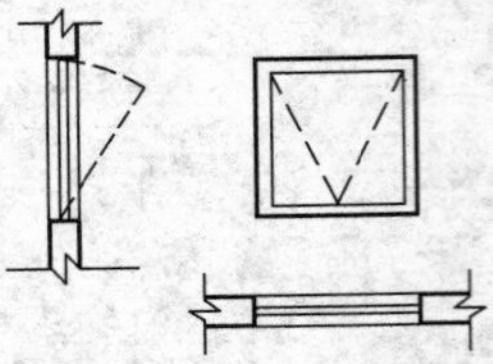	
42	立转窗	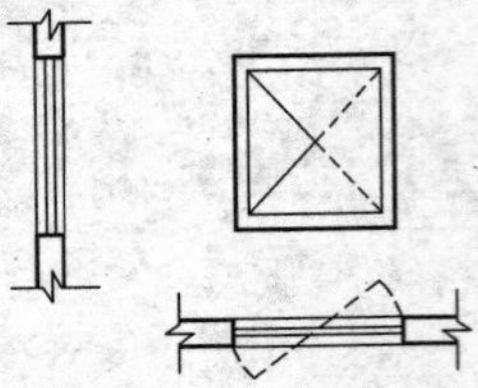	(1)窗的名称代号用 C 表示 (2)平面图中,下为外,上为内 (3)立面图中,开启线实线为外开,虚线为内开;开启线交角的一侧为安装合页一侧;开启线在建筑立面图中可不表示,在门窗立面大样图中需绘出 (4)剖面图中,左为外,右为内;虚线仅表示开启方向,项目设计不表示 (5)附加纱窗应以文字说明,在平、立、剖面图中均不表示 (6)立面形式应按实际情况绘制
43	内开平开内倾窗	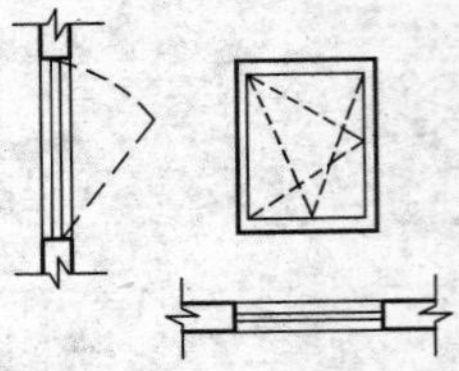	
	单层外开平开窗	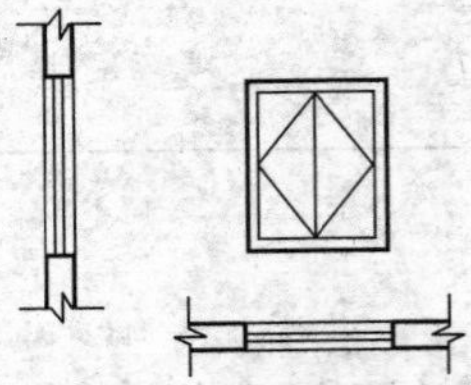	
44	单层内开平开窗	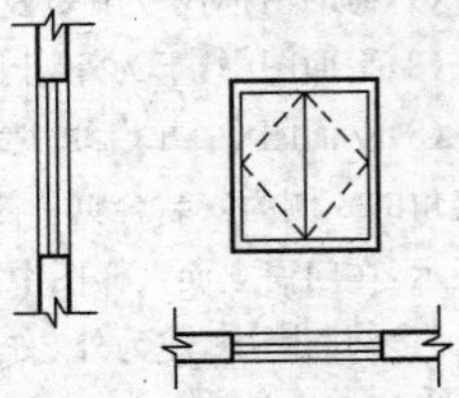	
	双层内外开平开窗	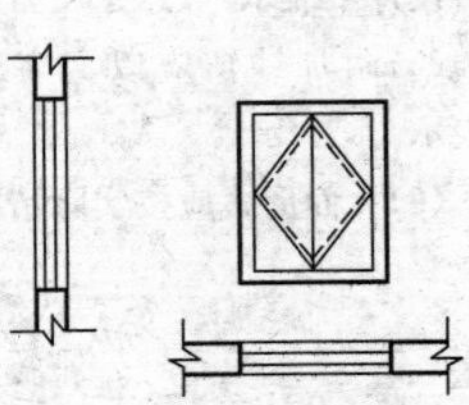	

续表 1-11

序号	名 称	图 例	备 注
45	单层推拉窗	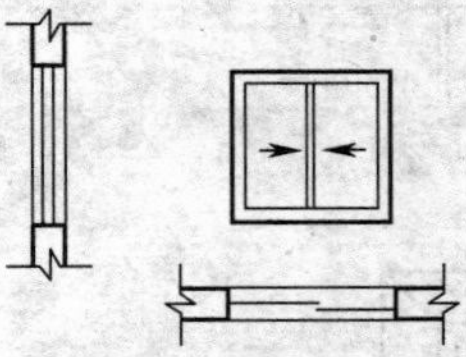	
46	双层推拉窗	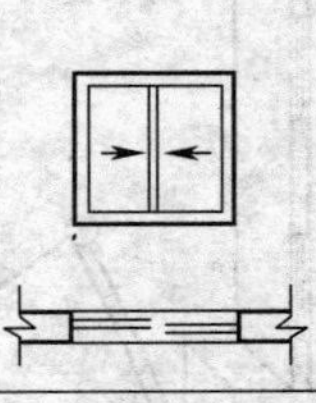	(1)窗的名称代号用C表示 (2)立面形式应按实际情况绘制
47	上推窗	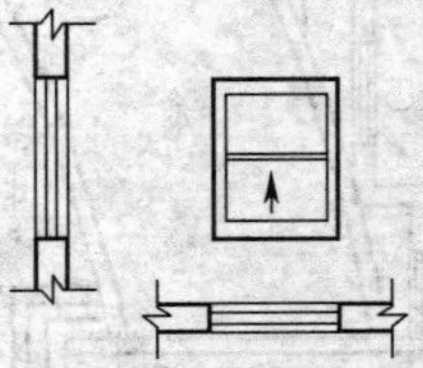	
48	百叶窗	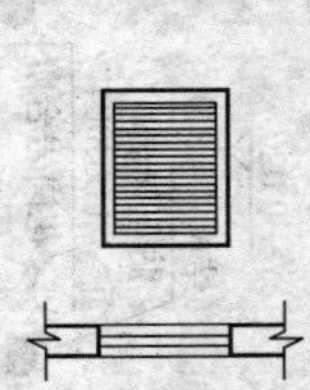	
49	高窗	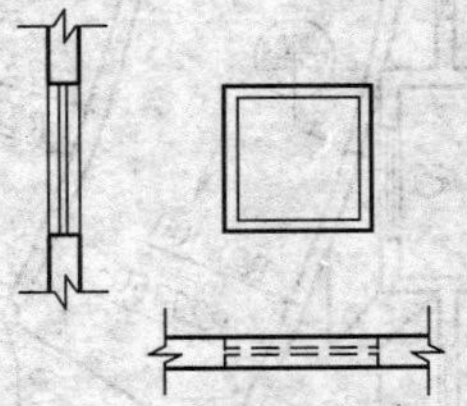	(1)窗的名称代号用C表示 (2)立面图中,开启线实线为外开,虚线为内开;开启线交角的一侧为安装合页一侧;开启线在建筑立面图中可不表示,在门窗立面大样图中需绘出 (3)剖面图中,左为外、右为内 (4)立面形式应按实际情况绘制 (5)h 表示高窗底距本层地面高度 (6)高窗开启方式参考其他窗型
50	平推窗	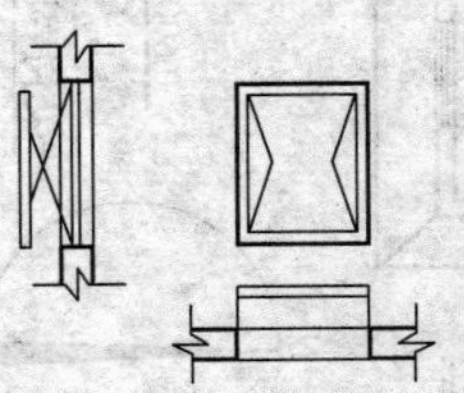	(1)窗的名称代号用C表示 (2)立面形式应按实际情况绘制

（4）平面图识读举例。图 1-47 为某部队驻扎基地楼底层平面图。读此图时要依据从大到小,从总体到局部,先看底层再看上层,先墙外后墙内的识读顺序进行识读。

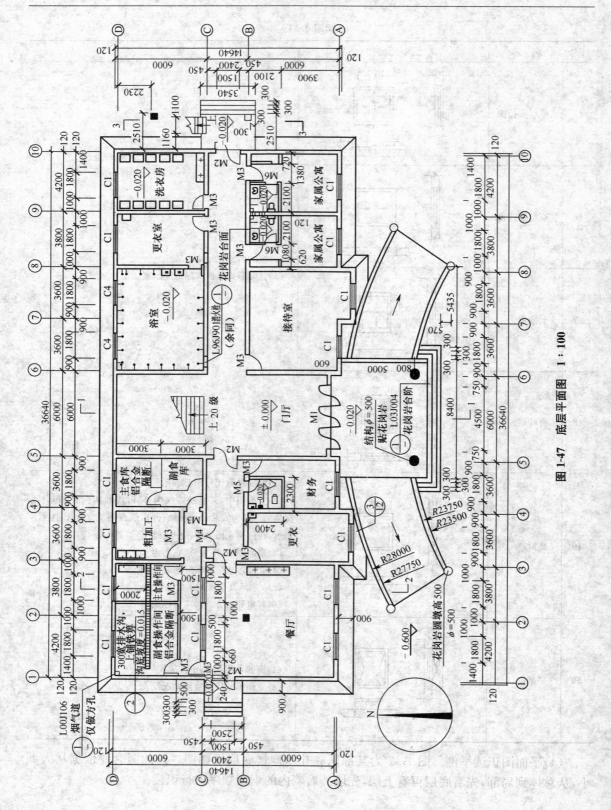

图 1-47　底层平面图　1:100

①先看总体：平面图常用的比例为1：50、1：100、1：200，也可用1：150、1：300。由图1-47可知，该平面图为底层平面图，比例为1：100。根据图中绘制的指北针，可知该楼朝向为坐北朝南。由最外道尺寸可以看出该楼总长为36640mm，总宽为14640mm。横向共有10道轴线，纵向有4道轴线。本例中没有附加轴线。

房屋建筑平面图为剖面图，因此凡被剖切到的墙、柱的断面轮廓线用粗实线画出（墙、柱轮廓线都不包括粉刷层的厚度，粉刷层在1：100的平面图中不必画出），没有剖切到的可见轮廓线，如墙身、窗台、梯段等用中粗实线画出，尺寸线、引出线用细实线画出，轴线用细点划线画出。

②读图中标注的尺寸：外墙的尺寸一般分三道标注：最外面一道是外包尺寸，表示建筑物的总长度和总宽度；中间一道尺寸表示定位轴线间的距离，是建筑物的"开间"或"进深"尺寸；最里面的一道尺寸，表示门窗洞口、洞间墙、墙厚的尺寸。内墙尺寸要标注内墙厚度、内墙上的门窗洞尺寸及门窗洞与墙或柱的定位尺寸。本例中房间的进深为6000mm，房间的开间主要有3600mm、3800mm、4200mm、6000mm四种。外墙为240mm砖墙，家属公寓等处有120mm内墙。此外还应标注某些局部尺寸，如固定设备的定位尺寸，台阶、花坛等尺寸。图1-47中花台、餐厅隔断、家属公寓房间处的尺寸均属于局部尺寸。相对于标注在图形外周的总尺寸及轴线间尺寸，局部尺寸标注在图形之内。建筑平面图形上下、左右都对称时，其外墙的尺寸一般注在平面图形的下方和左侧，如果平面图形不对称，则四周都要标注尺寸。而本例中，图形上下左右均不对称，故在图形四周都标注出尺寸。

③看建筑物的出入口：主要出入口设置在该楼的南侧中间。主要入口处设有与汽车坡道相连的雨篷。由入口进入楼房后，与门厅正对的是该楼的主要楼梯，处在建筑物的北侧。在建筑物的东侧还有一与走廊相连的室外楼梯。建筑一层楼梯被剖切，被剖切的楼梯段用45°折线表示。

④进入建筑物看各个房间的布局：由图1-47中可以看出，底层西半部分为食堂。食堂南侧作为餐厅，北侧为操作间，其余的为跟食堂相关的辅助用房，如更衣室、财务室、主食库等。而建筑物的东半部分则是营房的后勤用房，包括接待室、家属公寓、浴室、洗衣房等。

⑤看建筑的细部。如门窗的数量、类型及门的开启方向等：图1-47中门的代号用M表示，窗的代号用C表示，其编号均用阿拉伯数字表示，如M1、M2、…，C1、C2、…只有尺寸、开启方向、材料等完全相同时，才能有相同的编号，否则编号应不同。这部分的阅读，要跟门窗表相对应，看两部分是否一致。主要入口处的大门为三组双扇双开弹簧门M1，走廊及两侧次要出入口上的门为双扇双开弹簧门M2。其余门均为平开门，向房间内侧开启。

⑥看建筑内的有关设备：本例中对于食堂的操作间，设备相对来讲要多一些，如地沟、烟道、水池、操作台等；餐厅里设有洗手池、浴室设有喷头、洗衣房布置洗衣机等；厕所内的水盆、坐便器、蹲便器等。

⑦最后看标高、索引等符号：在底层平面图中，还应注写室内外地面的标高。底层内各房间以及门厅的标高为±0.000，卫生间、浴室、洗衣房比室内±0.000低0.020m，室外地坪比室内地坪低0.600m。另外在底层平面图中建筑剖面图的剖切位置和投射方向应用剖切符号表示，并相应编号。本例中底层平面图上共有三处标注剖面符号，分别在门厅、餐厅以及室外楼梯处作了1—1、2—2、3—3三个剖切，用来反映建筑物竖向内部构造和分层情况。1—1在门厅处，同时剖切主要楼梯；2—2剖切普通房间和3—3剖切室外楼梯。凡套用标准图集或另有详图表示的构配件、节点，均需画出详图索引符号，以便对照阅读。本例中门厅雨篷处的花岗石台阶、

食堂操作间的烟道、浴室走廊处的消火栓等处就是引用的标准图集。

3. 建筑立面图的识读

建筑立面图,简称立面图,是对房屋的前后左右各个方向所作的正投影图。对于简单的对称式房屋,立面图可只绘一半,但是应画出对称轴线和对称符号。

(1)建筑立面图的用途。立面图是表示建筑物的体型、外貌和室外装修要求的图样。主要用于外墙的装修施工和编制工程预算。

(2)建筑立面图的主要图示内容。

①图名,比例:立面图的比例常与平面图一致。

②标注建筑物两端的定位轴线及其编号:在立面图中一般只画出两端的定位轴线及其编号,以便与平面图对照。

③画出室内外地面线,房屋的勒脚,外部装饰及墙面分格线:表示出屋顶、雨篷、阳台、台阶、雨水管、水斗等细部结构的形状和做法。为了使立面图外形清晰,通常把房屋立面的最外轮廓线画成粗实线,室外地面用特粗线表示,门窗洞口、檐口、阳台、雨篷、台阶等用中实线表示;其余的,例如墙面分隔线、门窗格子、雨水管以及引出线等均用细实线表示。

④表示门窗在外立面的分布、外形、开启方向:在立面图上,门窗应按标准规定的图例画出。门、窗立面图中的斜细线,是开启方向符号。向外开为细实线,向内开为细虚线。通常无须把所有的窗都画上开启符号。窗的型号相同的,只画出其中一两个即可。

⑤标注各部位的标高及必须标注的局部尺寸:在立面图上,高度尺寸主要用标高表示。通常要注出室内外地坪,一层楼地面,窗台、窗顶、阳台面、檐口、女儿墙压顶面,进口平台面及雨篷底面等的标高。

⑥标注出详图索引符号。

⑦文字说明外墙装修做法。根据设计要求外墙面可选用不同的材料及做法。用文字在立面图上说明。

(3)立面图识读要点。

①了解立面图的朝向及外貌特征:例如房屋层数,阳台、门窗的位置和形式,雨水管、水箱的位置以及屋顶隔热层的形式等。

②外墙面装饰做法。

③各部位标高尺寸:找出图中标示室外地坪、勒脚、窗台、门窗顶及檐口等处的标高。

(4)立面图识读举例。以某商务办公楼的立面图(图1-48～图1-50)为例,识读如下:

①通览全图可知这是房屋三个立面的投影,用轴线标注着立面图的名称,亦可把它分别看成是房屋的正立面、左侧立面、背立面三个立面图,图的比例均为1:100。图中表明该房屋是三层楼,平顶屋面。

②①—⑧轴立面图,是办公楼主要出入口一侧的正立面图,Ⓔ—Ⓤᴬ立面图对照可看到入口大门的式样、台阶、雨篷和台阶两边的花池等式样。

③⑧—①轴立面图,可看到楼梯间出入口的室外台阶雨篷的位置和外形。

④通过三个立面图可看到整个楼房各立面门窗的分布和式样,女儿墙、勒脚、装修的材料和颜色。如勒脚全是贴理石,女儿墙全是淡黄色涂料弹涂。正立面(①—⑧轴立面)墙是用淡黄色涂料弹涂和深红色釉面砖两种材料装修的,大门入口处贴墨绿色大理石等。其他立面装修,读者可以看图自读,不再赘述。

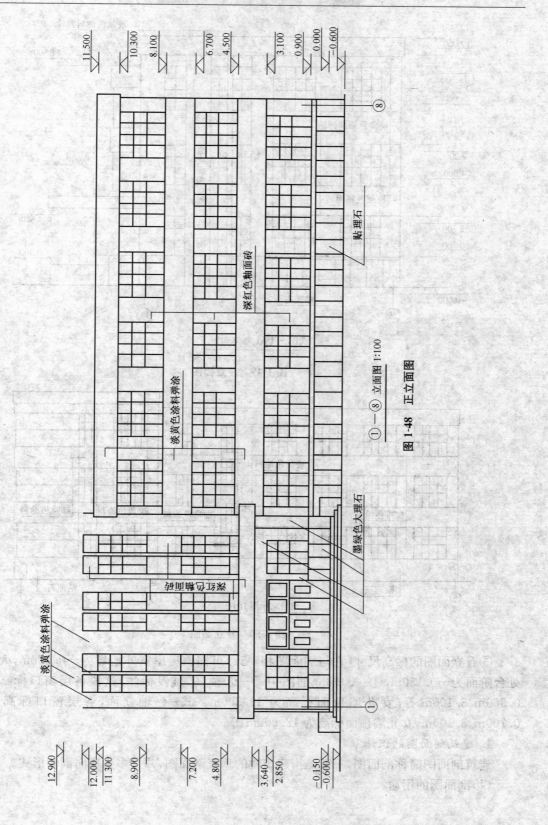

图1-48　正立面图

①—⑧ 立面图 1:100

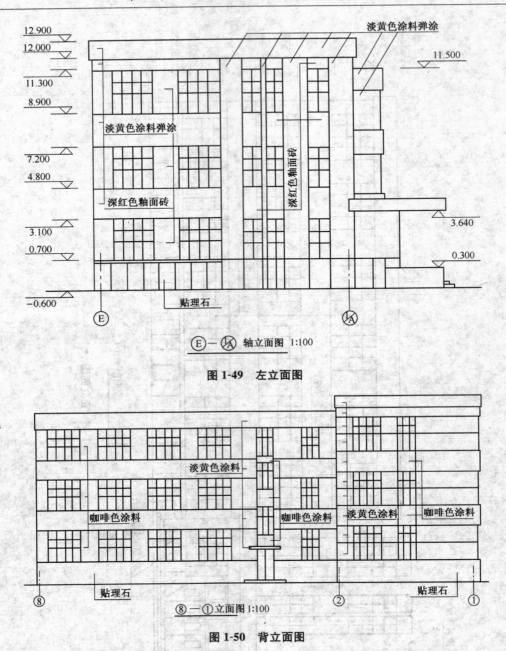

图 1-49　左立面图

图 1-50　背立面图

⑤看立面图的标高尺寸(它与剖面图相一致)可知该房屋室外地坪为−0.600m,大门入口处台阶面为−0.150m,①—⑧轴立面图中②—⑧轴(②轴没标注)这段各层窗口标高分别为0.900m、3.100m 等,女儿墙顶面标高为 11.500m。Ⓔ—Ⓐ轴立面,各层窗口标高分别为0.700m、3.100m,女儿墙顶面标高为 12.900m 等。

4. 建筑剖面图的识读

建筑剖面图简称剖面图,一般是指建筑物的垂直剖面图,并且多为横向剖切形式。

(1)剖面图的用途。

①主要表示建筑物内部垂直方向的结构形式、分层情况,内部构造及各部位的高度等,用于指导施工。

②编制工程预算时,与平、立面图配合计算墙体、内部装修等的工程量。

(2)建筑剖面图的主要内容。

①图名、比例及定位轴线:剖面图的图名与底层平面图所标注的剖切位置符号的编号一致。在剖面图中,应标出被剖切的各承重墙的定位轴线及与平面图一致的轴线编号。

②表示出室内底层地面到屋顶的结构形式、分层情况。在剖面图中,断面的表示方法与平面图相同。断面轮廓线用粗实线表示,钢筋混凝土构件的断面可涂黑表示。其他没被剖切到的可见轮廓线用中实线表示。

③标注各部分结构的标高和高度方向尺寸。剖面图中应标注出室内外地面、各层楼面、楼梯平台、檐口、女儿墙顶面等处的标高。其他结构则应标注高度尺寸。

④文字说明某些用料及楼、地面的做法等。

⑤详图索引符号。

(3)剖面图识读要点。

①熟悉建筑材料图例,见表1-12。

②了解剖切位置、投影方向和比例。注意图名及轴线编号应与底层平面图相对应。

③分层、楼梯分段与分级情况。

④标高及竖向尺寸。图中的主要标高包括室内外地坪、入口处、各楼层、楼梯休息平台、窗台、檐口、雨篷底等;主要尺寸包括房屋进深、窗高度,上下窗间墙高度,阳台高度等。

⑤主要构件间的关系,图中各楼板、屋面板及平台板均搁置在砖墙上,并设有圈梁和过梁。

⑥屋顶、楼面、地面的构造层次和做法。

表 1-12　常用建筑材料图例

序号	名　称	图　例	备　注
1	自然土壤		包括各种自然土壤
2	夯实土壤		—
3	砂、灰土	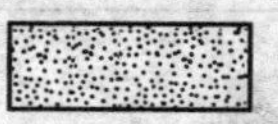	—
4	砂砾石、碎砖三合土	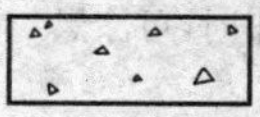	—
5	石材		—
6	毛石		—
7	普通砖		包括实心砖、多孔砖、砌块等砌体。断面较窄不易绘出图例线时,可涂红,并在图纸备注中加注说明,画出该材料图例

续表 1-12

序号	名 称	图 例	备 注
8	耐火砖		包括耐酸砖等砌体
9	空心砖		指非承重砖砌体
10	饰面砖		包括铺地砖、马赛克、陶瓷锦砖、人造大理石等
11	焦渣、矿渣		包括与水泥、石灰等混合而成的材料
12	混凝土		(1)本图例指能承重的混凝土及钢筋混凝土
13	钢筋混凝土	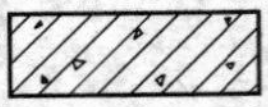	(2)包括各种强度等级、骨料、添加剂的混凝土 (3)在剖面图上画出钢筋时,不画图例线 (4)断面图形小,不易画出图例线时,可涂黑
14	多孔材料		包括水泥珍珠岩、沥青珍珠岩、泡沫混凝土、非承重加气混凝土、软木、蛭石制品等
15	纤维材料	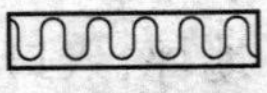	包括矿棉、岩棉、玻璃棉、麻丝、木丝板、纤维板等
16	泡沫塑料材料		包括聚苯乙烯、聚乙烯、聚氨酯等多孔聚合物类材料
17	木材		(1)上图为横断面,左上图为垫木、木砖或木龙骨 (2)下图为纵断面
18	胶合板	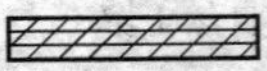	应注明为×层胶合板
19	石膏板		包括圆孔、方孔石膏板、防水石膏板、硅钙板、防火板等
20	金属	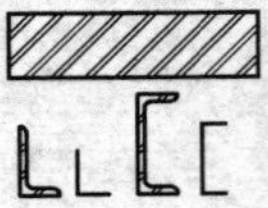	(1)包括各种金属 (2)图形小时,可涂黑
21	网状材料		(1)包括金属、塑料网状材料 (2)应注明具体材料名称
22	液体		应注明具体液体名称
23	玻璃		包括平板玻璃、磨砂玻璃、夹丝玻璃、钢化玻璃、中空玻璃、夹层玻璃、镀膜玻璃等

续表 1-12

序号	名　称	图　例	备　注
24	橡胶		—
25	塑料		包括各种软、硬塑料及有机玻璃等
26	防水材料		构造层次多或比例大时，采用上图例
27	粉刷		本图例采用较稀的点

注：序号 1、2、5、7、8、13、14、16、17、18 图例中的斜线、短斜线、交叉斜线等均为 45°。

（4）剖面图识读举例。图 1-51、图 1-52 为某商务办公楼的两个剖面图。

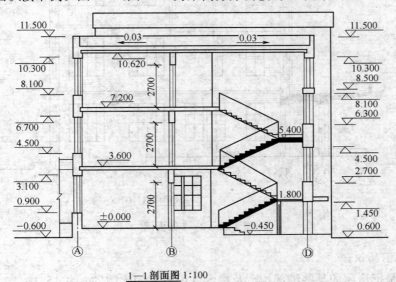

1—1 剖面图 1:100

图 1-51　1—1 剖面图

①1—1 剖面图从底层平面图中 1—1 剖切线的位置可知，是③—④轴线间通过办公室和楼梯间剖切的。拿掉房屋④—⑧轴线右半部分，所作的右视剖面图。

②1—1 剖面图表明该房屋②—⑧轴一侧是三层楼房，平屋顶，屋顶上四周有女儿墙，混合结构。屋面排水坡度 3%。楼梯间地面标高为 −0.450m，迈上三步台阶是底层 ±0.000（正负零）地面。室内二三层楼地面标高是 3.600m，7.200m。平台标高一二层之间是 1.800m，二三层之间是 5.400m，屋顶底面标高是 10.620m。办公室的门洞高 2700mm。室外情况是，楼梯口处有一步台阶，上有雨篷。室外标高尺寸如图 1-51 所示，地坪 −0.600m，女儿墙顶 11.500m，Ⓐ轴这道墙上窗洞高度尺寸通过标高可算出均为 2200mm，各层窗台高均距本层地面 900mm。Ⓓ轴表示楼梯间这一道墙上的窗洞的高度尺寸，由标高数可算出均为 1800mm，各个窗口标高如图 1-51 所示。

③2—2 剖面图从底层平面图中 2—2 剖切线的位置可知是①—②轴线之间作的阶梯剖面

图。该剖面图主要表示从大门入口到餐厅一侧房屋的竖向高度变化情况。与各层平面图对照看到上三步台阶进大门。室内标高:门厅地面为-0.150m,餐厅地面为-0.300m,二三层楼地面为3.900m和7.800m,屋顶底面为11.820m,各门洞高度如图所示,有2700mm和3000mm。室外地坪为-0.600m,女儿墙顶为12.900m。①/A轴墙上二三层窗洞高为2400mm,⑤轴墙上二三层窗洞高也是2400mm(均通过标高算出)。

④该剖面图没有表明地面、楼面、屋顶的做法,它是将这些图示内容画在墙身剖面详图中表示的。

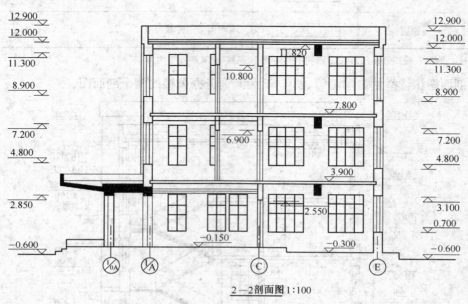

2—2剖面图1:100

图1-52　2—2剖面图

5. 建筑详图的识读

建筑详图是把房屋的某些细部构造及构配件用较大的比例(如1:15,1:10,1:5等)将其形状、大小、材料和做法详细表达出来的图样,简称详图或大样图、节点图。常用的详图一般包括墙身详图、楼梯详图、门窗详图、厨房、卫生间、浴室、壁橱及装修详图(如吊顶、墙裙、贴面)等。

(1)建筑详图的分类及特点。建筑详图分为局部构造详图和构配件详图。局部构造详图主要表示房屋某一局部构造做法和材料的组成,例如墙身详图、楼梯详图等。构配件详图主要表示构配件本身的构造,例如门、窗、花格等详图。建筑详图具有以下特点:

①图形详:图形采用较大比例绘制,各部分结构应表达详细,层次清楚,但是又要详而不繁。

②数据详:各结构的尺寸要标注完整齐全。

③文字详:无法用图形表达的内容采用文字说明,要详尽清楚。

详图的表达方法和数量,可根据房屋构造的复杂程度而定。有的只用一个剖面详图就能表达清楚(如墙身详图),有的需加平面详图(如楼梯间、卫生间),或用立面详图(如门窗详图)。

(2)外墙身详图的识读。外墙身详图实际上是建筑剖面图的局部放大图。它主要表示房屋的屋顶、檐口、楼层、地面、窗台、门窗顶、勒脚、散水等处的构造;楼板与墙的连接关系。外墙身详图的主要内容包括以下几个方面:

①标注墙身轴线编号和详图符号。

②采用分层文字说明的方法表示屋面、楼面、地面的构造。

③表示各层梁、楼板的位置及其与墙身的关系。

④表示檐口部分，例如女儿墙的构造、防水及排水构造。

⑤表示窗台、窗过梁（或圈梁）的构造情况。

⑥表示勒脚部分，例如房屋外墙的防潮、防水和排水的做法。外墙身的防潮层，一般在室内底层地面下 60mm 左右处。外墙面下部有 30mm 厚 1∶3 水泥砂浆，面层为褐色水刷石的勒脚。墙根处有坡度 5％的散水。

⑦标注各部位的标高及高度方向和墙身细部的大小尺寸。

⑧文字说明各装饰内、外表面的厚度及所用的材料。

（3）楼梯详图的识读。楼梯是房屋中比较复杂的构造，目前多采用预制或现浇钢筋混凝土结构。

楼梯详图一般包括平面图、剖面图及踏步栏杆详图等。它们表示出楼梯的形式，踏步、平台、栏杆的构造、尺寸、材料和做法。

①楼梯平面图：一般每一层楼都要画一张楼梯平面图。三层以上的房屋，若中间各层的楼梯位置及其梯段数，踏步数和大小相同时，通常只画底层、中间层和顶层三个平面图。

楼梯平面图实际是各层楼梯的水平剖面图，水平剖切位置应在每层上行第一梯段及门窗洞口的任一位置处。各层（除顶层外）被剖到的梯段，按《房屋建筑制图统一标准》（GB/T 50001—2010）规定，均在平面图中以一根 45°折断线表示。

在各层楼梯平面图中应标注该楼梯间的轴线及编号，以确定其在建筑平面图中的位置。底层楼梯平面图还应注明楼梯剖面图的剖切符号。

平面图中要注出楼梯间的开间和进深尺寸、楼地面和平台面的标高及各细部的详细尺寸。通常把梯段长度尺寸与踏面数、踏面宽的尺寸合写在一起。

②楼梯剖面图：假想用一铅垂平面通过各层的一个梯段和门窗洞将楼梯剖开，向另一未剖到的梯段方向投影，所得到的剖面图，即为楼梯剖面图。

楼梯剖面图表达出房屋的层数，楼梯梯段数，步级数以及楼梯形式，楼地面、平台的构造及与墙身的连接等。

若楼梯间的屋面没有特殊之处，一般可不画。

楼梯剖面图中还应标注地面、平台面、楼面等处的标高和梯段、楼层、门窗洞口的高度尺寸。楼梯高度尺寸注法与平面图梯段长度注法相同。例如 12×150＝1800，式中 12 为步级数，表示该梯段为 12 级，150 为踏步高度。

楼梯剖面图中也应标注承重结构的定位轴线及编号。对需画详图的部位注出详图索引符号。

③节点详图：楼梯节点详图主要表示栏杆、扶手和踏步的细部构造。

（4）建筑详图识读举例。

1）建筑外墙墙身详图的识读：图 1-53 为某部队驻扎基地楼外墙节点详图，可以按以下步骤进行读图：

①根据外墙详图剖切平面的编号，在平面图、剖面图或是立面图上查找出相应的剖切平面的位置，以了解外墙在建筑物的具体部位。图 1-53 是建筑剖面图中外墙身的放大图，比例为1∶30。图中不仅表示了屋顶、檐口、楼面、地面等构造以及与墙身的连接关系，而且表示了窗、

窗顶、窗台等处的构造情况。圈梁、过梁均为钢筋混凝土构件,楼板为钢筋混凝土空心板,均用钢筋混凝土图例绘制表示。外墙为240厚砖墙,也以图例表示出。根据墙轴线编号Ⓐ看图可知,所画的外墙是某部队驻扎基地楼南侧外墙。

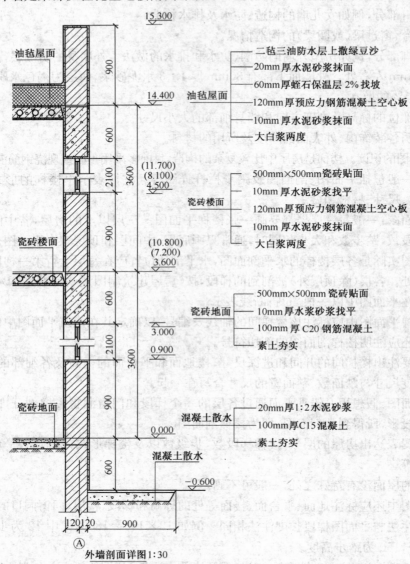

图 1-53　外墙剖面详图

②看图时应按从下到上或是从上到下的顺序,一个节点、一个节点的阅读,了解各个部位的详细构造、尺寸、做法,并与材料做法表相对照。在画外墙详图时,一般在门窗洞开中间用折断线断开。实际上画的是几个节点(地面、楼面、窗台、屋面)详图的组合。有时也可不画整个墙身的详图,而是把各个节点的详图分别单独绘制。在多层建筑中,如果中间各层墙体的构造相同,则只画底层、中间层和顶层三个部位的组合。图1-53即是绘制了室外散水与室内地面节点、楼面节点、檐口节点三个节点的详图组合。

③先看第一个节点勒脚、散水节点。图1-53是底层窗台以下部分的墙身详图。从图中可以看出,室内地面为混凝土地面,做法:在100mm厚C20混凝土上用10mm厚水泥砂浆找平,上铺500mm×500mm瓷砖。在室内地面与墙身基础的相连处设有水泥砂浆防潮层,一般用粗实线表示。本图中窗台的做法比较简单,没有窗台板也没有外挑檐。室外为混凝土散水,做法:在素土夯实层上铺100mm厚C15混凝土,面层为20mm厚1:2水泥砂浆。

④再向上看第二个节点,了解楼层节点的做法。由图可知,表示了圈梁、过梁(本例中圈梁与过梁合二为一)的位置。该楼板搭在横墙上,楼板面层采用瓷砖贴面,天棚面和内墙面均为纸筋灰粉面刷白面层。

⑤最后看第三个节点檐口部分。图中檐口采用女儿墙形式,高度900mm。屋面做法为油毡保温屋面,保温层采用60mm厚蛭石保温层,并兼2‰找坡作用。防水层采用二毡三油卷材防水,上撒绿豆沙。

⑥看所标注尺寸。在图1-53中,注明了室外地面、底层室内地面、窗台、窗顶、楼面、顶棚、檐口底面顶面的标高。在楼层节点处的标高,其中7.200与10.800用括号括起来,表示与此相应的高度上,该节点图仍然适用。此外,图中还注明了高度方向的尺寸及墙身细部大小尺寸。如墙身为240mm,室外散水宽900mm。

综上所述,墙身节点详图主要用以表达:外墙的墙脚、窗台、过梁、墙顶以及外墙与室内外地坪、外墙与楼面、屋面的连接关系,门窗洞口、底层窗下墙、窗间墙、檐口、女儿墙壁等的高度,室内外地坪、防潮层、门窗洞的上下口、檐口、墙顶及各层楼面、屋面的标高,屋面、楼面、地面的多层构造,立面装修和墙身防水、防潮要求,墙体各部位的脚线、窗台、窗楣檐口、勒脚、散水的尺寸、材料和做法等内容。

需要注意的是,由于采用较大比例(1:30)来绘制墙身,限于图纸的尺寸,不能完整表达全部墙身,故在窗洞口处作一截断,但窗洞口的尺寸仍按实际尺寸注写。

2)建筑楼梯平面图的识读:楼梯平面图(图1-54)是用假想的剖切平面在距地面1m以上的位置水平剖切,向下做的正投影。因此与建筑平面图的形成是完全相同的。因为建筑平面图选用的比例较小,不易把楼梯的构配件和尺寸表达清楚,所以用较大的比例另行画出楼梯平面图。在识读楼梯平面图时,可以按以下步骤进行。

①了解楼梯平面图中的开间、进深尺寸。楼梯平面图中的尺寸一般有楼梯间的开间尺寸、进深尺寸、平台深度尺寸、梯段与梯井宽度尺寸,以及楼梯栏杆扶手的位置尺寸等。图1-54楼梯位在Ⓐ—Ⓑ轴线和④—⑥间。楼梯间开间2600mm(其中梯井宽60),进深5000mm。休息平台宽度1420mm,楼层第一级踏步距Ⓑ轴线1420mm。通常把梯段长度尺寸和每个踏步宽度尺寸用简化表示法:(踏步级数-1)×踏面宽=梯段长。图中梯段宽8×270=2160mm,表明从室外到一层楼面有九级踏步。

②了解楼梯平面图中楼梯间地面和休息平台面的标高。楼梯平面图中被剖切到的梯段,在平面图中用45°的折断线表示。在每一梯段处画一长箭头,并注写"上"或是"下"字和踏步数,表明从本层楼面到上层或是下层楼面的总的踏步数。图1-54中可以看出,从本层楼面到上层楼面,共18级踏步。楼梯间地面的标高为1.200m(4.200m、7.000m、9.800m),休息平台地面标高2.700m(5.600m、8.400m)。在底层平面图上,标明了楼梯剖面图的剖切位置,剖切位置在每层楼面下行梯段处垂直剖切,编号A—A剖面。

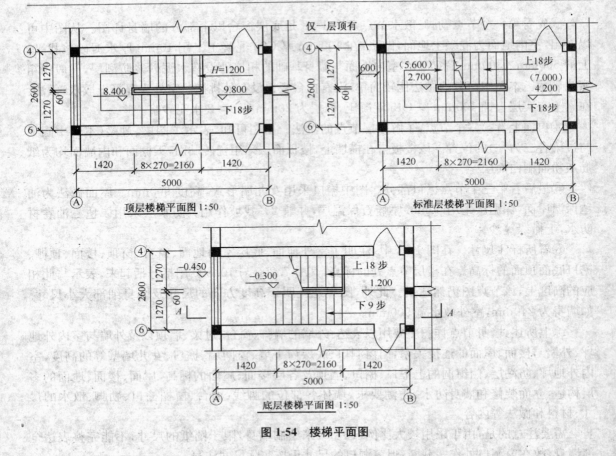

图 1-54 楼梯平面图

综合上述内容可以看出楼梯平面图主要表达:楼梯间的位置用定位轴线表示;楼梯间的开间、进深、墙体厚度;梯段的长度、宽度以及楼梯段上踏步的宽度和数量[(踏步级数－1)×踏面宽＝梯段长];休息平台的形式和位置、楼梯井的宽度、各层楼梯段的起始尺寸、各楼层和休息平台的标高。

3)建筑楼梯剖面图的识读:楼梯剖面图与建筑剖面图的形成完全相同,都是用一个垂直平面,将楼梯梯段垂直剖切开,向未剖切的梯段方向投影所得到的剖面图。图 1-55 为某食堂楼梯剖面图,可按以下步骤进行读图:

①了解楼梯剖面图中楼梯的进深尺寸及轴线编号。本例中楼梯间的进深为 5000mm,位于Ⓐ和Ⓑ轴线间。梯段长度 2160mm 在楼梯平面图中已经表示。

②了解各梯段和栏板的高度尺寸,楼地面的标高以及楼梯间外墙上的门窗洞口的高度尺寸和标高。本例中一层楼面标高为 1.200m,由于一层层高为 3000mm,其余楼层层高为 2800mm。故为了使每层楼的踏步数相同,都为 18 级,一层楼梯踏步高为 166.7mm,二层以上踏步高为 156mm,所有踏面宽均为 270mm。

③了解其他索引符号等。从图中可以看出楼梯扶手采用钢管焊制,详细做法以索引形式参照详图,扶手高 1100mm,顶层护栏高 1200mm。当标注与梯段板坡度相同的倾斜栏杆栏板的高度尺寸时,应从踏面的中部起垂直到扶手顶面的距离;标注水平栏杆栏板的高度尺寸,应以栏

杆栏板所在地面为起始点量取。

综上所述楼梯剖面图主要表示梯段的长度、踏步级数、楼梯的结构形式、材料、楼地面、休息平台、栏杆等的构造做法,以及各部分的标高及索引符号。一般采用1:50、1:30或是1:40的比例绘制,本图采用1:50的比例。

4)楼梯节点详图的识读:如图1-56楼梯节点详图主要表达楼梯栏杆、踏步、扶手的做法。如采用标准图集,则直接引注标准图集编号;如采用特殊形式,则用1:10、1:5、1:2、1:1的比例详细画出。图1-56中踏面宽为270mm,踢面高156mm,梯段板厚100mm。为防行人滑跌,在踏步端口设置30mm宽金刚砂防滑条。

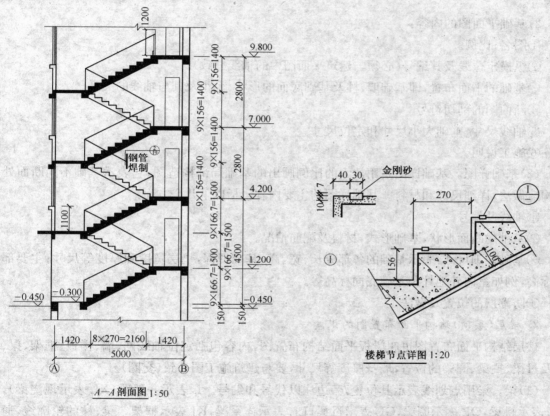

A—A剖面图 1:50

楼梯节点详图 1:20

图1-55 楼梯剖面图　　　　　　　　　**图1-56 楼梯节点详图**

三、结构施工图的识读

结构施工图是表示建筑物的承重构件(如基础、承重墙、梁、板、柱等)的布置、形状大小、内部构造和材料做法等的图样。

1. 基础结构图的识读

基础结构图又称基础图,是表示建筑物室内地面(±0.000)以下基础部分的平面布置和构造的图样,包括基础平面图、基础详图和文字说明等。

(1)基础平面图。

1)基础平面图的形成:基础平面图是假想用一个水平剖切面在地面附近将整幢房屋剖切

后,向下投影所得到的剖面图(不考虑覆盖在基础上的泥土)。

基础平面图主要表示基础的平面位置,以及基础与墙、柱轴线的相对关系。在基础平面图中,被剖切到的基础墙轮廓线要画成粗实线,基础底部的轮廓线画成细实线,基础的细部构造不必画出,它们将详尽地表达在基础详图上。图中的材料图例画法可与建筑平面图一致。

在基础平面图中,必须注出与建筑平面图一致的轴间尺寸。此外,还应注出基础的宽度尺寸和定位尺寸。宽度尺寸包括基础墙宽和大放脚宽,定位尺寸包括基础墙、大放脚与轴线的联系尺寸。

2)基础平面图的内容:

①图名、比例。

②纵横定位线及其编号(必须与建筑平面图中的轴线一致)。

③基础的平面布置,即基础墙、柱及基础底面的形状、大小及其与轴线的关系。

④断面图的剖切符号。

⑤轴线尺寸、基础大小尺寸和定位尺寸。

⑥施工说明。

(2)基础详图。基础详图是用放大的比例画出的基础局部构造图,它表示基础不同断面处的构造做法,详细尺寸和材料。基础详图的主要内容包括以下几个方面:

①轴线及编号。

②基础的断面形状,基础形式,材料及配筋情况。

③基础详细尺寸:表示基础的各部分长、宽、高,基础埋深,垫层宽度和厚度等尺寸;主要部位标高,例如室内外地坪及基础底面标高等。

④防潮层的位置及做法。

2. 楼层(层顶)结构平面布置图的识读

楼层结构平面布置图也叫梁板平面结构布置图,内容包括定位轴线网、墙、楼板、框架、梁、柱及过梁、挑梁、圈梁的位置,墙身厚度等尺寸,要与建筑施工图一致(交圈)。

(1)梁。梁用点划线表示其位置,旁边注以代号和编号。L 表示一般梁(XL 表示现浇梁),TL 表示挑梁,QL 表示圈梁,GL 表示过梁,LL 表示连系梁,KJ 表示框架。梁、柱的轮廓线,通常画成细虚线或细实线。圈梁通常加画单线条布置示意图。

(2)墙。楼板下墙的轮廓线,通常画成细或中粗的虚线或实线。

(3)柱。截面涂黑表示钢筋混凝土柱,截面画斜线表示砖柱。

(4)楼板。

①现浇楼板:在现浇板范围内划一对角线,线旁注明代号(XB 或 B)、编号、厚度,例如 XB_1 或 B_1、XB-1 等。

现浇板的配筋有时另用剖面详图表示,有时直接在平面图上画出受力钢筋形状,每类钢筋只画一根,注明其编号、直径、间距,例如①ϕ8@200,②ϕ8/ϕ6@200 等,前者表示 1 号钢筋,HPB235 级钢筋,直径 8mm,间距为 200mm,后者表示直径为 8mm 及 6mm 钢筋交替放置,间距为 200mm。分布配筋一般不画,另以文字说明。

有时采用折断断面(图中涂黑部分)表示梁板布置支承情况,并注出板面标高和板厚。

②预制楼板:常在对角线旁注明预制板的块数和型号,例如 5YKB339B2 则表示 5 块预应力空心板,标志尺寸为 3.3m 长,900mm 宽,B 表示 180mm 厚,荷载等级为 2 级。

为表明房间内不同预制板的排列次序,可直接按比例分块画出。

楼板布置相同的房间,可只标出一间板布置并编上甲、乙或 B₁、B₂(现浇板有时编 XB₁、XB₂),其余只写编号表示类同。

(5)楼梯的平面位置。楼梯的平面位置常用对角线表示,其上标注"详见结施××"字样。

(6)剖面图的剖切位置。通常在平面图上标有剖切位置符号,剖面图常附在本张图样上,有时也附在其他图样上。

(7)构件表和钢筋表。通常编有预制构件表,统计梁板的型号、尺寸、数目等。钢筋表常标明其形状尺寸、直径、间距或根数、单根长、总长、总重等。

(8)文字说明。用图线难以表达或对图纸进一步的说明,例如说明施工要求、混凝土强度等级、分布筋情况、受力钢筋净保护层厚度及其他等。

3. 钢筋混凝土构件详图的识读

钢筋混凝土构件有现浇、预制两种。预制构件因有图集,可不必画出构件的安装位置及其与周围构件的关系。现浇构件要在现场支模板、绑钢筋、浇混凝土,需画出梁的位置、支座情况。

(1)现浇钢筋混凝土梁、柱结构详图。梁、柱的结构详图通常包括梁的立面图和截面图。

①立面图(纵剖面):立面图表示梁、柱的轮廓与配筋情况,因是现浇,一般画出支承情况、轴线编号。梁、柱的立面图纵横比例可以不一样,以尺寸数字为准。图上还有剖切线符号,表示剖切位置。

②截面图:可以了解到沿梁、柱长、高方向钢筋的所在位置、箍筋的支数。

③钢筋表。

(2)预制构件详图。为加快设计速度,对通用、常用构件常选用标准图集。标准图集有国标、省标及各院自设的标准。一般施工图上只注明标准图集的代号及详图的编号,不绘出详图。查找标准图时,先要弄清是哪个设计单位编的图集,看总说明,了解编号方法,再按目录页次查阅。

4. 结构施工图识读举例

现以图 1-57 为例来说明楼层结构平面布置图的内容和阅读方法。

(1)看图名、比例。了解这是某办公楼二层结构平面图,比例 1∶100。

(2)看轴线、预制板的平面布置及其编号。通过图 1-57 中预制板的投影可知,在②—⑧轴办公室这侧房间的预制板都是垂直Ⓐ轴墙铺设的,预制板的两端搭在纵墙Ⓐ、Ⓑ和Ⓒ、Ⓓ上。在①—②轴这侧房间预制板的铺设情况是:⑴ₐ—Ⓒ轴这段房间的预制板是平行轴Ⓒ分段铺设的,即搭在①轴墙和 YPL-1 梁上,搭在两道 YPL-1 梁上等;Ⓒ—Ⓔ轴的预制板是平行①轴分段铺设的。图中画☒的平面(③、④轴与Ⓒ、Ⓓ轴相交处)是楼梯间,不铺预制板。图中标注的 YKB-1、KB-1、…是本设计图标注构件的一种简写代号。YKB 表示预应力钢筋混凝土空心板,KB 表示钢筋混凝土空心板。由此可见②—⑧轴的房间铺的是预应力钢筋混凝土空心板,其余全是普通

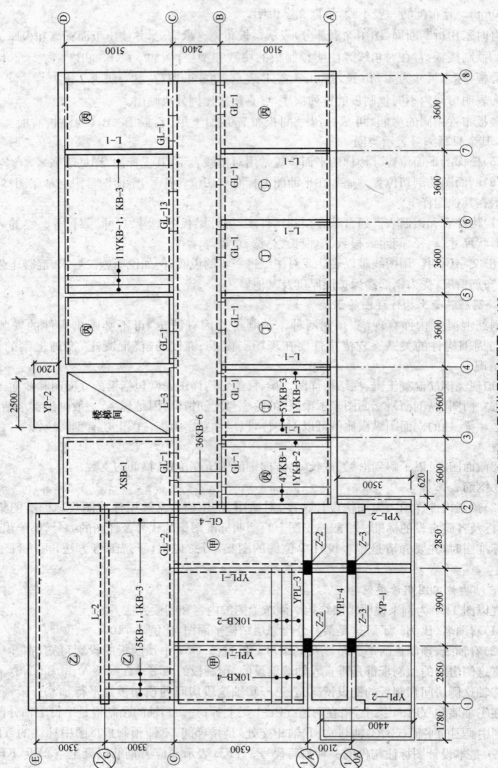

图 1-57 二层结构平面布置图 1:100

钢筋混凝土空心板。本设计 YKB-1 采用"龙 G401"预应力钢筋混凝土空心板通用图中构件编号"Y-KBⅡ51·6B-4"。构件编号内容如下：

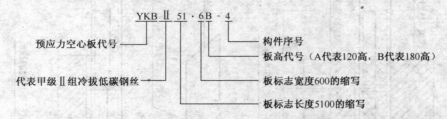

在 YKB 前面的数字是表示空心板的数量（块），如 4YKB 就是 4 块空心板。

又如 KB-1，它是采用"龙 G301"钢筋混凝土空心板构件编号为"KB33·6B-2"。构件编号中 KB 是空心板代号，"33"是板长 3300 的缩写，"6"是板宽 600 的缩写，"B"是板高 180 的代号，"2"是构件序号。在 KB 前的数字表示空心板的块数，如 15KB，就是 15 块空心板。

（3）看梁的位置及其编号。图 1-57 中 GL 表示过梁，L 表示梁，YPL 表示雨篷梁，GL-1、GL-2、…表示门窗过梁的代号。过梁采用"龙 G325"钢筋混凝土过梁通用图。GL-1 就是通用图中构件编号 GLA9·3-5。构件编号内容如下：

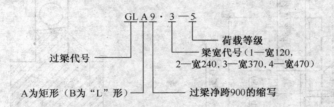

图中清楚表示出梁 L-1 在③、④、⑥、⑦等轴上放置；L-2 在⑩轴上；雨篷梁 YPL-1、YPL-2、YPL-3 等在①～②与⑩/A～Ⓒ区间纵横布置。

图 1-58 所示是板搭在梁上、板搭在墙上和板平行内墙或者外墙的做法的局部剖面详图。

（4）看现浇钢筋混凝土板的位置和代号。图 1-57 中平面标注 XSB-1 是厕所间现浇板。雨篷板 YP-1 和 YP-2 也是现浇板。

（5）看现浇楼板配筋图。现以 XSB-1 配筋图（图 1-59）为例，识读现浇楼板结构平面图。通过图中标注的轴线与建筑平面图对照，可知该图是厕所间的楼板，图中最外面的实线表示外墙面，最里面的虚线表示屋里的墙面，距里面虚线 120 的实线是现浇板的边界线，可知现浇板在四周墙上搭接尺寸均为 120。楼板的配筋从图 1-59 中可看到，在板的下面布置两种钢筋：①ϕ10@250 和②ϕ8@280，这两种钢筋都做成一端弯起，钢筋的直、弯部分尺寸都详细标在钢筋上。布筋时，①ϕ10 钢筋中每 250mm 放一根，一颠一倒布置，弯起端朝上，②ϕ@280 钢筋，也照此布置，在楼板底面由 ϕ10 和 ϕ8 两种钢筋构成方格网片。图中还有两种钢筋③ϕ10@250 和④ϕ8@280 都做成两端直弯钩分别布置在②、③轴和Ⓒ、Ⓓ轴四道墙的内侧，施工时将钢筋的钩朝下，直钢筋部分朝上，布置在板的端头压在墙里，承受板端的拉剪应力。在现浇板的配筋图上，通常是相同的钢筋只画出一根表示，其余省去不画。还有的现浇板，只画受力筋，而分布筋（构造筋）在说明里注释。

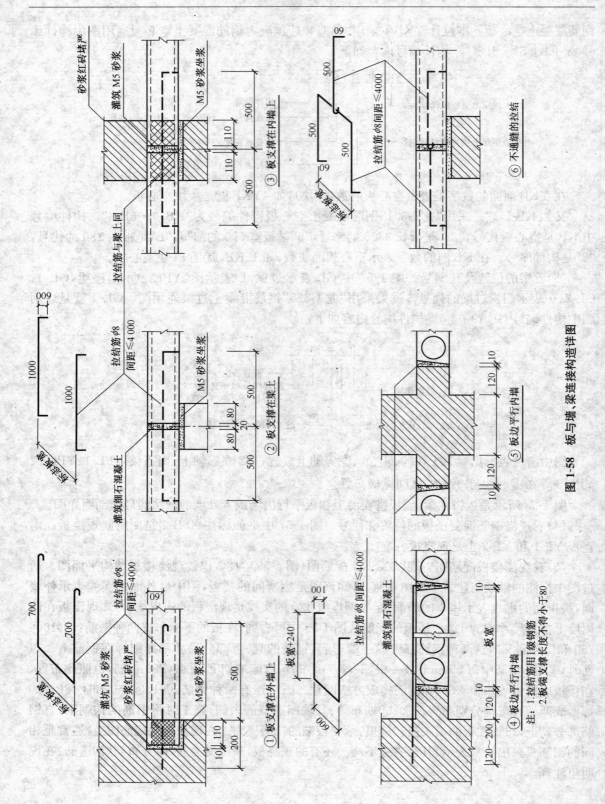

图 1-58　板与墙、梁连接构造详图

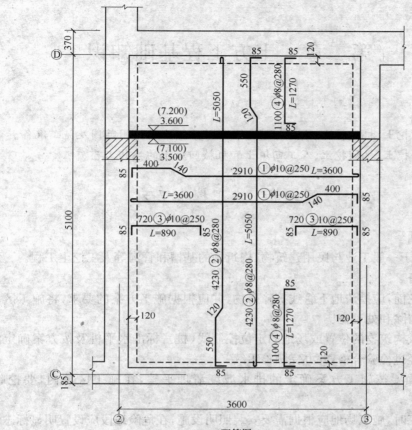

XSB-1配筋图1:40
注：板内留洞，看水暖施工图

图 1-59 现浇楼板配筋图

第二章　土方工程基础知识

内容提要：

1. 了解人工挖土、机械挖土、人工回填土和机械回填土的适用范围及施工准备。

2. 掌握人工挖土、机械挖土、人工回填土和机械回填土的操作工艺。

第一节　人工挖土工艺

一、适用范围

本工艺适用于一般工业与民用建筑物、构筑物的基槽和管沟等人工挖土工程。

二、施工准备

(1) 土方开挖前，应摸清地下管线等障碍物，并应根据施工方案的要求，将施工区域内的地上、地下障碍物清除和处理完毕。

(2) 建筑物或构筑物的位置或场地的定位控制线(桩)，标准水平桩及按方案确定的基槽的灰线尺寸，必须经过检验合格，并办完预检手续。

(3) 场地表面要按施工方案确定的排水坡度清理平整，在施工区域内，要挖临时性排水沟。

(4) 夜间施工时，施工场地应根据需要安装照明设施，在危险地段应设置明显标志。

(5) 开挖基底标高低于地下水位的基坑(槽)、管沟时，应根据工程地质资料，在开挖前采取措施降低地下水位，一般要降至低于开挖底面 500mm，然后再开挖。

(6) 熟悉图样，做好技术交底。

三、操作工艺

1. 测量放线

(1) 测量控制网布设。标高误差和平整度标准均应严格按规范标准执行。人工挖土接近坑底时，由现场专职测量员用水平仪将水准标高引测至基槽侧壁。然后随着人工挖土逐步向前推进，将水平仪置于坑底，每隔 4～6m 设置一标高控制点，纵横向组成标高控制网，以准确控制基坑标高。

(2) 测量精度的控制及误差范围。

① 测角：采用三测回，测角过程中误差控制在 2″ 以内，总误差在 5″ 以内。

② 测弧：采用偏角法，测弧度误差控制在 2″ 以内。

③ 测距：采用往返测法，取平均值。

④ 量距：用鉴定过的钢尺进行量测并进行温度修正。

轴线之间偏差控制在 2mm 以内。

2. 确定开挖顺序和坡度

(1) 在天然湿度的土中，开挖基槽和管沟时，当挖土深度不超过下列数值规定时，可不放坡，不加支撑。

①密实、中密的砂土和碎石类土(填充物为砂土):1.0m。

②硬塑、可塑的黏质粉土及粉质黏土:1.25m。

③硬塑、可塑的黏土和碎石类土(填充物为黏性土):1.5m。

④坚硬的黏土:2.0m。

(2)超过上述规定深度,应采取相应的边坡支护措施,否则必须放坡,边坡最陡坡度应符合表 2-1 的规定。

表 2-1　深度在 5m 内的基槽管沟边坡的最陡坡度

土 的 类 别	边坡坡度容许值(高:宽)		
	坡顶无荷载	坡顶有静载	坡顶有动载
中密的砂土	1:1.00	1:1.25	1:1.50
中密的碎石类土(填充物为砂土)	1:0.75	1:1.00	1:1.25
硬塑的黏质粉土	1:0.67	1:0.75	1:1.00
中密的碎石类土(填充物为黏性土)	1:0.50	1:0.67	1:0.75
硬塑的粉质黏土、黏土	1:0.33	1:0.50	1:0.50
老黄土	1:0.10	1:0.25	1:0.33
软土(经井点降水后)	1:1.00	—	—

注:在软土沟槽坡顶不宜设置静载或动载;需要设置时,应对土的承载力和边坡的稳定性进行验算。

3. 沿灰线切出基槽轮廓线

开挖各种浅基础,如不放坡时,应沿灰线切出基槽的轮廓线。

4. 分层开挖

(1)根据基础形式和土质状况及现场出土等条件,合理确定开挖顺序,然后再分段分层平均下挖。

(2)开挖各种浅基础时,如不放坡应先按放好的灰线切出基槽的轮廓线。

(3)开挖各种基槽、管沟。

①浅条形基础:一般黏性土可自上而下分层开挖,每层深度以 600mm 为宜,从开挖端部逆向倒退按踏步形挖掘;碎石类土先用镐翻松,正向挖掘出土,每层深度视翻土厚度而定。

②浅管沟:与浅的条形基础开挖基本相同,仅沟帮不需切直修平。标高按龙门板上平往下返出沟底尺寸,接近设计标高后,再从两端龙门板下面的沟底标高上返 500mm 为基准点,拉小线用尺检查沟底标高,最后修整沟底。

③开挖放坡的基槽或管沟时,应先按施工方案规定的坡度粗略开挖,再分层按放坡坡度要求做出坡度线,每隔 3m 左右做出一条,以此为准进行铲坡。深管沟挖土时,应在沟帮中间留出宽 800mm 左右的倒土台。

④开挖大面积浅基坑时,沿坑三面开挖,留出一面挖成坡道。挖出的土方装入手推车或翻斗车,从坡道运至地面弃土(存土)地点。

5. 修整边坡、清底

(1)土方开挖挖到距槽底 500mm 以内时,测量放线人员应及时配合测出距槽底 500mm 水平标高点;自每条槽端部 200mm 处,每隔 2~3m 在槽帮上钉水平标高小木橛。在挖至接近槽底标高时,用尺或事先量好的500mm标准尺杆,随时以小木橛校核槽底标高。最后由两端轴线(中心线)引桩拉通线,检查沟槽底部尺寸,确定槽宽标界,据此修整槽帮,最后清除槽底土方,修底铲平。

(2)人工修整边坡,确保边坡坡面的平整度。当遇有上层滞水影响时,要在坡面上每隔1m插放一根泄水管,以便把滞水有效的疏导出来,减少对坡面的压力。

(3)基槽、管沟的直立帮和坡度,在开挖过程和敞露期间应采取措施防止塌方,必要时应加以保护。

在开挖槽边土方时,应保证边坡和直立帮的稳定。当土质良好时,抛于槽边的土方(或材料),应距槽(沟)边缘1.0m以外,高度不宜超过1.5m。

第二节　机械挖土工艺

一、适用范围

本工艺适用于工业与民用建筑物、构筑物的大型基坑(槽)、管沟及大面积平整场地等机械挖土工程。

二、施工准备

(1)做好设备调整,对进场挖土、运输车辆及各种辅助设备进行维修检查,试运转,并运至使用地点就位;准备好施工用料及工程用料,按施工平面图要求堆放。

(2)组织并配备土方工程施工所需要的各专业技术人员、管理人员和技术工人;组织安排好作业班次;制定责任制和技术、质量、安全、管理网络和管理保证体系。

(3)土方开挖前,应根据施工方案的要求,将施工区域内的地上、地下障碍物清除和处理完毕,做好地面排水工作。

(4)施工机械进入现场所经过的道路、桥梁和卸车设施等,应事先经过检查,必要时要做好加固或加宽等准备工作。

(5)在施工现场内修筑供汽车行走的坡道,坡度应大于1∶6。当坡道路面强度偏低时,路面土层应填筑适当厚度的碎石或渣土;当挖土机械所站土层处于饱和状态时,应当填筑适当厚度的碎石或渣土,以免施工机械出现塌陷。

(6)施工区域内运行路线的布置,应根据作业区域工作面的大小、机械性能、运距和地形起伏等情况加以确定。

其他详见"人工挖土工艺中施工准备的(2)和(6)"的内容。

三、操作工艺

1. 测量放线

(1)测量控制网布设。标高误差和平整度标准均应严格按规范标准执行。机械挖土接近坑底时,由现场专职测量员用水平仪将水准标高引测至基槽侧壁。然后随着挖土机逐步向前推进,将水平仪置于坑底,每隔4~6m设置一标高控制点,纵横向组成标高控制网,以准确控制基坑标高。最后一步土方挖至距基底150~300mm位置,所余土方采用人工清土,以免扰动基底的老土。

(2)测量精度的控制及误差范围。详见"人工挖土工艺中操作工艺的1. 测量放线中的(2)

测量精度的控制及误差范围"的内容。

2. 开挖坡度的确定

(1)当开挖深度在 5m 以内时,其开挖坡度参见人工挖土施工工艺。

(2)对地质条件好、土(岩)质较均匀、挖土高度在 5～8m 以内的临时性挖方的边坡,其边坡坡度可按表 2-2 取值,但应验算其整体稳定性并对坡面进行保护。

表 2-2 临时性挖方边坡值

土 的 类 别		边坡值(高:宽)
砂土(不包括细砂、粉砂)		1:1.25～1:1.50
一般性黏土	硬	1:0.75～1:1.00
	硬、塑	1:1.00～1:1.25
	软	1:1.50 或更缓
碎石类土	充填坚硬、硬塑黏性土	1:0.50～1:1.00
	充填砂土	1:1.00～1:1.50

注:1. 设计有要求时,应符合设计标准。

    2. 如采用降水或其他加固措施,可不受本表限制,但应计算复核。

    3. 开挖深度,对软土不应超过 4m,对硬土不应超过 8m。

3. 分段、分层均匀开挖

(1)当基坑(槽)或管沟受周边环境条件和土质情况限制无法进行放坡开挖时,应采取有效的边坡支护方案,开挖时应综合考虑支护结构是否形成,做到先支护后开挖,一般支护结构强度达到设计强度的 70% 以上时,才可继续开挖。

(2)开挖基坑(槽)或管沟时,应合理确定开挖顺序、路线及开挖深度。然后分段分层均匀下挖。

(3)采用挖土机开挖大型基坑(槽)时,应从上而下分层分段,按照坡度线向下开挖,严禁在高度超过 3m 或在不稳定土体之下作业,但每层的中心地段应比两边稍高一些,以防积水。

(4)在挖方边坡上如发现有软弱土、流沙土层时,或地表面出现裂缝时,应停止开挖,并及时采取相应补救措施,以防止土体崩塌与下滑。

(5)采用反铲、拉铲挖土机开挖基坑(槽)或管沟时,其施工方法有下列两种:

①端头挖土法:挖土机从坑(槽)或管沟的端头,以倒退行驶的方法进行开挖,自卸汽车配置在挖土机的两侧装运土。

②侧向挖土法:挖土机沿着坑(槽)边或管沟的一侧移动,自卸汽车在另一侧装土。

(6)土方开挖宜从上到下分层分段依次进行。随时作成一定坡势,以利泄水。

①在开挖过程中,应随时检查槽壁和边坡的状态。深度大于 1.5m 时,根据土质变化情况,应做好基坑(槽)或管沟的支撑准备,以防坍陷。

②开挖基坑(槽)和管沟,不得挖至设计标高以下,如不能准确地挖至设计基底标高时,可在设计标高以上暂留一层土不挖,以便在抄平后,由人工挖出。

暂留土层:一般铲运机、推土机挖土时,以大于 200mm 为宜;挖土机用反铲、正铲和拉铲挖土时,以大于 300mm 为宜。

③对机械施工挖不到的土方,应配合人工随时进行挖掘,并用手推车把土运到机械能挖到的地方,以便及时用机械挖走。

4. 修边、清底

(1)放坡施工时,应人工配合机械修整边坡,并用坡度尺检查坡度。

(2)在距槽底设计标高 200~300mm 槽帮处,抄出水平线,钉上小木橛,然后用人工将暂留土层挖走。同时由两端轴线(中心线)引桩拉通线(用小线或钢丝),检查距槽边尺寸,确定槽宽标准。以此修整槽边,最后清理槽底土方。

(3)槽底修理铲平后,进行质量检查验收。

(4)开挖基坑(槽)的土方,在场地有条件堆放时,一定留足回填需用的好土;多余的土方,应一次运走,避免二次搬运。

第三节　人工回填土工艺

一、适用范围

本工艺适用于一般工业及民用建筑物、构筑物的基坑、基槽、室内地坪、室外沟槽及散水等人工回填土工程。

二、施工准备

(1)回填前,应清除基底的垃圾等杂物,清除积水、淤泥,对基底标高以及相关基础、箱型基础墙或地下防水层、保护层等进行检收,并要办好隐检手续。

(2)施工前应根据工程特点、填方土料种类、密实度要求、施工条件等,合理确定填方土料含水率控制范围、虚铺厚度和压实遍数等参数;重要回填土方工程,其回填土的最大干密度参数应通过试验来确定。

(3)房心和管沟的回填,应在完成上下水管道的安装或墙间加固后再进行。

(4)施工前,应做好水平高程标志的设置。如在基坑(槽)或管沟边坡上,每隔 3m 土钉上水平橛;或在室内和散水的边墙上弹水平线或在地坪上钉上标高控制木桩。

三、操作工艺

1. 基坑(槽)底清理

填土前应将基坑(槽)、管沟底的垃圾杂物等清理干净;基槽回填时必须清理到基础底面标高,将回落的松散土、砂浆、石子等清理干净。

2. 检验土质

检验回填土的含水率是否在控制范围内,如含水率偏高,采用翻松、晾晒或均匀掺入干土等措施;如遇回填土的含水率偏低,可采用预先洒水润湿等措施。

3. 分层铺土、耙平

(1)回填土应分层铺摊和夯实。每层铺土厚度应根据土质、密实度要求和机具性能确定。一般蛙式打夯机每层铺土厚度为 200~250mm,人工打夯不超过 150mm。

(2)基坑回填应相对两侧或四周同时进行。基础墙两侧回填土的标高不可相差太多,以免把墙挤歪;较长的管沟墙,应采用内部加支撑的措施,然后再在外侧回填土方。

(3)深浅基坑相连时,应先填深坑。分段填筑时交接处应做成 1:2 的阶梯状,且分层交接处应铺开,上下层错缝距离不应小于1m,夯打重叠宽度应为0.5～1m。接缝不得留在基础、墙角、柱墩等部位。

(4)回填土每层夯实后,应按规范规定进行环刀取样,实测回填土的最大干密度,达到要求后再铺上一层土。

(5)非同时进行的回填段之间的搭接处,不得形成陡坎,应将夯实层留成阶梯状,阶梯的宽度应大于高度的2倍。

4. 夯打密实

(1)回填土每层至少夯打三遍。打夯应一夯压半夯,夯夯连接,纵横交叉。

(2)深浅两基坑(槽)相连时,应先填夯深基坑,填至浅基坑标高时,再与浅基坑一起填夯。如必须分段夯实时,交接处应呈阶梯形,且不得漏夯。上下层错缝距离不小于1.0m。

(3)回填房心及管沟时,为防止管道中心线位移或损坏管道,应用人工先在管子两侧填土夯实;并应由管道两边同时进行,直至管顶500mm以上时,在不损坏管道的情况下,方可采用蛙式打夯机夯实。在抹带接口处、防腐绝缘层或电缆周围,应回填细粒料。

(4)一般情况下,蛙式打夯机每层夯实遍数为3～4遍,木夯每层夯实遍数为3～4遍,手扶式压路机每层夯实遍数为6～8遍。基坑及地坪应由四周开始,然后再夯向中间。

5. 修整找平验收

填土全部完成后,应进行表面拉线找平,凡超过标准高程的地方,及时依线铲平;凡低于标准高程的地方,应补土夯实。

第四节　机械回填土工艺

一、适用范围

本工艺适用于工业与民用建筑、构筑物大面积平整场地、大型基坑和管沟等机械回填土工程。

二、施工准备

(1)详见"人工回填土工艺中施工准备(2)"的内容。

(2)填土前,应清除基底上杂物,排除积水,并办理已完工程检查验收手续。

(3)施工前,应做好水平高程标志的布置。一般可采取在基坑或边沟上每10m钉上水平桩或在临近的固定建筑物上标上标准高程点,大面积场地上每隔10m左右应钉水平控制桩。

(4)施工方案确定机械填土的施工顺序、土方机械车辆的行走路线等。

三、操作工艺

1. 基底清理

填土前,应将基底表面上的垃圾或树根等杂物、洞穴都处理完毕,清理干净。

2. 检验土质

详见"人工回填土工艺中操作工艺的2. 检验土质"。

3. 分层铺土

(1)填土应分层铺摊。每层铺土的厚度应根据土质、密实度要求和机具性能确定。如无试验依据,应符合表2-3的规定。碾压时,轮(夯)迹应相互搭接,防止漏压、漏夯。

表 2-3　填土分层铺土厚度和压实遍数

压 实 机 具	分层厚度/mm	每层压实遍数/遍	压 实 机 具	分层厚度/mm	每层压实遍数/遍
平碾	250～300	6～8	振动压实碾	250～300	3～4
羊足碾	200～350	8～16	蛙式、柴油式打夯机	200～250	3～4

(2)填土按照由下而上顺序分层铺填。

(3)推土机运土回填,可采用分堆集中,一次运送方法,分段距离 10～15m。用推土机来回行驶推平并进行碾压,履带应重叠宽度的一半。

4. 碾压密实

(1)碾压机械压实填方时,应控制行驶速度,一般不应超过的规定为:平碾,2km/h;羊足碾,3km/h;振动碾,2km/h。

(2)碾压时,轮(夯)迹应相互搭接,防止漏压或漏夯。长宽比较大时,填土应分段进行。每层接缝处应制作成斜坡形,碾迹重叠 0.5～1.0m,上下层错缝距离不应小于 1m。

(3)填方高于基底表面时,应保证边缘部位的压实质量。填土后,如设计不要求边坡修整,宜将填方边缘宽填 0.5m;如设计要求边坡整平拍实,可宽填 0.2m。

(4)机械施工碾压不到的填土,应配合人工推土,用蛙式或柴油打夯机分层打夯密实。

5. 修整找平验收

(1)回填土每层压实后,应按规范规定进行环刀取样,测出土的最大干密度,达到要求后再铺上一层土。

(2)详见"人工回填土工艺中操作工艺的 5. 修整找平验收"。

第三章 基坑支护工程基础知识

内容提要:

1. 了解土钉墙支护,深基坑干、湿作业成孔锚杆支护,地下连续墙支护的适用范围及施工准备。

2. 掌握土钉墙支护,深基坑干、湿作业成孔锚杆支护,地下连续墙支护的操作工艺。

第一节 土钉墙支护工艺

一、适用范围

本工艺适用于土钉墙支护工程的施工。土钉墙由密集的土钉群、被加固的原位土体、喷射的混凝土面层和必要的防水系统组成。土钉墙支护工程的适用范围如下:

(1)可塑、硬塑或坚硬的黏性土;胶结或弱胶结(包括毛细水粘结)的粉土、砂土和角砾;填土、风化岩层等。

(2)深度不大于 12m 的基坑支护或边坡加固,一般应用期限不宜超过 18 个月。

(3)基坑侧壁安全等级为二、三级。

二、施工准备

(1)有齐全的技术文件和完整的施工方案,并已进行技术交底。

(2)进行场地平整,拆迁施工区域内的报废建筑物和挖除工程部位地面以下 3m 内的障碍物,施工现场应有可使用的水源和电源。在施工区域内已设置临时设施并修建施工便道及排水沟,各种施工机具已运到现场,且安装维修试运转正常。

(3)已进行施工放线,土钉孔位置、倾角已确定;各种备料和配合比及焊接强度经试验可满足设计要求。

(4)土钉墙设计及构造。

①土钉墙墙面坡度不宜小于 1:0.1。

②土钉必须和面层有效连接,应设置承压板或加强钢筋等构造措施,承压板或加强钢筋应与土钉螺栓连接或钢筋焊接连接。

③土钉的长度宜为开挖深度的 0.5~1.2 倍,间距宜为 1~2m,呈梅花形或正方形布置,与水平面夹角宜为 5°~20°。

④土钉钢筋宜采用 HRB335、HRB400 级钢筋,钢筋直径宜为 16~32mm,钻孔直径宜为70~150mm。

⑤注浆材料宜采用水泥浆或水泥砂浆,其强度等级不宜低于 M10。

⑥喷射混凝土面层宜配置钢筋网,钢筋直径宜为 6~10mm,间距宜为 150~300mm,喷射混凝土强度等级不宜低于 C20,面层厚度不宜小于 80mm。

⑦坡面上下段钢筋网搭接长度应不小于一个网格边长或 300mm,如为搭接焊则焊接长度

单面不小于网片钢筋直径的 10 倍。

⑧当地下水位高于基坑底面时,应采取降水或截水措施;土钉墙墙顶应采用砂浆或混凝土护面,坡顶和坡脚应设排水措施,坡面上可根据具体情况设置泄水孔。

三、操作工艺

1. 排水设施的设置

(1)水是土钉支护结构最为敏感的问题,不但要在施工前做好降排水工作,还要充分考虑土钉支护结构工作期间地表水及地下水的处理,设置排水构造措施。

(2)基坑四周地表应加以修整并构筑明沟排水和水泥砂浆或混凝土地面,严防地表水向下渗流。

(3)基坑边壁有透水土层或渗水土层时,混凝土面层上要做泄水孔,按间距 1.5~2.0m 均布设长为 0.4~0.6m、直径为 40mm 的塑料排水管,外管口略向下倾斜。

(4)为了排除积聚在基坑内的渗水和雨水,应在坑底设置排水沟和集水井。排水沟应离开坡脚 0.5~1.0m,严防冲刷坡脚。排水沟和集水井宜采用砖砌并用砂浆抹面以防止渗漏。坑内积水应及时排除。

2. 基坑开挖

(1)基坑要按设计要求严格分层分段开挖,在完成上一层作业面土钉与喷射混凝土面层达到设计强度的 70% 以前,不得进行下一层土层的开挖。每层开挖最大深度取决于在支护投入工作前土壁可以自稳而不发生滑移破坏的能力,实际工程中常取基坑每层挖深与土钉竖向间距相等。每层开挖的水平分段也取决于土壁自稳能力,且与支护施工流程相互衔接,一般多为 10~20m 长。当基坑面积较大时,允许在距离基坑四周边坡 8~10m 的基坑中部自由开挖,但应注意与分层作业区的开挖相协调。

(2)挖土要选用对坡面土体扰动小的挖土设备和方法,严禁边壁出现超挖或造成边壁土体松动。坡面经机械开挖后要采用小型机械或人工进行切削清坡,以使坡度与坡面平整度达到设计要求。

3. 边坡处理

为防止基坑边坡的裸露土体塌陷,对于易塌的土体可采取下列措施。

(1)对修整后的边坡,立即喷上一层薄的混凝土,强度等级不宜低于 C20,凝结后再进行钻孔。

(2)在作业面上先构筑钢筋网喷射混凝土面层,钢筋保护层厚度不宜小于 20mm,面层厚度不宜小于 80mm,而后进行钻孔和设置土钉。

(3)在水平方向上分小段间隔开挖。

(4)先将作业深度上的边壁做成斜坡,待钻孔并设置土钉后再清坡。

(5)在开挖前,沿开挖面垂直击入钢筋或钢管,或注浆加固土体。

4. 设置土钉

(1)若土层地质条件较差时,在每步开挖后应尽快做好面层,即对修整后的边壁立即喷上一层薄混凝土或砂浆;若土质较好的话,可省去该道面层。

(2)土钉设置通常做法是先在土体上成孔,然后置入土钉钢筋并沿全长注浆,也可以是采用专门设备将土钉钢筋击入土体。

5. 钻孔

(1)钻孔前应根据设计要求定出孔位并作出标记和编号,钻孔时要保证位置正确(上下左右及角度),防止高低参差不齐和相互交错。

(2)钻孔时要比设计深度多钻深 100～200mm,以防止孔深不够。

(3)采用的机具应符合土层的特点,满足设计要求,在进钻和抽钻杆过程中不得引起土体坍孔。在易坍孔的土体中钻孔时宜采用套管成孔或挤压成孔。

6. 插入土钉钢筋

插入土钉钢筋前要进行清孔检查,若孔中出现局部渗水、塌孔或掉落松土,应立即处理。土钉钢筋置入孔中前,要先在钢筋上安装对中定位支架,以保证钢筋处于孔位中心且注浆后其保护层厚度不小于 25mm。支架沿钉长的间距可为 2～3m,支架可为金属或塑料件,以不妨碍浆体自由流动为宜。

7. 注浆

(1)注浆材料宜选用水泥浆、水泥砂浆。注浆用水泥砂浆的水灰比不宜超过 0.4～0.45,当用水泥浆时水灰比不宜超过 0.45～0.5,并宜加入适量的速凝剂等外加剂以促进早凝和控制泌水。

(2)注浆前要验收土钉钢筋安设质量是否达到设计要求。

(3)一般可采用重力、低压(0.4～0.6MPa)或高压(1～2MPa)注浆,水平孔应采用低压或高压注浆。压力注浆时应在孔口或规定位置设置止浆塞,注满后保持压力 3～5min。重力注浆以满孔为止,但在浆体初凝前需补浆 1～2 次。

(4)对于向下倾角的土钉,注浆采用重力或低压注浆时宜采用底部注浆方式,注浆导管底端应插至距孔底 250～500mm 处,在注浆同时将导管缓慢地撤出。注浆过程中注浆导管口应始终埋在浆体表面以下,以保证孔中气体能全部逸出。

(5)注浆时要采取必要的排气措施。对于水平土钉的钻孔,应用孔口部压力注浆或分段压力注浆,此时需配排气管并与土钉钢筋绑扎牢固,在注浆前与土钉钢筋同时送入孔中。

(6)向孔内注入浆体的充盈系数必须大于 1。每次向孔内注浆时,宜预先计算所需的浆体体积并根据注浆泵的冲程数计算出实际向孔内注入的浆体体积,以确认实际注浆量超过孔内容积。

(7)注浆材料应拌和均匀,随拌随用,一次拌和的水泥浆、水泥砂浆应在初凝前用完。

(8)注浆前应将孔内残留或松动的杂土清除干净。注浆开始或中途停止超过 30min 时,应用水或稀水泥浆润滑注浆泵及其管路。

(9)为提高土钉抗拔能力,还可采用二次注浆工艺。

8. 铺钢筋网

(1)在喷混凝土之前,先按设计要求绑扎、固定钢筋网。面层内钢筋网片应牢固固定在边壁上并符合设计规定的保护层厚度要求。钢筋网片可用插入土中的钢筋固定,但在喷射混凝土时不应出现振动。

(2)钢筋网片可焊接或绑扎而成,网格允许偏差为 ±10mm。铺设钢筋网时每边的搭接长度应不小于一个网格边长或 300mm,如为搭接焊则单面焊接长度不小于网片钢筋直径的 10 倍。网片与坡面间隙不小于 20mm。

（3）土钉与面层钢筋网的连接可通过垫片、螺母及土钉端部螺纹杆固定。垫片钢板厚 8～10mm，尺寸为 200mm×200mm～300mm×300mm。垫板下空隙需先用高强水泥砂浆填实，待砂浆达到一定强度后方可旋紧螺母以固定土钉。土钉钢筋也可采取井字加强钢筋直接焊接在钢筋网上等措施。

（4）当面层厚度大于 120mm 时宜采用双层钢筋网，第二层钢筋网应在第一层钢筋网被混凝土覆盖后铺设。

9. 喷射面层

（1）喷射混凝土的配合比应通过试验确定，粗集料最大粒径不宜大于 12mm，水灰比不宜大于 0.45，并应通过外加剂来调节所需工作度和早强时间。当采用干法施工时，应事先对操作人员进行技术考核，以保证喷射混凝土的水灰比和质量达到设计要求。

（2）喷射混凝土前，应对机械设备、风、水管路和电路进行全面检查和试运转。为保证喷射混凝土厚度达到均匀的设计值，可在边壁上隔一定距离打入垂直短钢筋段作为厚度标志。喷射混凝土的射距宜保持在 0.6～1.0m 内，并使射流垂直于壁面。在有钢筋的部位可先喷钢筋的后方以防止钢筋背面出现空隙。喷射混凝土的路线可从壁面开挖层底部逐渐向上进行，但底部钢筋网搭接长度范围以内先不喷混凝土，待与下层钢筋网搭接绑扎之后再与下层壁面同时喷射混凝土。混凝土面层接缝部分做成 45°角斜面搭接。当设计面层厚度超过 100mm 时，混凝土应分两层喷射，一次喷射厚度不宜小于 40mm，且接缝错开。混凝土接缝在继续喷射混凝土之前应清除浮浆碎屑，并喷少量水润湿。

（3）面层喷射混凝土终凝后 2h 应喷水养护，养护时间宜为 3～7d，养护视当地环境条件可采用喷水、覆盖浇水或喷涂养护剂等方法。

（4）喷射混凝土强度可用边长为 100mm 的立方体试块进行测定。制作试块时，将试模底面紧贴边壁，从侧向喷入混凝土，每批至少留取 3 组（每组 3 块）试件。

10. 土钉现场测试

土钉支护施工必须进行土钉的现场抗拔试验，应在专门设置的非工作钉上进行抗拔试验。

11. 施工监测

（1）土钉的施工监测内容。

①支护位移、沉降的观测，地表开裂状态（位置、裂宽）的观察。

②附近建筑物和重要管线等设施的变形测量和裂缝宽度观测。

③基坑渗、漏水和基坑内外地下水位的变化。

在支护施工阶段，每天监测不少于两次；在支护施工完成后、变形趋于稳定的情况下每天 1 次。监测过程应持续至整个基坑回填结束为止。

（2）观测点的设置。每个基坑观测点的总数不宜少于 3 个，间距不宜大于 30m。其位置应选在变形量最大或局部条件最为不利的地段。观测仪器宜用精密水准仪和精密经纬仪。

（3）当基坑附近有重要建筑物等设施时，也应在相应位置设置观测点，在可能的情况下，宜同时测定基坑边壁不同深度位置处的水平位移，以及地表距基坑边壁不同距离处的沉降。

（4）应特别加强雨天和雨后的监测，以及对各种可能危及支护安全的水害来源（如场地周围生产、生活用水，上下水管、贮水池罐、化粪池漏水，人工井点降水的排水，因开挖后土体变形造成管道漏水等）进行观察。

(5)在施工开挖过程中,基坑顶部的侧向位移与当时的开挖深度之比超过 3‰(砂土)和 4‰(一般黏性土)时应密切加强观察,分析原因并及时对支护采取加固措施,必要时增用其他支护方法。

第二节 深基坑干作业成孔锚杆支护工艺

一、适用范围

本工艺适用于工业与民用建筑土层干作业成孔锚杆支护的施工。锚杆支护结构是挡土结构与外拉系统相结合的一种深基坑组合式支护结构,主要由挡土支护结构、腰梁和锚杆三部分组成。

二、施工准备

(1)在锚杆施工前,应根据设计要求、土层条件和环境条件,制订施工方案,合理选择施工设备、器具和工艺方法。

(2)根据施工方案的要求和机器设备的规格、型号,平整出保证安全和足够施工的场地。

(3)开挖边坡,按锚杆尺寸取两根进行钻孔、穿筋、灌浆、张拉、锚定等工艺试验,并做抗拔试验,检验锚杆质量及施工工艺和施工设备的适应性。

(4)在施工区域内设置临时设施,修建施工便道及排水沟,安装临时水电线路,搭设钻机平台,将施工机具设备运进现场,检查机械、钻具、工具等是否完好安全。

(5)施工前,要认真检查原材料型号、品种、规格及锚杆各部件的质量,并检查原材料的主要技术性能是否符合设计要求。

(6)进行施工放线,定出挡土墙、桩基线和各个锚杆孔的孔位、锚杆的倾斜角。

(7)锚杆施工前护坡桩已施工完毕,护坡桩工艺参见桩基础施工工艺的相关内容。

(8)在土方施工的同时,留设张拉锚杆工作面(一般为锚位以下 50cm)。

三、操作工艺

1. 确定孔位

钻孔前应由技术人员按施工方案要求定出孔位,标注醒目的标志,不可目测定位。要随时注意调整好锚孔位置(上下左右及角度),防止高低参差不齐和相互交错。

2. 钻机就位

确定孔位后,将钻机移至作业平台,调试检查。

3. 调整角度

钻机就位后,由机长调整钻杆钻进角度,并经现场技术人员用量角仪检查合格后,方可正式开钻。另外,要特别注意检查钻杆左右倾斜度。

4. 钻孔并清孔

(1)锚杆机就位前应先检查钻杆端部的标高、锚杆的间距是否符合设计要求。就位后必须调整钻杆,符合设计的水平倾角,并保证钻杆的水平投影垂直于坑壁,经检查无误后方可钻进。

(2)钻进时应根据工程地质情况,控制钻进速度,防止憋钻。遇到障碍物或异常情况应及时停钻,待情况清楚后再钻进或采取相应措施。

(3)钻至设计要求深度后,空钻慢慢出土,以减少拔钻杆时的阻力,然后拔出钻杆。

(4)清孔、锚杆组装和安放。安放锚杆前,干式钻机应采用洛阳铲等手工方法将附在孔壁上的土屑或松散土清除干净。

5. 安装锚索

(1)每根钢绞线的下料长度＝锚杆设计长度＋腰梁的宽度＋锚索张拉时端部最小长度(与选用的千斤顶有关)。

(2)钢绞线自由段部分应涂满黄油,并套入塑料管,两端绑牢,以保证自由段的钢绞线能伸缩自由。

(3)捆扎钢绞线隔离架,沿锚杆长度方向每隔1.5m设置一个。

(4)锚索加工完成,经检查合格后,小心运至孔口。入孔前将ϕ15mm镀锌管(做注浆管)平行并在一起,然后将锚索与注浆管同步送入孔内,直到孔口外端剩余最小张拉长度为止。如发现锚索安插入孔内困难,说明钻孔内有黏土堵塞,应拔出并清除出孔内的黏土,重新安插到位。

6. 一次注浆

(1)宜选用灰砂比为1：1～1：2、水灰比为0.38～0.45的水泥砂浆或水灰比为0.45～0.50的纯水泥浆,必要时可加入一定的外加剂或掺拌和料。

(2)在灌浆前将管口封闭,接上压浆管,即可进行注浆,浇注锚固体,灌浆是土层锚杆施工中的一道关键工序,必须认真执行,并做好记录。

(3)一次灌浆法只用一根灌浆管,利用泥浆泵进行灌浆,灌浆管端距孔底300～500mm处。待浆液流出孔口时,用水泥袋纸等捣塞入孔口,并用湿黏土封堵孔口,严密捣实,再以2～4MPa的压力进行补灌,要稳压数分钟灌浆才结束。

(4)第一次灌浆,其压力为0.3～0.5MPa,流量为100L/min。

7. 二次高压灌浆

(1)宜选用水灰比为0.45～0.55的纯水泥浆。

(2)待第一次灌注的浆液初凝后,进行第二次灌浆,控制压力为2.5～5MPa,并稳压2min,浆液冲破第一次灌浆体,向锚固体与土的接触面之间扩散,使锚固体直径扩大,增加径向压应力。由于压力注浆,使锚固体周围的土受到压缩,孔隙比减小,含水量减少,也提高了土的内摩擦角。因此,二次灌浆法可以显著提高土层锚杆的承载能力。

(3)二次灌浆法要用两根灌浆管:第一次灌浆用灌浆管的管端距离锚杆末端50cm左右,管底出口处用黑胶布等封住,以防沉放时土进入管口;第二次100cm左右,管底出口处亦用黑胶布封住,且从管端50cm处开始向上每隔2m左右做出1m长的花管。花管的孔眼为ϕ8mm,花管段数视锚固段长度而定。

(4)注浆前用水引路、润湿,检查输浆管道;注浆后及时用水清洗搅浆、压浆设备和灌浆管等。在灌浆体硬化之前,不能承受外力或由外力引起的锚杆位移。

8. 安装钢腰梁及锚头

(1)根据现场测量挡土结构的偏差,加工异型支撑板,进行调整,使腰梁承压面在同一平面上、受力均匀。

(2)将工字钢组装焊接成箱型腰梁,用吊装机械进行安装。

(3)安装时,根据锚杆角度调整腰梁的受力面,保证与锚杆作用力方向垂直。

9. 张拉

(1)张拉前要校核千斤顶,检查锚具硬度,清擦孔内油污、泥浆。还要处理好腰梁表面锚索孔口使其平整,避免张拉应力集中,加垫钢板,然后用 $0.1\sim0.2$ 倍的轴向拉力设计值 N_t 对锚杆预张拉 $1\sim2$ 次,使杆体完全平直,各部位接触紧密。

(2)张拉力要根据实际所需的有效张拉力和张拉力的可能松弛程度而定,一般按设计轴向力的 $75\%\sim85\%$ 进行控制。

(3)当锚固段的强度大于 15MPa 并达到设计强度等级的 75% 后方可进行张拉。

(4)张拉时宜先使横梁与托架紧贴,然后再用千斤顶进行整排锚杆的正式张拉。宜采用跳拉法或往复式张拉法,以保证钢筋或钢绞线与横梁受力均匀。

(5)张拉过程中,按照设计要求张拉荷载分级及观测时间进行,每级加荷等级观测时间内,测读锚头位移不应少于 3 次。当张拉等级达到设计拉力时,保持 10min(砂土)至 15min(黏性土)3 次,每次测读位移值不大于 1mm 才算变位趋于稳定,否则继续观察其变位,直至趋于稳定方可。

10. 锚头锁定

(1)考虑到设计要求张拉荷载要达到设计拉力,而锁定荷载为设计拉力的 70%,因此张拉时的锚头处不放锁片,张拉荷载达到设计拉力后,卸荷到 0,然后在锚头安插锁片,再张拉到锁定荷载。

(2)张拉到锁定荷载后,锚片锁紧或拧紧螺母,完成锁定工作。

11. 分层开挖并做支护,进入下一层锚杆施工

第三节 深基坑湿作业成孔锚杆支护工艺

一、适用范围

本工艺适用于工业与民用建筑土层湿作业成孔锚杆施工。

二、施工准备

(1)施工时,要挖好排水沟、沉淀池、集水坑;准备好潜水泵,使成孔时排出的泥水通过排水沟排到沉淀池,再入集水坑用水泵抽出。同时准备好钻孔用水。

(2)其他要求详见"深基坑干作业成孔锚杆支护工艺中施工准备"的内容。

三、操作工艺

1. 钻机就位

详见"深基坑干作业成孔锚杆支护工艺中操作工艺 2. 钻机就位"的内容。

2. 校正孔位,调整角度

(1)详见"深基坑干作业成孔锚杆支护工艺中操作工艺 1. 确定孔位"的内容。

(2)详见"深基坑干作业成孔锚杆支护工艺中操作工艺 3. 调整角度"的内容。

3. 打开水源、钻孔

(1)先启动水泵注水钻进。

(2)钻孔采用带有护壁套管的钻孔工艺,套管外径为 150mm。严格掌握钻孔的方位,调整钻杆,符合设计的水平倾角,并保证钻杆的水平投影垂直于坑壁,经检查无误后方可钻进。

（3）详见"深基坑干作业成孔锚杆支护工艺中操作工艺 4. 钻孔并清孔中（2）"的内容。

（4）钻孔深度大于锚杆设计长度 200mm。钻孔达到设计要求深度后，应用清水冲洗套管内壁，不得有泥沙残留。

（5）护壁套管应在钻孔灌浆后方可拔出。

4. 反复提内钻杆冲洗

每节钻杆在接杆前，一定要反复冲洗外套管内泥水，直到清水溢出。

5. 接内套管钻杆及外套管

（1）接装内套管。

（2）安装外套管时要停止供水，把螺纹处泥沙清除干净，抹上少量黄油，要保证接的套管与原有套管在同一轴线上。

6. 继续钻进至设计孔深

7. 清孔

湿式钻机应采用清水将孔内泥土冲洗干净。

8. 停水、拔内钻杆

待冲洗干净后停水，然后退出内钻杆，逐节拔出后，用测量工具测深并作记录。

9. 插放钢绞线束及注浆管

（1）捆扎钢绞线隔离架，沿锚杆长度方向按设计间距设置。

（2）其他要求详见"深基坑干作业成孔锚杆支护工艺中操作工艺 5. 安装锚索中（1）、（2）、（4）"的内容。

10. 压注水泥浆

（1）一次灌浆法只用一根灌浆管，利用泥浆泵进行灌浆，灌浆管端距孔底 20cm 左右，待浆液流出孔口时，用水泥袋纸等捣塞入孔口，并用湿黏土封堵孔口，严密捣实，再以 2～4MPa 的压力进行补灌，要稳压数分钟灌浆才结束。

（2）其他要求详见"深基坑干作业成孔锚杆支护工艺中操作工艺 6. 一次注浆中（1）、（2）、（4）"的内容。

11. 二次注浆

详见"深基坑干作业成孔锚杆支护工艺中操作工艺的 7. 二次高压灌浆"的内容。

12. 养护

注浆完毕后进行养护。

13. 安装钢腰梁及锚头

详见"深基坑干作业成孔锚杆支护工艺中操作工艺 8. 安装钢腰梁及锚头"的内容。

14. 预应力张拉

详见"深基坑干作业成孔锚杆支护工艺中操作工艺 9. 张拉"的内容。

15. 锁定

（1）考虑到设计要求张拉荷载要达到设计拉力，而锁定荷载为设计拉力的 85%，因此张拉时的锚头处不放锁片，张拉荷载达到设计拉力后，卸荷到 0，然后在锚头安插锁片，再张拉到锁定荷载。

（2）详见"深基坑干作业成孔锚杆支护工艺中操作工艺 10. 锚头锁定中（2）"的内容。

16. 分层开挖并做支护,进入下一层锚杆施工

第四节　地下连续墙支护工艺

一、适用范围

本工艺适用于地下连续墙支护工程的连续墙施工。地下连续墙适用于密集建筑群中深基坑支护及进行逆作法施工,可用于各种地质条件下,包括砂性土层、粒径50mm以下的沙砾层中施工等。适用于建造建筑物的地下室、地下商场、停车场、地下油库、挡土墙、高层建筑的深基础、逆做法施工围护结构,工业建筑的深池、坑、竖井等。

二、施工准备

(1)在工程范围内钻探查明地质、地层、土质以及水文情况,为选择挖槽机具、泥浆循环工艺、槽段长度等提供可靠的技术数据。同时进行钻探,摸清地下连续墙部位的地下障碍物情况。

(2)按设计地面标高进行场地平整,拆迁施工区域内的房屋、通信、电力设施以及上下水管道等障碍物,挖除工程部位地面以下2m内的地下障碍物。施工场地周围设置排水系统。

(3)根据工程结构、地质情况及施工条件制订施工方案,选定并准备机具设备,进行施工部署、平面规划、劳动配备及划分槽段;确定泥浆配合比、配制及处理方法,编制材料、施工机具需用量计划及技术培训计划,提出保证质量、安全及节约等技术措施。

(4)按平面及工艺要求设置临时设施,修筑道路,在施工区域设置导墙;安装挖槽、泥浆制配、处理、钢筋加工机具设备;安装水、电线路;进行试通水、试通电、试运转、试挖槽、混凝土试浇灌。

三、操作工艺

1. 导墙设置

(1)在槽段开挖前,沿连续墙纵向轴线位置构筑导墙,导墙可采用现浇或预制工具式钢筋混凝土导墙,也可采用钢质导墙。

(2)导墙深度一般为1~2m,其顶面略高于地面100~200mm,以防止地表水流入导沟。导墙的厚度一般为100~200mm,内墙面应垂直,内壁净距应为连续墙设计厚度加施工余量(一般为40~60mm)。墙面与纵轴线距离的允许偏差为±10mm,内外导墙间距允许偏盖±5mm,导墙顶面应保持水平。

(3)导墙宜筑于密实的地层上,背侧应用黏性土回填并分层夯实,不得漏浆。每个槽段内的导墙应设一个溢浆孔。

(4)导墙顶面应高出地下水位1m以上,以保证槽内泥浆液面高于地下水位0.5m以上,且不低于导墙顶面0.3m。

(5)导墙混凝土强度应达70%以上方可拆模。拆模后,应立即在两片导墙间加支撑,其水平间距为2.0~2.5m,在导墙混凝土养护期间,严禁重型机械通过、停置或作业,以防导墙开裂或变形。

(6)采用预制导墙时,必须保证接头的连接质量。

2. 槽段开挖

(1)挖槽施工前,一般将地下连续墙划分为若干个单元槽段,每个单元槽段有若干个挖掘单

元。在导墙顶面划好槽段的控制标记,如有封闭槽段时,必须采用两段式成槽,以免导致最后一个槽段无法钻进。一般普通钢筋混凝土地下连续墙工程挖掘单元长为6~8m,素混凝土止水帷幕工程挖掘单元长为3~4m。

(2)成槽前对成槽设备进行一次全面检查,各部件必须连接可靠,特别是钻头连接螺栓不得有松脱现象。

(3)为保证机械运行和工作平稳,轨道铺设应牢固可靠,道砟应铺填密实。轨道宽度允许误差为±5mm,轨道标高允许误差±10mm。连续墙钻机就位后应使机架平稳,并使悬挂中心点和槽段中心一线。钻机调好后,应用夹轨器固定牢靠。

(4)挖槽过程中,应保持槽内始终充满泥浆,以保持槽壁稳定。成槽时,依排渣和泥浆循环方式分为正循环和反循环。当采用砂泵排渣时,依砂泵是否潜入泥浆中,又分为泵举式和泵吸式。一般采用泵举式反循环方式排渣,操作简便,排泥效率高。但开始钻进须先用正循环方式,待潜水泵电机潜入泥浆中后,再改用反循环排泥。

(5)当遇到坚硬地层或遇到局部岩层无法钻进时,可辅以采用冲击钻将其破碎,用空气吸泥机或砂泵将土渣吸出地面。

(6)成槽时要随时掌握槽孔的垂直精度,应利用钻机的测斜装置经常观测偏斜情况,不断调整钻机操作,并利用纠偏装置来调整下钻偏斜。

(7)挖槽时应加强观测,如槽壁发生较严重的局部坍落时,应及时回填并妥善处理。槽段开挖结束后,应检查槽位、槽深、槽宽及槽壁垂直度等项目,合格后方可进行清槽换浆。在挖槽过程中应做好施工记录。

3. 泥浆的配制和使用

(1)泥浆的性能和技术指标,应根据成槽方法和地质情况而定,一般可按表3-1采用。

表3-1　泥浆的性能和技术指标

项　　目	性　能　指　标		检　验　方　法
	一般地层	软弱地层	
密　度	1.04~1.25kg/L	1.05~1.30kg/L	泥浆密度秤
黏　度	18~22s	19~25s	500~700mL 漏斗法
胶体率	>95%	>98%	100mL 量杯法
稳定性	<0.05g/cm³	<0.02g/cm³	500mL 量筒或稳定计
失水量	<30mL/30min	<20mL/30min	失水量仪
pH 值	<10	8~9	pH 试纸
泥皮厚度	1.5~3.0mm/30min	1.0~1.5mm/30min	失水量仪
静切力	10~20mg/cm²	20/50mg/cm²	静切力计
含砂量	<4%~8%	<4%	含砂量测定器

(2)泥浆必须经过充分搅拌,常用方法有低速卧式搅拌机搅拌,螺旋桨式搅拌机搅拌,压缩空气搅拌,离心泵重复循环。泥浆搅拌后应在贮浆池内静置24h以上。

(3)在施工过程中应加强检查和控制泥浆的性能,定时对泥浆性能进行测试,随时调泥浆配合比,做好泥浆质量检测记录。一般做法是:在新浆拌制后静止24h,测一次全项(含砂量除外）；在成槽过程中，一般每进尺 1～5m 或每 4h 测定一次泥浆密度和黏度。在成槽结束前测一次密度、黏度；浇灌混凝土前测一次密度。两次取样位置均应在槽底以上 200mm 处。失水量和 pH 值，应在每槽孔的中部和底部各测一次。含砂量可根据实际情况测定，稳定性和胶体率一般在循环泥浆中不测定。

（4）通过沟槽循环或混凝土换置排出的泥浆，如重复使用，必须进行净化再生处理。一般采用重力沉降处理，它是利用泥浆和土渣的密度差，使土渣沉淀，沉淀后的泥浆进入贮浆池，贮浆池的容积一般为一个单元槽段挖掘量及泥浆槽总体积的 2 倍以上。沉淀池和贮浆池设在地上或地下均可，但要视现场条件和工艺要求合理配置。如采用原土渣浆循环时，应将高压水通过导管从钻头孔射出，不得将水直接注入槽孔中。

（5）在容易产生泥浆渗漏的土层施工时，应适当提高泥浆黏度和增加储备量，并备堵漏材料。如发生泥浆渗漏，应及时补浆和堵漏，使槽内泥浆保持正常。

4. 清槽

（1）当挖槽达到设计深度后，应停止钻进，仅使钻头空转，将槽底残留的土打成小颗粒，然后开启砂泵，利用反循环抽浆，持续吸渣 10～15min，将槽底钻渣清除干净。也可用空气吸泥机进行清槽。

（2）当采用正循环清槽时，将钻头提高槽底 100～200mm，空转并保持泥浆正常循环，以中速压入泥浆，把槽孔内的浮渣置换出来。

（3）对采用原土造浆的槽孔，成槽后可使钻头空转不进尺，同时射水，待排出泥浆密度降到 1.1kg/L 左右，即认为清槽合格。但当清槽后至浇灌混凝土间隔时间较长时，为防止泥浆沉淀和保证槽壁稳定，应用符合要求的新泥浆将槽孔的泥浆全部置换出来。

（4）清理槽底和置换泥浆结束 1h 后，槽底沉渣厚度不得大于 200mm；浇混凝土前槽底沉渣厚度不得大于 300mm，槽内泥浆密度为 1.1～1.25kg/L、黏度为 18～22s；含砂量应小于 8%。

5. 钢筋笼制作及安放

（1）钢筋笼的加工制作，要求主筋净保护层为 70～80mm。为防止在插入钢筋笼时擦伤槽面，并确保钢筋保护层厚度，宜在钢筋笼上设置定位钢筋环、混凝土垫块。纵向钢筋底端距槽底的距离应有 100～200mm，当采用接头管时，水平钢筋的端部至接头管或混凝土及接头面应留有 100～150mm 间隙。纵向钢筋应布置在水平钢筋的内侧。为便于插入槽内，钢筋底端宜稍向内弯折。钢筋笼的内空尺寸，应比导管连接处的外径大 100mm 以上。

（2）为了保证钢筋笼的几何尺寸和相对位置准确，钢筋笼宜在制作平台上成型。钢筋笼每棱边（横向及竖向）钢筋的交点处应全部点焊，其余交点处采用交错点焊。对成型时临时绑扎的铁丝，宜将线头弯向钢筋笼内侧。为保证钢筋笼在安装过程中具有足够的刚度，除结构受力要求外，尚应考虑增设斜拉补强钢筋，将纵向钢筋形成骨架并加适当附加钢筋。

（3）钢筋笼制作允许偏差值为：主筋间距 ±10mm，箍筋间距 ±20mm，钢筋笼厚度和宽度 ±10mm，钢筋笼总长度 ±50mm。

（4）钢筋笼吊放应使用起吊架，采用双索或四索起吊，以防起吊时固钢索的收紧力而引起钢筋笼变形。同时要注意在起吊时不得拖拉钢筋笼，以免造成弯曲变形。

（5）钢筋笼需要分段吊入接长时，应注意不得使钢筋笼产生变形，下段钢筋笼入槽后，临时穿钢管搁置在导墙上，再焊接接长上段钢筋笼。钢筋笼吊入槽内时，吊点中心必须对准槽段中心,竖直缓慢放至设计标高,再用吊筋穿管搁置在导墙上。

(6)所有用于内部结构连接的预埋件、预埋钢筋等,应与钢筋笼焊牢固。

6.水下浇筑混凝土

(1)混凝土配合比应符合下列要求:混凝土的实际配置强度等级应比设计强度等级高一级;水泥用量不宜少于370kg/m³;水灰比不应大于0.6;坍落度宜为18~20cm,并应有一定的流动度保持率;坍落度降低至15cm的时间,一般不宜小于1h;扩散度宜为34~38cm;混凝土拌和物含砂率不小于45%;混凝土的初凝时间,应能满足混凝土浇灌和接头施工工艺要求,一般不宜低于34h。

(2)接头管和钢筋就位后,应检查沉渣厚度并在4h以内浇灌混凝土。浇灌混凝土必须使用导管,其内径一般选用250mm,每节长度一般为2.0~2.5m。导管要求连接牢靠,接头用橡胶圈密封,防止漏水。导管接头若用法兰连接,应设锥形法兰罩,以防拔管时挂住钢筋。导管在使用前要注意认真检查和清理,使用后要立即将粘附在导管上的混凝土清除干净。

(3)在单元槽段较长时,应使用多根导管浇灌,导管内径与导管间距的关系一般是:导管内径为150mm、200mm、250mm时,其间距分别为2m、3m、4m,且距槽段端部均不得超过1.5m。为防止泥浆卷入导管内,导管在混凝土内必须保持适宜的埋置深度,一般应控制为2~4m。

(4)导管下口与槽底的间距,以能放出隔水栓和混凝土为度,一般比栓长100~200mm。隔水栓应放在泥浆液面上。为防止粗集料卡住隔水栓,在浇筑混凝土前宜先灌入适量的水泥砂浆。隔水栓用铁丝吊住,待导管上口贮斗内混凝土的存量满足首次浇筑,导管底端能埋入混凝土中0.8~1.2m时,才能剪断铁丝,继续浇筑。

(5)混凝土浇灌应连续进行,槽内混凝土面上升速度一般不宜小于2m/h,中途不得间歇。当混凝土不能畅通时,应将导管上下提动,慢提快放,但不宜超过300mm。导管不能做横向移动。提升导管应避免碰挂钢筋笼。

(6)随着导管中混凝土的上升,要适时提升和拆卸导管,导管底端埋入混凝土以下一般保持为2~4m。不宜大于6m,且不小于1m,严禁把导管底端提出混凝土面。

(7)在一个槽段内同时使用两根导管灌注混凝土时,其间距不宜大于3.0m,导管距槽段端头不宜大于1.5m,混凝土应均匀上升,各导管处的混凝土表面的高差不宜大于0.3m,混凝土浇筑完毕,混凝土面应高于设计要求0.3~0.5m,此部分浮浆层以后凿去。

(8)在浇灌过程中应随时掌握混凝土浇灌量,应有专人每30min测量一次导管埋深和管外混凝土标高。测定应取三个以上测点,用平均值确定混凝土上升状况,以决定导管的提拔长度。

7.接头施工

(1)连续墙各单元槽段间的接头形式,一般常用的为半圆形接头。方法是在未开挖一侧的槽段端部先放置接头管,后放入钢筋笼,浇灌混凝土,根据混凝土的凝结硬化速度,徐徐将接头管拔出,最后在浇灌段的端面形成半圆形的接合面。在浇筑下段混凝土前,应用特制的钢丝刷子沿接头处上下往复移动数次,刷去接头处的残留泥浆,以利新旧混凝土的结合。

(2)接头管一般用10mm厚钢板卷成。槽孔较深时,做成分节拼装式组合管,各单节长度为6m、4m、2m不等,便于根据槽深接成合适的长度。外径比槽孔宽度小10~20mm,直径误差在3mm以内。接头管表面要求平整光滑、连接紧密可靠,一般采用承插式。各单节组装好后,要求上下垂直。

（3）接头管一般用起重机组装、吊放。吊放时要紧贴单元槽段的端部和对准槽段中心，保持接头管垂直并缓慢地插入槽内。下端放至槽底，上端固定在导墙或顶升架上。

（4）提拔接头管宜使用顶升架（或较大吨位吊车），顶升架上安装有大行程（1～2m）、起重量较大（50～100t）的液压千斤顶两台，配有专用高压油泵。

（5）提拔接头管必须掌握好混凝土的浇灌时间、浇灌高度，混凝土的凝固硬化速度，不失时机地提动和拔出，不能过早、过快或过迟、过缓。一般宜在混凝土开始浇灌后2～3h即开始提动接头管，然后使管子回落。以后每隔15～20min提动一次，每次提起100～200mm，使管子在自重下回落，说明混凝土尚处于塑性状态。如管子不回落，管内又没有涌浆等异常现象，宜每隔20～30min拔出0.5～1.0m，如此重复。在混凝土浇灌结束后5～8h内将接头管全部拔出。

第四章 地基与基础工程基础知识

内容提要：

1. 了解地基处理工程中基土钎探、灰土地基、级配砂石地基、土工合成材料地基以及强夯地基等的适用范围及施工准备。

2. 掌握地基处理工程中基土钎探、灰土地基、级配砂石地基、土工合成材料地基以及强夯地基等的操作工艺。

3. 了解桩基础工程中预制桩、长螺旋钻孔灌注桩、后植入钢筋笼灌注桩成桩及泥浆护壁正反循环成孔灌注桩等的适用范围及施工准备。

4. 掌握桩基础工程中预制桩、长螺旋钻孔灌注桩、后植入钢筋笼灌注桩成桩及泥浆护壁正反循环成孔灌注桩等的操作工艺。

第一节 地基处理工程

一、基土钎探工艺

1. 适用范围

本工艺适用于建筑物或构筑物的基础、坑(槽)底土质的钎探检查。

2. 施工准备

(1)基土已挖至基坑(槽)底设计标高以上 100～300mm，表面应平整，轴线及坑(槽)宽、长均符合设计图纸要求。

(2)根据设计图纸绘制钎探孔位平面布置图。如设计无特殊规定时，可按表 4-1 执行。并合理地安排钎探顺序，防止错打或漏打。

表 4-1 钎探孔排列方式

槽宽/cm	排列方式及图形		间距/m	深度/m
<80	中心一排 	・・・・・	1.5	1.5
>80～200	两排错开 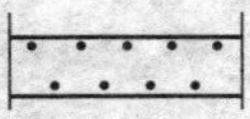		1.5	1.5
>200	梅花型 		1.5	2.1
柱基	梅花型 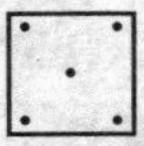		1.5～2.1	1.5，并不浅于短边

(3)夜间施工时，应有足够的照明设施。

(4)钎杆上预先划好 30cm 横线。

3. 操作工艺

(1)按钎探孔位置平面布置图放线。孔位钉上小木桩或洒上白灰点,并标注钎孔控制点序号。

(2)就位打钎。

①人工打钎:将钎尖对准孔位,一人扶正钢钎,一人站在操作凳子上,用大锤打钢钎的顶端;锤举高度一般为 50～70cm,将钎垂直打入土层中。

②机械打钎:将触探杆尖对准孔位,再把穿心锤套在钎杆上,扶正钎杆,拉起穿心锤,使其自由下落,落距为 50cm,把触探杆垂直打入土层中。

(3)记录锤击数。钎杆每打入土层 30cm 时,记录一次锤击数。钎探深度如设计无规定时,一般按表 4-1 执行。

(4)拔钎。用麻绳或铅丝将钎杆绑好,留出活套,套内插入撬棍或铁管,利用杠杆原理,将钎拔出。每拔出一段将绳套往下移一段,依此类推,直至完全拔出为止。

(5)移位。将钎杆或触探器搬到下一孔位,以便继续打钎。

(6)灌砂。打完的钎孔,经过质量检查人员和有关工长检查孔深与记录无误,报监理验收合格后,即可进行灌砂。灌砂时,每填入 30cm 左右可用木棍或钢筋棒捣实一次。灌砂有两种形式,一种是每孔打完或几孔打完后及时灌砂;另一种是每天打完后,统一灌砂一次。

(7)整理记录。按钎孔顺序编号,将锤击数填入统一表格内。字迹要清楚,再经过打钎人员、施工员和技术负责人签字后,经监理、勘察、设计人员验槽合格后归档。

(8)冬、雨期施工。

①基土受雨后,不得进行钎探。

②基土在冬季钎探时,每打几孔后应将临时掀开的保温材料及时覆盖,不得大面积掀开,以免基土受冻。

二、灰土地基施工工艺

1. 适用范围

本工艺适用于一般工业与民用建筑的灰土地基工程。

2. 施工准备

(1)基坑(槽)钎探以及原状土地基处理已经完成,办完隐检手续。若在基础外侧打灰土,必须对基础、地下室墙和地下防水层、保护层进行检查,办完隐检手续。现浇的混凝土基础墙应达到规定的强度。

(2)当地下水位高于基坑(槽)底时,施工前应采取排水或降低地下水位的措施,使地下水位经常保持在施工面以下 500mm 左右。

(3)施工前应根据工程特点、填料种类、设计压实系数、施工条件等合理确定土料含水量控制范围、铺灰土厚度和夯打遍数等参数。重要的灰土填方工程应通过压实试验来确定各施工参数。

(4)施工前,应做好高程的标志,一般做法为在基坑边坡或基槽侧壁上每隔 3m 钉木桩,标识灰土水平高程。

3. 操作工艺

(1)检验土料和石灰粉的质量并过筛。检查土料和石灰粉的材料质量是否符合标准的要求,然后分别过筛。需控制消石灰粒径应≤5mm,土颗粒粒径应≤15mm。

(2)灰土拌和。

①灰土的配合比应按设计要求,常用配比为3∶7或2∶8(消石灰∶黏土体积比)。灰土必须过斗,严格控制配合比。拌和时必须均匀一致,至少翻拌3次,拌和好的灰土颜色应一致,且应随用随拌。

②灰土施工时,应适当控制含水量。工地检验方法是:用手将灰土紧握成团,两指轻捏即碎为宜。如土料水分过大或不足时,应翻松晾晒或洒水润湿,其含水量控制在±2%范围内。

(3)槽底清理。基坑(槽)底基土表面应将虚土、杂物清理干净,并打两遍底夯,局部有软弱土层或孔洞时应及时挖除,然后用灰土分层回填夯实。

(4)分层铺灰土。

①各层虚铺都用木耙找平,参照高程标志用尺或标准杆对应检查。

②每层的灰土铺摊厚度,可根据不同的施工方法,按表4-2选用。

表 4-2　灰土最大虚铺厚度

项次	夯具的种类	重量/kg	虚铺厚度/mm	夯实厚度/mm	备　　注
1	人力夯	40～80	200～250	120～150	人力打夯,落高 400～500mm
2	轻型夯实工具	120～400	200～250	120～150	蛙式打夯机 柴油打夯机
3	压路机	机重 6～10t	200～300		双轮

(5)夯打密实。

①夯压的遍数应根据现场试验确定,一般不少于4遍。若采用人力夯或轻型夯实工具应一夯压半夯,夯夯相连,行行相接,纵横交叉。若采用机械碾压,应控制机械碾压速度。对于机械碾压不能到位的边角部位须补以人工夯实。每层夯压后都应按规定用环刀取样送检,分层取样试验,符合要求后方可进行上层施工。

②留接槎规定:灰土分段施工时,不得在墙角、柱基及承重窗间墙下接槎,上下两层灰土的接槎距离不得小于500mm。铺灰时应从留槎处多铺500mm,夯实时夯过接槎缝300mm以上,接槎时用铁锹在留槎处垂直切齐。当灰土基础标高不同时,应做成阶梯形。阶梯按照"长∶高=2∶1"的比例设置。

(6)找平和验收。灰土最上一层完成后,应拉线或用靠尺检查标高和平整度。高的地方用铁锹铲平,低的地方补打灰土,然后请质量检查人员验收。

(7)雨、冬期施工。

①雨天施工时,应采取防雨或排水措施。刚铺完尚未夯实的灰土,如遭雨淋浸泡,则应将积水及松软灰土除去,并重新补填新灰土夯实,受浸湿的灰土应在晾干后,再夯打密实。

②冬期施工时,应采取防冻措施,打灰土用的土料,应覆盖保温,避免形成冻土块,当日拌和灰土应当日铺完,要做到随筛、随拌、随铺、随打、随盖,认真执行留槎、接搓和分层夯实的规定。气温在-10℃以下时,不宜施工。

三、级配砂石地基施工工艺

1. 适用范围

本工艺适用于工业和民用建筑中以级配砂石填筑地基或进行地基处理。

2. 施工准备

（1）对级配砂石进行试配，符合设计要求后，开具配合比报告单。

（2）回填前，应组织有关单位共同验槽，包括轴线尺寸、水平标高以及有无积水等情况，办完隐检手续。

（3）在地下水位高于基坑（槽）底面的工程中施工时，应采取排水或降低地下水位的措施，使地下水降低至基坑底 500mm 以下，保持基坑（槽）无积水。

（4）设置控制铺筑厚度的标志，如水平标准木桩或标高桩，或在固定的建筑物边坡（墙）上钉上水平木桩或弹上水平线。大面积铺设时，应设置 5m×5m 网格标桩，控制每层铺设厚度。

3. 操作工艺

（1）处理地基表面。

①将地基表面的浮土和杂质清除干净，平整地基，并妥善保护基坑边坡，防止坍土混入砂石垫层中。

②基坑（槽）附近如有低于基底标高的孔洞、沟井、墓穴等，应在未填砂石前按设计要求先行处理。对旧河暗沟应妥善处理，旧池塘回填前应将池底浮泥清除。

（2）级配砂石。用人工级配砂石，应将砂石拌和均匀，达到设计要求要求。并控制材料含水量，见表 4-3。

表 4-3　夯压施工方法

项次	压实方法	虚铺厚度/mm	含水量(%)	施工说明
1	夯实法	200～250	8～12	用蛙式夯夯实至要求的密实度，一夯压半夯，全面夯实
2	碾压法	200～300	8～12	用 6～10t 的平碾往复碾压密实，平碾行驶速度可控制在 24km/h，碾压次数以达到要求的密实度为准，一般不少于4遍

（3）分层铺筑砂石。

①砂和砂石地基应分层铺设，分层夯压密实。

②铺筑砂石的每层厚度，一般为 150～250mm，不宜超过 300mm，分层厚度可用样桩控制。如坑底土质较软弱时，第一分层砂石虚铺厚度可酌情增加，增加厚度不计入垫层设计厚度内。如基底土结构性很强时，在垫层最下层宜先铺设 150～200mm 厚松砂，用木夯仔细夯实。

③砂和砂石地基底面宜铺设在同一标高上，如深度不同时，搭接处基土面应挖成踏步或斜坡形，施工应按先深后浅的顺序进行。搭接处应注意压实。

④分段施工时，接槎处应做成斜坡，每层接槎处的水平距离应错开 0.5～1.0m，应充分压实，并酌情增加质量检查点。

⑤铺筑的砂石应级配均匀，最大石子粒径不得大于铺筑厚度的 2/3，且不宜大于 50mm，如

发现砂窝或石子成堆现象,应将该处砂子或石子挖出,分别填入级配好的砂石。

（4）洒水。铺筑级配砂石在夯实碾压前,应根据其干湿程度和气候条件,适当地洒水以保持砂石的最佳含水量,一般为8%～12%。

（5）夯实或碾压。视不同条件,可选用夯实或压实的方法。大面积的砂石垫层,宜采用6～10t的压路机碾压,边角不到位处可用人力夯或蛙式打夯机夯实。夯实或碾压的遍数根据要求的密实度由现场试验确定。用木夯（落距应保持为400～500mm）,蛙式打夯机时,要一夯压半夯,行行相接,全面夯实,一般不少于3遍。采用压路机往复碾压,一般碾压不少于4遍,其轮距搭接不小于500mm。边缘和转角处应用人工或蛙式打夯机补夯密实。

（6）找平和验收。

①施工时应分层找平,夯压密实,压实后的干密度按灌砂法测定,也可参照灌砂法用标准砂体积置换法测定。检查结果应满足设计要求的控制值。下层密实度经检验合格后方可进行上层施工。

②最后一层夯压密实后,表面应拉线找平,并符合设计规定的标高。

四、土工合成材料地基施工工艺

1. 适用范围

本工艺适用于软弱地基加固及不均匀地基的处理。本工艺主要以土工格栅材料编写,采用其他材料可参照此工艺。

2. 施工准备

（1）熟悉设计图样,做好土工格栅、填料等材料的数量、质量核查工作。

（2）施工前应根据工程特点、填料种类、设计压实系数、施工条件等通过现场压实试验合理确定土料含水率控制范围、铺土厚度和夯击遍数等参数。

（3）施工前,测量放线人员应做好水平高程的标志。

3. 操作工艺

（1）测量放线。设立专门水准点,测点可采用φ20钢筋,植入土体300～500mm,以全站仪或经纬仪、水准仪测量其坐标或高程变化。测点布设间距5～10m为宜。

（2）加筋材料下料。

①加筋材料应提前下料,加筋材料尺寸应正确,避免边铺边下料,人为造成的随意性和筋材尺寸误差。

②加筋材料的下料长度不得小于设计长度。

③为铺设方便,应按每层锚固长度和回折长度之和裁成段,按各层需要的长度（墙长）将几幅拼接缝合在一起,接缝处搭接100mm,用细尼龙线双排缝合,缝合后的土工格栅每块绕卷在一根木杆上,以便铺设。

（3）加筋材料铺设。

①加筋材料铺设时,底面应平整、密实。

②将土工格栅卷打开,铺放应平顺,松紧适度,并应与土面密贴,不得重叠,不得卷曲、扭结。土工格栅的纵向肋应与坑壁垂直。

③加筋材料不得与硬质尖锐棱角的填料直接碰撞,有损坏,应修补或更换。

④相邻片（块）可搭接 100mm；对可能发生位移处应缝接，搭接宽度应适当增大。

⑤加筋材料铺设时，边铺边用填料固定其铺设位置，先用填料在加筋材料的中后部成若干纵列压住加筋材料，填料的多少和疏密以足以固定加筋材料的位置为宜，再逐根检查，拉直、拉紧。

⑥加筋材料的分层铺设厚度应根据加筋材料的强度和铺设要求计算确定。

（4）加筋材料铺设质量检查。加筋材料铺设完成后，每层都应进行检查验收。质量检查内容包括加筋材料的铺设长度、宽度、均匀程度、平展度、连接方式、分层厚度等。

（5）填料的摊铺压实。

①填料应分层回填分层碾压。填料可人工摊铺，也可机械摊铺。填料每层虚铺厚度和压实遍数视填料的性质、设计要求的压实系数和使用压实机械的性能而定，一般应通过现场碾压试验确定。无试验依据时可参考表 4-4 选用。

表 4-4 填料虚铺厚度和压实遍数参考值

压实机械	分层厚度/mm	每层压实遍数
平 碾	250～300	6～8
振动压实机	250～350	3～4
平板振动器或蛙式打夯机	200～250	3～4

②填料摊铺平整后，用振动式压路机低频慢速行驶进行碾压。碾压顺序应从筋带中部开始，然后向筋带尾部，最后再返回墙面部位，轻压后再全面碾压。

③压路机无法压实处，用蛙式打夯机或平板夯等小型压实机具压实，一般情况下宜采用人工夯实。

④压路机运行方向应平行于基坑，下一次碾压的轮迹应于上一次碾压的轮迹重叠 1/3 轮宽。第一遍先轻压，使加筋材料的位置在填料中能完全固定，然后再重压。

（6）分层回填压实循环施工直至达到设计标高。

五、强夯地基施工工艺

1. 适用范围

本工艺适用于用强夯法加固碎石土、砂土、低饱和度粉土、黏性土、湿陷性黄土、高填土、杂填土以及"围海造地"地基、工业废渣、垃圾地基等的处理。也可用于防止粉土及粉砂的液化、消除或降低大孔土的湿陷性等级；对于高饱和度淤泥、软黏土、泥炭、沼泽土，如采取一定技术措施也可采用，还可适用于水下夯实。

2. 施工准备

（1）施工场地要做到"三通一平"，场地的地上电线、地下管线和其他障碍物得到清理或妥善安置；施工用的临时设施准备就绪。

（2）施工现场周围建筑、构筑物（含文物保护建筑）、古树木和地下管线得到可靠的保护。当强夯能量有可能对邻近建筑产生影响时，应在施工区边界开挖隔振沟。

（3）应具备详细的岩土工程地质及水文地质勘察资料，拟建物平面位置图、基础平面图、剖面图，强夯地基处理施工图及施工组织设计。

（4）施工放线。依据提供的建筑物控制点坐标、水准点及书面资料，进行施工放线、放点，放线应将强夯处理范围用线画出来,对建筑物控制点埋设木桩。将施工测量控制点引至施工影响的稳固地点。必要时,对建筑物控制点坐标和水准点高程进行验测。

(5)设备安装及调试。起吊设备进场后应及时进行安装及调试,保证吊车行走运转正常;起吊滑轮组与钢丝绳连接紧固,安全起吊挂钩锁定装置应牢固可靠,脱钩自由灵敏,与钢丝绳连接牢固;夯锤重量、直径、高度应满足设计要求,夯锤挂钩与夯锤整体应连接牢固;施工用推土机应运转正常。

3. 操作工艺

(1)单点夯试验。

①在施工场地附近或场地内,选择具有代表性的适当位置进行单点夯试验。试验点数量根据工程需要确定,一般不少于 2 点。

②根据夯锤直径,用白灰画出试验点中心点位置及夯击圆界限。

③在夯击试验点界限外两侧,以试验中心点为原点,对称等间距埋设标高施测基准桩,基准桩埋设在同一直线上,直线通过试验中心点,基准桩间距一般为 1m,基准桩埋设数量视单点夯影响范围而定。

④在远离试验点,(夯击影响区外)架设水准仪,进行各观测点的水准测量,并作记录。

⑤平稳起吊夯锤至设计要求夯击高度,释放夯锤自由平稳落下。

⑥用水准仪对基准桩及夯锤顶部进行水准高程测量,并做好试验记录。

(2)施工参数确定。

①在完成各单点夯试验施工及检测后,综合分析施工检测数据,确定强夯施工参数,包括夯击高度、单点夯击次数、点夯施工遍数及满夯夯击能量、夯击次数、夯点搭接范围及满夯遍数等。

②根据单点夯试验资料及强夯施工参数,对处理场地整体夯沉量进行估算,根据建筑设计基础埋深,计算确定需要回填土数量。

③必要时,应通过强夯小区试验,来确定强夯施工参数。

(3)测高程、放点。对强夯施工场地地面进行高程测量。根据第一遍点夯施工图,以夯击点中心为圆心,以夯锤直径为圆直径,用白灰画圆,分别画出每一个夯点。

(4)起重机就位。

①夯击机械就位,提起夯锤离开地面,调整吊机使夯锤中心与夯击点中心一致,固定起吊机械。

②提起夯锤至要求高度,释放夯锤平稳自由落下进行夯击。

(5)测量夯前锤顶标高。用标尺测量夯锤顶面标高。

(6)点夯施工。

点夯夯击完成后,转移起吊机械与夯锤至下一夯击点,进行强夯施工。

(7)填平夯坑并测量高程。

①第一遍点夯结束后,将夯击坑用回填土或用推土机把整个场地推平。

②测量推平后的场地标高。

(8)第二遍点夯放点。根据第二遍点夯施工图进行夯点施放。

(9)第二遍点夯施工。

①进行第二遍点夯施工。

②按设计要求可进行三遍以上的点夯施工。

(10)满夯施工。

①点夯施工全部结束,平整场地并测量场地水准高程后,可进行满夯施工。

②满夯施工应根据满夯施工图进行并遵循由点到线,由线到面的原则。

③按设计要求的夯击能量、夯击次数、遍数及夯坑搭接方式进行满夯施工。

(11)施工间隔时间控制。不同遍数施工之间需要控制的施工间隔时间应根据地质条件、地下水条件、气候条件等因素由设计人员提出,一般宜为3~7d。

(12)季节施工。

①雨季施工,应做好气象信息收集工作;夯坑应及时回填夯平,避免坑内积水渗入地下影响强夯效果;夯坑内一旦积水,应及时排出;场地因降水浸泡,应增加消散期,严重时,采用换土再夯等措施。

②冬期施工,表层冻土较薄时,施工可不予考虑,当冻土较厚时,首先应将冻土击碎或将冻层挖除,然后再按各点规定的夯击数施工,在第一遍及第二遍夯完整平后宜在5d后进行下一遍施工。

六、振冲地基施工工艺

1. 适用范围

本工艺适用于振冲法加固地基的施工。振冲法按加固机理和效果的不同,又分为振冲置换法和振冲密实法两类。置换法是在地基土中借振冲器成孔,振密填料置换,制造以碎石、砂砾等散粒材料组成的桩体,与原地基土一起构成复合地基,使其排水性能得到很大改善;密实法主要是利用振动和压力水使砂层液化,砂颗粒相互挤密,重新排列,孔隙减少,从而提高砂层的承载力和抗液化能力。

振冲(水冲)碎石桩用于各类可液化土的加密和抗液化处理。适用于处理砂土、粉土、粉质黏土、素填土和杂填土等地基。对于处理不排水抗剪强度小于20kPa的饱和黏性土和饱和黄土地基,应在施工前通过现场试验确定其适用性。

2. 施工准备

(1)施工前应完成"三通一平"施工条件,现场电源根据设备功率大小,选用现场配电;水源根据设备数量及需水量,选用具有一定压力、供水量足够的水源;场地应平整并使作业区较周围略低;地上、地下如电线、管线、旧建筑物、设备基础等障碍物均已排除处理完毕,无碍施工。各项临时设施如照明、动力、安全设备准备就绪。

(2)熟悉施工图样及场地的土质、水文地质资料,做到心中有数。

(3)按碎石桩位平面图测设桩位轴线、定位点,用φ25钢筋在桩位处扎入深度不小于300mm的孔,填入白灰并插上不小于500mm长的钢筋棍,标识桩位,要求每栋楼所有桩位一次全部放完,并由技术负责人组织质检员、施工员、班组长共同对桩位进行检查,确认准确无误后,与甲方或监理办理预检签字手续。

(4)施工前应将石子送试验室复试,保证所进石子符合设计与规范要求。

(5)施工前应对施工人员进行全面的安全技术交底,施工前对设备进行安全可靠性及完好状态检查,确保施工安全,确保施工设备完好。

（6）施工现场应做好材料、机具摆放规划，使材料运输距离最短，泥浆池个数、大小要依据现场计算排放量进行设置，保证泥浆排放畅通。

3. 操作工艺

（1）桩机定位。桩机就位时，必须保持平稳，不发生倾斜、移位。为准确控制造孔深度，应在桩架上或桩管上做出控制的标尺，以便在施工中进行观测、记录。

（2）造孔。

①振冲器对准桩位，偏差应小于 50mm。先开启高压水泵，振冲器端口出水后，再启动振冲器待运转正常后开始造孔。

②造孔过程中振冲器应处于悬垂状态，要求振冲器下放速度小于或等于振冲贯入土层速度。

③造孔速度取决于地基土质条件和振冲类型及造孔水压等，造孔速度宜为 0.5～2.0m/min。

④造孔水压大小视振冲器贯入速度和地基土冲刷情况而定。一般为 0.2～0.8MPa，造孔水压大即水量大，返出泥沙多，水压小，返出泥土少，在不影响造孔速度情况下，水压宜小。

（3）造孔至设计深度，确认。

①造孔深度控制，造孔深度可以小于设计桩深 300mm，这是为了防止高压水对处理深度以下地基土的冲击。在此造孔深度填料，振冲器带着填料向下贯入到设计深度，并开始加密，减少水冲对下卧地基土的影响，即成桩深度与设计桩身相一致。对于软淤泥、松散粉砂、砂质粉土、粉煤灰等易被水冲破坏的土，初始造孔深度可小于设计深度 300mm 以上，但开始加密深度必须达到设计深度。

②当造孔时振冲器出现上下颤动或电流大于电机额定电流可终止造孔，此时造孔深度未达到设计深度应设计研究解决。

（4）清孔。造孔后边提升振冲器边冲水直至孔口，再放至孔底，重复两三次扩大孔径，并使孔内泥浆变稀，振冲孔顺直通畅，以利填料加密。

（5）填料。一般清孔结束可将填料倒入孔中。填料方式可采用连续填料、间断填料或强迫填料方式。

①连续填料：在制桩过程中振冲器留在孔内，连续向孔内填料直至充满振冲孔。一般适用于机械作业。

②间断填料：填料时将振冲器提出孔口，倒入一定量填料，每次填料厚度一般不宜大于500mm，再将振冲器放入孔内振捣填料。一般可适用于 8m 以内孔深。

③强迫填料：利用振冲器的自重和振动力将上部的填料输送到孔下部需填料的位置。一般适用于大功率振冲器施工。

（6）填料量控制。加密过程中按每米填入填料数量控制。这种控制标准缺陷在于孔内土质不同，强度不同，相同填料量可能造成沿孔深不同土层存在填料"不足"或"富余"的情况，加密不甚理想。该控制方法可在施工中参考使用或复核填料量使用。

（7）电流控制。电流控制是指振冲器的电流达到设计确定的加密电流值。设计确定的加密电流是振冲器空载电流加某一增量电流值。在施工中由于不同振冲器的空载电流有差值，加密电流应作相应调整。30kW 振冲器加密电流宜为 45～60A，75kW 振冲器宜为 70～100A。

（8）控制留振时间。加密电流、留振时间、加密段长度综合指标法，采用这三种指标作为加密控制标准可使加密质量更具保证。加密效果与加密电流值大小有关，也与达到该电流值的维持时间长短有关，留振时间即是保证达到加密电流值延续的时间。在相同加密电流和留振时间条件下，加密段长度大小对加密效果起着关键作用，加密段长度短效果好，加密段长度大效果差。留振时间宜为 5～15s，加密段长度宜为 200～500mm，加密水压宜为 0.1～0.5MPa。

（9）控制加密段长度。采用加密电流、留振时间、加密段长度作为加密控制标准，填料数量作为参考标准，但填料数量过小，特别对于以置换性质为主的加固，若填料数量与设计要求相差较大，应同设计共同分析研究填料量大小对地基加固质量影响，当确定影响加固效果时应及时调整加密技术参数，确保施工质量。

（10）桩顶标高控制。为保证桩头密实，宜在槽底标高以上预留 200～500mm 厚土层，碎石桩施工宜达到设计桩顶标高以上 200～500mm。

（11）关高压水泵。加密结束，应先关闭振冲器，后关高压水泵。

（12）进行下一根桩施工。

七、水泥粉煤灰碎石桩施工工艺

1. 适用范围

本工艺适用于多层和高层建筑，如砂土、粉土、松散填土、粉质黏土、黏土、淤泥质黏土等地基的水泥粉煤灰碎石桩（简称 CFG 桩）的施工。

2. 施工准备

（1）施工前现场电源根据设备功率大小，选用现场配电；水源根据设备数量，选用时宜大勿小；场地应平整并具有一定的强度，如强度不足，应铺垫砂石，或垫钢板以利机械行走。地上、地下的电线、管线、旧建筑物、设备基础等障碍物均已排除处理完毕，无碍施工。

（2）按 CFG 桩位平面图，测设桩位轴线、定位点，用 $\phi25$ 钢筋在桩位处扎入深度不小于300mm 的孔，填入白灰并插上钢筋棍，标识桩位，要求所有桩位一次全部放完，并由技术负责人组织质检员、施工员、班组长共同对桩位进行检查，确认准确无误后，与甲方或监理办理预检签字手续。基坑内施工时，边坡应外扩不小于 1.0m，以利边角桩施工。

（3）施工前应将水泥、砂、石子、粉煤灰、外掺剂送试验室复试，同时进行配合比试验，保证各种材料合格并提出合适的配合比。

（4）施工现场应做好材料、机具摆放规划，使素混凝土输送距离最短，且输送管铺设时拐弯最少。

其他要求详见"振冲地基施工工艺中施工准备的（2）、（5）"的内容。

3. 操作工艺

（1）桩机定位。详见"振冲地基施工工艺中操作工艺的（1）桩机定位"的内容。

（2）钻孔施工。

①钻机进场后，应根据桩长来安装钻塔及钻杆，钻杆的连接应牢固，每施工 2～3 根桩后，应对钻杆连接处进行紧固。

②桩机就位前进行孔位复核。钻机定位后，钻尖封口，最好用橡皮筋箍住。进行预检，钻尖与桩点偏移不得大于 10mm，并采用双向锤法将钻杆调整垂直，慢速开孔。

③钻进速度应根据土层情况来确定：杂填土、黏性土、砂卵石层为 0.2～0.5m/min；素填

土、黏性土、粉土、砂层为 1.0～1.5m/min。施工前应根据试钻结果进行调整。

④钻机钻进过程中，一般不得反转或提升钻杆，如需提升钻杆或反转应将钻杆提至地面，对钻尖开启门须重新清洗、调试、封口。

⑤在钻进过程中，如遇到卡钻、钻机摇晃、偏斜或发现有节奏的声响时，应立即停钻，查明原因，采取相应措施后，方可继续作业。

⑥钻出的土，应随钻随清，钻至设计标高时，应将钻杆导正器打开，以便清除钻杆周围土。

⑦钻到桩底设计标高，由质检员终孔验收后，进行压灌混凝土作业。

(3)混凝土配制、运输及泵送。

1)采用预拌混凝土，其原材料、配合比、强度等级应符合设计要求。

2)运输要求。采混凝土罐车进行运输，罐车需要保证在规定时间内到达施工现场。

3)地泵输送混凝土。

①混凝土地泵的安放位置应与钻机的施工顺序相配合，尽量减少弯道，混凝土泵与钻机的距离一般在 60m 以内为宜。

②混凝土泵送前采用水泥砂浆进行润湿，不得泵入孔内。混凝土的泵送尽可能连续进行，当钻机移位时，地泵料斗内的混凝土应连续搅拌，泵送时，应保持料斗内混凝土的高度，不得低于 400mm，以防吸进空气造成堵管。

③混凝土输送泵管尽可能保持水平，长距离泵送时，泵管下面应用垫木垫实。当泵管需向下倾斜时，应避免角度过大。

(4)压灌混凝土成桩。

①成桩施工各工序应连续进行。成桩完成后，应及时清除钻杆及软管内残留混凝土。长时间停置时，应用清水将钻杆、泵管、地泵清洗干净。

②钻至桩底标高后，应立即将钻机上的软管与地泵管相连，并在软管内泵入水泥浆或水泥砂浆，以起润湿软管和钻杆作用。

③钻杆的提升速度应与混凝土泵送量相一致，充盈系数不小于 1.0，应通过试桩确定提升速度及何时停止泵送。遇到饱和砂土或饱和粉土层，不得停泵待料，并应减慢提升速度。成桩过程中经常检查排气阀是否工作正常，如不能正常工作，要及时修复。

④必要时成桩后对桩顶 3～5m 范围内进行振捣。

(5)成桩验收。

八、高压喷射注浆施工工艺

1. 适用范围

本工艺适用于淤泥、淤泥质土、流塑、软塑或可塑黏性土、粉土、砂土、黄土、素填土和碎石土等采用高压旋喷注浆法地基加固。也可用于既有建筑和新建建筑的地基处理，深基坑侧壁挡土或挡水，基坑底部加固防止管涌与隆起，坝的加固与防水帷幕等工程。

2. 施工准备

(1)场地应具备"三通一平"条件，旋喷钻机范围内无地表障碍物。

(2)按有关要求铺设各种管线(施工电线，输水、输气管)，开挖贮浆池及排浆沟(槽)。

3. 操作工艺

(1)钻机定位。施工前先进行场地平整，挖好排浆沟，做好钻机定位。要求钻机安放保持水平,钻杆保持垂直,其倾斜度不得大于 1.5%。

(2)成孔。成孔宜根据地质条件及钻机功能确定成孔工艺,在标准贯入 N 值小于 40 的土层中进行单管喷射作业时,可采用振动钻机直接将注浆管插入;一般情况下可采用地质钻机预先成孔,成孔直径一般为 75~130mm;孔壁易坍塌时,应下套管。

(3)插管。将注浆管插入钻孔预定深管,注浆管连接接头应密封良好。

(4)喷射作业。喷射作业前应检查喷嘴是否堵塞,输浆(水)、输气管是否存在泄漏等现象,无异常情况后,开始按设计要求进行喷射作业。施工过程中应随时检查各压力表所示压力是否正常,出现异常情况,应立即停止喷射作业,待一切恢复正常后,再继续施工。喷射管分段提升的搭接长度不得小于 100mm。

(5)拔管。

①完成喷射作业后,拔出注浆管。

②拔出注浆管后、立即使用清水清洗注浆泵及注浆管道。连续注浆时,可于最后一次进行清洗。

③注浆体初凝下沉后,应立即采用水泥浆液进行回灌,回灌高度应高出设计标高。

(6)注浆效果检验。在注浆结束 4 周后,应选择开挖、钻孔取芯、标准贯入、荷载试验或水压试验等适当方法对注浆效果进行检验。

第二节 桩基础工程

一、预制桩施工工艺

1. 适用范围

适用于工业与民用建筑中的打入式钢筋混凝土预制桩工程。

2. 施工准备

(1)桩基的轴线和标高均已测定完毕,并经过检查办理预检手续。桩基的轴线和高程的控制桩,应设置在施工区附近不受打桩影响的地点,并应妥善加以保护。

(2)处理完高空和地下的障碍物。如影响邻近建筑物或构筑物的使用和安全时,应会同有关单位采取有效措施予以处理。

(3)场地应辗压平整,排水畅通,保证桩机的移动和稳定垂直。必要时填铺砂石、钢道板、枕木等施工措施,进行地面加固。

(4)根据轴线放出桩位线,用木橛或钢筋头钉好桩位,并用白灰做上标志,便于施打。

(5)打试验桩。施工前必须打试验桩,其数量不少于 2 根,确定贯入度并校验打桩设备、施工工艺以及技术措施是否适宜。

(6)要选择和确定打桩机进出路线和打桩顺序,制定施工方案,做好技术交底。

3. 操作工艺

(1)就位桩机。打桩机就位时,应对准桩位,保证垂直、稳定,确保在施工中不发生倾斜、移位。

在打桩前,用两台经纬仪对打桩机进行垂直度调整,使导杆垂直,或达到符合设计要求的角度。

（2）起吊预制桩。先拴好吊桩用的钢丝绳和索具,然后应用索具捆绑在桩上端吊环附近处,一般不宜超过 300mm,再起动机器起吊预制桩,使桩尖垂直或按设计要求的斜角准确地对准预定的桩位中心,缓缓放下插入土中,位置要准确,再在桩顶扣好桩帽或桩箍,即可除去索具。

（3）稳桩。桩尖插入桩位后,先用较小的落距轻锤 1～2 次。桩入土一定深度,再调整桩锤、桩帽、桩垫及打桩机导杆,使之与打入方向成一直线,并使桩稳定。10m 以内短桩可用线坠双向校正;10m 以上或打接桩必须用经纬仪双向校正,不得用目测。打斜桩时必须用角度仪测定、校正角度。桩插入土时垂度偏差不得超过 0.5%。

桩在打入前,应在桩的侧面或桩架上设置标尺,以便在施工中观测、记录。

（4）打桩。

①用落锤或单动汽锤打桩时,锤的最大落距不宜超过 1m;用柴油锤打桩时,应使锤跳动正常。

②打桩宜重锤低击,锤重的选择应根据工程地质条件、桩的类型、结构、密集程度及施工条件来选用。

③打桩顺序根据基础的设计标高,先深后浅;依桩的规格先大后小,先长后短。由于桩的密集程度不同,可由中间向两个方向对称进行或向四周进行,也可由一侧向单一方向进行。

④打入初期应缓慢地间断地试打,在确认桩中心位置及角度无误后再转入正常施打。

⑤打桩期间应经常校核检查桩机导杆的垂直度或设计角度。

（5）接桩。

①在桩长不够的情况下,采用焊接或浆锚法接桩。

②接桩前应先检查下节桩的顶部,如有损伤应适当修复,并清除两桩端的污染和杂物等。如下节桩头部严重破坏时应补打桩。

③焊接时,其预埋件表面应清洁,上下节之间的间隙应用钢片垫实焊牢。施焊时,先将四角点焊固定,然后对称焊接,并应采取措施,减少焊缝变形,焊缝应连续焊满。温度在 0℃ 以下时须停止焊接作业,否则需采取预热措施。

④浆锚法接桩时,接头间隙内应填满熔化了的硫磺胶泥,硫磺胶泥温度控制在 145℃ 左右。接桩后应停歇至少 7min 后才能继续打桩。

⑤接桩时,一般在距地面 1m 左右时进行。上下节桩的中心线偏差不得大于 5mm,节点弯曲矢高不得大于 1/1000 桩长。

⑥接桩处入土前,应对外露铁件再次补刷防腐漆。

桩的接头应尽量避免下述位置,包括:桩尖刚达到硬土层的位置、桩尖将穿透硬土层的位置以及桩身承受较大弯矩的位置。

（6）送桩。设计要求送桩时,送桩的中心线应与桩身吻合一致方能进行送桩。送桩下端宜设置桩垫,要求厚薄均匀。若桩顶不平可用麻袋或厚纸垫平。送桩留下的桩孔应立即回填密实。

（7）检查验收。预制桩打入深度以最后贯入度（一般以连续三次锤击均能满足为准）及桩尖标高为准,即"双控",如两者不能同时满足要求时,首先应满足最后贯入度。坚硬土层中,每根桩已打到贯入度要求,而桩尖标高进入持力层未达到设计标高,应根据实际情况与有关单位会商确定。一般要求继续击 3 阵,每阵 10 击的平均贯入度,不应大于规定的数值;在软土层中以桩尖打至设计标高来控制,贯入度可作参考。符合设计要求后,填好施工记录。然后移桩机到新桩位。

在每根桩桩顶打至场地标高时应进行中间验收,待全部桩打完后,开挖至设计标高,做最后检查验收,并将技术资料提交总承包方。

(8)移桩机。移动桩机至下一桩位按照上述施工程序进行下一根桩的施工。

二、长螺旋钻孔灌注桩施工工艺

1. 适用范围

适用于民用与工业建筑地下水位以上的一般黏性土、砂土及人工填土地基的长螺旋成孔灌注桩工程。

2. 施工准备

(1)地上、地下障碍物都处理完毕,施工用的临时设施准备就绪。

(2)场地标高一般应为承台梁的上皮标高,并经过夯实或辗压。

(3)根据设计图样放出轴线及桩位,抄上水平标高木桩,并经过预检验证。

(4)分段制作好钢筋笼,其长度以 5～8m 为宜。

(5)施工前应作成孔试验,数量不少于两根。

3. 操作工艺

(1)钻孔机就位。钻孔机就位时,必须保持平稳,不发生倾斜、移位。为准确控制钻孔深度,应在桩架上或桩管上做出控制的标尺,以便在施工中进行观测、记录。

(2)钻孔。调直机架挺杆,对好桩位(用对位圈),合理选择和调整钻进参数,以电流表控制进尺速度,开动机器钻进、出土,达到设计深度后使钻具在孔内空转数圈,清除虚土,然后停钻、提钻。

(3)检查成孔质量。用测绳(锤)或手提灯测量孔深、垂直度及虚土厚度。虚土厚度等于测量深度与钻孔深的差值,虚土厚度一般不应超过 100mm。

(4)孔底土清理。钻到设计标高(深度)后,必须在深处进行空转清土,然后停止转动,提钻杆,不得回转钻杆。孔底的虚土厚度超过质量标准时,要分析原因,采取处理措施。进钻过程中散落在地面上的土,必须随时清除运走。

(5)盖好孔口盖板。经过成孔质量检查后,应按表逐项填好桩孔施工记录,然后盖好孔口盖板。

(6)移动钻机到下一桩位。移走钻孔机到下一桩位,禁止在盖板上行车走人。

(7)移走盖板复测孔深、垂直度。移走盖孔盖板,再次复查孔深、孔径、孔壁、垂直度及孔底虚土厚度。

(8)吊放钢筋笼。钢筋笼上必须先绑好砂浆垫块(或卡好塑料卡);钢筋笼起吊时不得在地上拖曳,吊入钢筋笼时,要吊直扶稳,对准孔位,缓慢下沉,避免碰撞孔壁。钢筋笼下放到设计位置时,应立即固定。两段钢筋笼连接时,应采用焊接,以确保钢筋的位置正确,保护层符合要求。浇灌混凝土前应再次检查测量孔内虚土厚度。

(9)放混凝土溜筒(导管)。浇筑混凝土必须使用导管。导管内径为 200～300mm,每节长度为 2～2.5m,最下端一节导管长度应为 4～6m,检查合格后方可使用。

(10)浇灌混凝土。放好混凝土溜筒,浇灌混凝土,注意落差不得大于 2m,应边浇灌混凝土边分层振捣密实,分层高度按捣固的工具而定,一般不大于 1.5m。

浇灌桩顶以下 5m 范围内的混凝土时,每次浇注高度不得大于 1.5m。

灌注混凝土至桩顶时,应适当超过桩顶设计标高 500mm 以上,以保证在凿除浮浆后,桩标高能符合设计要求。拔出混凝土溜筒时,钢筋要保持垂直,保证有足够的保护层,防止插斜、插偏。灌注桩施工按规范要求留置试块,每桩不得少于一组。

三、后植入钢筋笼灌注桩成桩施工工艺

1. 适用范围

本工艺适用于后植入钢筋笼灌注桩成桩施工。该方法适用土质范围较广,凡是长螺旋钻孔机能正常钻进的地层一般都可以施工。

2. 施工准备

详见"长螺旋钻孔灌注桩施工工艺中施工准备"的内容。

3. 操作工艺

(1)测放桩位,桩机就位。按施工图测放桩位,桩机就位,调整钻杆与地面的垂直度,垂直度偏差不大于 1%。

(2)钻孔。钻头对准桩位,启动钻机入钻,观察钻机电机电流表,根据电流大小控制下钻进尺,钻到预定深度。在成孔钻进之前,应及时通知搅拌站按照配合比要求将足够量的混凝土及时送到钻机施工作业面浇灌。

(3)提钻,灌注混凝土。用混凝土泵完成钻孔中心压灌混凝土成桩,钻进到设计深度后,略提钻杆 20～50cm。以便混凝土料将活门冲开。混凝土的灌注高度应高于设计桩顶标高 50cm。多余的部分后期凿掉,以保证桩顶的强度满足设计要求。

(4)现场制造钢筋笼。

(5)向钢筋笼套穿钢管,钢管与振动装置快速连接。钻孔的同时,将振笼用的钢管在地面水平方向穿入钢筋笼内腔。钢管与专用低频振动装置连接,钢筋笼与振动装置用钢丝绳柔性连接。钢管的上部和下部必须开设透气孔。

(6)沉放钢筋笼。待钻孔中心泵压混凝土形成桩体后,钻杆拔出孔口前,先将孔口浮土清理,然后将已吊起的振动装置、钢管及钢筋笼垂直对准孔口,把钢筋笼下端插入混凝土桩体中,采用不完全卸载方法,使钢筋笼下沉到预定深度。

(7)拆管,进行下一循环作业。钢筋笼到位后,振动拔出钢管,放置地面。准备下一循环作业。

四、泥浆护壁正反循环成孔灌注桩施工工艺

1. 适用范围

本工艺适用于建筑工程中采用泥浆护壁进行钻孔灌注桩施工。

2. 施工准备

(1)施工范围内的地上、地下障碍物应清理或改移完毕,对不能改移的障碍物必须进行标识,并有保护措施。

(2)现场做到水、电接通,道路畅通,对施工场区进行清理平整,对松软地面进行碾压或夯实处理。

(3)收集建筑场地工程地质资料和水文地质资料,熟悉施工图样。

（4）编制泥浆护壁钻（冲）孔灌注桩施工方案，经审批后向操作人员进行技术交底。

（5）按设计图样和给定的坐标点测设轴线定位桩和高程控制点，并据此放出桩位，报建设单位和监理复核。

（6）施工前做成孔试验，数量不得少于两个，以核对地质报告，检验所选设备、工艺是否适宜。

3. 操作工艺

（1）测量定位。应由专业测量人员根据给定的控制点按现行国家标准《工程测量规范》（GB 50026—2007）的要求测放桩位，并用标桩标定准确。

（2）埋设护筒。当表层土为砂土，且地下水位较浅时，或表层土为杂填土，孔径大于800mm时，应设置护筒。护筒内径比钻头直径大100mm左右。护筒端部应置于黏土层或粉土层中，一般不应设在填土层或沙砾层中，以保证护筒不漏水。如需将护筒设在填土或砂土层中，应在护筒外侧回填黏土，分层夯实，以防漏水，同时在护筒顶部开设1～2个溢浆口。当护筒直径小于1m且埋设较浅时宜用钢质护筒，钢板厚度4～8mm直径大于1m且埋设较深时可采用永久性钢筋混凝土护筒。护筒的埋设，对于钢护筒可采用锤击法，对于钢筋混凝土护筒可采用挖埋法。护筒口应高出地面至少100mm。在埋设过程中，一般采用十字拴桩法确保护筒中心与桩位中心重合。

（3）钻机就位。钻机就位必须平正、稳固，确保在施工中不倾斜、移动。在钻机双侧吊线坠校正调整钻杆垂直度（必要时可适用经纬仪校正）。为准确控制钻孔深度，应在桩架上做出控制深度的标尺，以便在施工中进行观测、记录。

（4）钻孔和清孔。

1）正循环钻进：

①钻头回转中心对准护筒中心，偏差不大于允许值。开动泥浆泵使冲洗液循环2～3min，然后再开动钻机，慢慢将钻头放置护筒底。在护筒刃脚处应低压慢速钻进，使刃脚处的地层能稳固地支撑护筒，待钻至刃脚以下1m以后，可根据土质情况以正常速度钻进。

②在黏土地层钻进时，由于土层本身的造浆能力强，钻屑成泥块状，易出现钻头包泥、憋泵现象，应选用尖底且翼片较少的钻头，采用低钻压、快转速、大泵量的钻进工艺。

③在砂层钻进时，应采用较大密度、黏度和静切力的泥浆，以提高泥浆悬浮、携带砂粒的能力。在坍塌段，必要时可向孔内投入适量黏土球，以帮助形成泥壁，避免再次坍塌。要控制钻具的升降速度和适当降低回转速度，减轻钻头上下运动对孔壁的冲刷。

④在卵石或砾石土层钻进时，易引起钻具跳动、憋车、憋泵、钻头切削具崩刃、钻孔偏斜等现象，宜用低档慢速、优质泥浆、慢进尺钻进。

⑤随钻进随循环冲洗液，为保证冲洗液在外环空间的上返流速在0.25～0.3m/s，以能够携带出孔底泥沙和岩屑，应有足够的冲洗液量。已知钻孔和钻具的直径，可按下式计算冲洗液量：

$$Q=4.71\times104(D^2-d^2)v \tag{4-1}$$

式中　　Q——冲洗液量（L/min）；

D——钻孔直径，通常按钻头直径计算（m）；

d——钻具外径（m）；

v——冲洗液上返流速（m/s）。

⑥钻速的选择除了满足破碎岩土扭矩的需要,还要考虑钻头不同部位的磨耗情况,按下式计算:

$$n = 60V/\pi D \tag{4-2}$$

式中　n——转速(r/min);

　　　　D——钻头直径(m);

　　　　V——钻头线速度,0.8~2.5m/s。

式中钻头线速度的取值如下:在松散的第四系地层和软土中钻进时取大值;在硬岩中钻进时取小值;钻头直径大时取小值,钻头直径小时取大值。

根据经验数据,一般地层钻进时,转速范围40~80r/min,钻孔直径小、黏性土层取高值;钻孔直径大、砂性土层取低值;较硬或非匀质土层转速可相应减少到20~40r/min。

⑦钻压的确定原则:在土层中钻进时,钻进压力应保证冲洗液畅通、钻渣清除及时为前提,灵活掌握。

在基岩钻进时,要保证每颗(或每组)硬质合金切削刀具上具有足够的压力。在此压力下,硬质合金钻头能有效的切入并破碎岩石,同时又不会过快的磨钝、损坏。应根据钻头上硬质合金片的数量和每颗硬质合金片的允许压力计算出总压力。

⑧清孔方法:

a. 抽浆法:空气吸泥清孔(空气升液排渣法)是利用灌注水下混凝土的导管作为吸泥管,高压风作动力将孔内泥浆抽走。高压风管可设在导管内也可设在导管外。将送风管通过导管插入到孔底,管子的底部插入水下至少10m,气管与导管底部的最小距离为2m左右。压缩空气从气管底部喷出,搅起沉渣,沿导管排出孔外,直到达到清孔要求。为不降低孔内水位,必须不断地向孔内补充清水。

砂石泵或射流泵清孔。利用灌注水下混凝土的导管作为吸泥管,砂石泵或射流泵作动力将孔内泥浆抽走。

b. 换浆法:第一次沉渣处理:在终孔时停止钻具回转,将钻头提离孔底100~200mm,维持冲洗液的循环,并向孔中注入含砂量小于4%(比重1.05~1.15)的新泥浆或清水,令钻头在原位空转10~30min,直至达到清孔要求为止。

第二次沉渣处理:在钢筋笼和下料导管放入孔内至灌注混凝土以前进行第二次沉渣处理,通常利用混凝土导管向孔内压入比重1.15左右的泥浆,把孔底在下钢筋笼和导管的过程中再次沉淀的钻渣置换出。

2)反循环钻进:

①钻头回转中心对准护筒中心,偏差不大于允许值。先启动砂石泵,待泥浆循环正常后,开动钻机慢速回转下放钻头至护筒底。开始钻进时应轻压慢转,待钻头正常工作后,逐渐加大钻速,调整压力,并使钻头不产生堵水。在护筒刃脚处应低压慢速钻进,使刃脚处的地层能稳固地支撑护筒,待钻至刃脚以下1m以后,可根据土质情况以正常速度钻进。

②在钻进时,要仔细观察进尺情况和砂石泵排水出渣的情况,排量减少或出水中含渣量较多时,要控制钻进速度,防止因循环液比重过大而中断循环。

③采用反循环在砂砾、砂卵石地层中钻进时,为防止钻渣过多,卵砾石堵塞管路,可采用间断钻进、间断回转的方法来控制钻进速度。

④加接钻杆时,应先停止钻进,将机具提离孔底 80～100mm,维持冲洗液循环 1～2min,以清洗孔底并将管道内的钻渣携出排净,然后停泵加接钻杆。

⑤钻杆连接应拧紧上牢,防止螺栓、螺母、拧卸工具等掉入孔内。

⑥钻进时如孔内出现塌孔、涌砂等异常情况,应立即将钻具提离孔底,控制泵量,保持冲洗液循环,吸除塌落物和涌砂,同时向孔内补充加大比重的泥浆,保持水头压力以抑止涌砂和塌孔,恢复钻进后,泵排量不宜过大,以防塌孔壁。

⑦钻进达到要求孔深停钻时,仍要维持冲洗液正常循环,直到返出冲洗液的钻渣含量小于 4% 时为止。起钻时应注意操作轻稳,防止钻头拖刮孔壁,并向孔内补入适量冲洗液,稳定孔内水头高度。

⑧沉渣处理(清孔):

a. 第一次沉渣处理:在终孔时停止钻具回转,将钻头提离孔底 100～200mm,维持冲洗液的循环,并向孔中注入含砂量小于 4%(比重 1.05～1.15)的新泥浆或清水,令钻头在原位空转 10～30min 左右,直至达到清孔要求为止。

b. 第二次沉渣处理:(空气升液排渣法)是利用灌注水下混凝土的导管作为吸泥管,高压风作动力将孔内泥浆抽排走。基本要求与正循环法清孔相同。

⑨反循环钻机钻进参数和钻速的选择见表 4-5。

表 4-5　泵吸反循环钻进推荐参数和钻速表

钻进参数和钻速 地层性质	钻压 /kW	钻头转速 /(r/min)	砂石泵排量 /(m³/h)	钻进速度 /(m/h)
黏土层、硬土层	10～25	30～50	180	4～6
砂土层	5～15	20～40	160～180	6～10
砂层、沙砾层、砂卵石层	3～10	20～40	160～180	8～12
中硬以下基岩	20～40	10～30	140～160	0.5～1.0

注:1. 本表钻进参数以上海探机厂产 GPS-15 型钻机为例,砂石泵排量要根据孔径大小和地层情况灵活选择调整,一般外环间隙冲洗液流速不宜大于 10m/min,钻杆内上返流速应大于 2.4m/s。

　　2. 桩孔直径较大时,钻压宜选用上限,钻头钻速宜选用下限;桩孔直径较小时,钻压宜选用下限,钻头钻速宜选用上限。

(5)钢筋笼加工及安放。

①钢筋笼加工:钢筋笼的钢筋数量、配置、连接方式和外形尺寸应符合设计要求。钢筋笼的加工场地应选在运输方便的场所,最好设置在现场内。

钢筋笼绑扎顺序应先在架立筋(加强箍筋)上将主筋等间距布置好,再按规定的间距绑扎箍筋。箍筋、架立筋和主筋之间的接点可用点焊焊接固定。直径大于 2m 的钢筋笼可用角钢或扁钢作架立筋,以增大钢筋笼刚度。

钢筋笼长度一般在 8m 左右,当采取辅助措施后,可加长到 12m 左右。

钢筋笼下端部的加工应适应钻孔情况。

②安放钢筋笼:钢筋笼安放要对准孔位、扶稳、缓慢,避免碰撞孔壁,到位后立即固定。

大直径桩的钢筋笼要使用吨位适应的吊车将钢筋笼吊入孔内。在吊装过程中,要防止钢筋笼发生变形。

当钢筋笼需要接长时,要先将第一段钢筋笼放入孔中,利用其上部架立筋暂时固定在护筒上部,然后吊起第二段钢筋笼对准位置后用绑扎或焊接等方法接长后放入孔中,如此逐段接长后放入到预定位置。待钢筋笼安设完成后,要检查确认钢筋顶端的高度。

(6)插入导管,进行第二次清孔。

(7)灌注水下混凝土。

①混凝土的强度等级应符合设计要求,水泥用量不少于 $350kg/m^3$,掺减水剂时水泥用量不少于 $300kg/m^3$,水灰比宜为 $0.5\sim0.6$,扩展度宜为 $340\sim380mm$。

②水下灌注混凝土必须使用导管,导管内径 $200\sim300mm$,每节长度为 $2\sim2.5m$,最下端一节导管长度应为 $4\sim6m$。导管在使用前应进行水密承压试验(禁用气压试验)。水密试验的压力不应小于孔内水深 1.3 倍的压力,也不应小于导管承受灌注混凝土时最大内压力 P 的 1.3 倍。

$$P=\gamma_c h_c-\gamma_w H_w \tag{4-3}$$

式中　　P——导管可能承受的最大内压力(kPa);

γ_c——混凝土拌和物的重度(取 $24kN/m^3$);

h_c——导管内混凝土柱最大高度(m),以导管全长或预计的最大高度计;

γ_w——井孔内水或泥浆的重度(kN/m^3);

H_w——井孔内水或泥浆的深度(m)。

③隔水塞可用混凝土制成也可使用球胆制作,其外形和尺寸要保证在灌注混凝土时顺畅下落和排出。

④首批混凝土灌注:在灌注首批混凝土之前,先配制 $0.1\sim0.3m^3$ 水泥砂浆放入滑阀(隔水塞)以上的导管和漏斗中,然后再放入混凝土。确认初灌量备足后,即可剪断钢丝,借助混凝土重量排除导管内的水,使滑阀(隔水塞)留在孔底,灌入首批混凝土。

灌注首批混凝土时,导管埋入混凝土内的深度不小于 $1.0m$,混凝土的初灌量按下式计算:

$$V\geqslant\frac{\pi D^2}{4}(H_1-H_2)+\frac{\pi d^2}{4}h_1 \tag{4-4}$$

式中　　V——灌注首批混凝土所需数量(m^3);

D——桩孔直径(m);

H_1——桩孔底至导管底间距,一般为 $0.4m$;

H_2——导管初次埋置深度(m);

d——导管直径(m);

h_1——桩孔内混凝土达到埋置深度 H_2 时,导管内混凝土柱平衡导管外(或泥浆)压力所需的高度(m),即 $h_1=H_w\gamma_w/\gamma_c$。

⑤连续灌注混凝土:首批混凝土灌注正常后,应连续灌注混凝土,严禁中途停工。在灌注过程中,应经常探测混凝土面的上升高度,并适时提升拆卸导管,保持导管的合理埋深。探测次数一般不少于所使用的导管节数,并应在每次提升导管前,探测一次管内外混凝土高度。遇特殊情况(局部严重超径、缩径和灌注量特别大的桩孔等)应增加探测次数,同时观察返水情况,以正确分析和判断孔内的情况。

⑥灌注混凝土过程中,应采取防止钢筋笼上浮的措施:当灌注的混凝土顶面距钢筋骨架底

部 1m 左右时应降低混凝土的灌注速度;当混凝土拌和物上升到骨架底口 4m 以上时,提升导管,使其底口高于底部 2m 以上,即可恢复正常灌注速度。

⑦在水下灌注混凝土时,要根据实际情况严格控制导管的最小埋深,以保证混凝土的连续均匀,防止出现断桩现象。导管最大埋深不宜超过最下端一节导管的长度或 6m。导管埋深见表 4-6。

表 4-6 导管埋入混凝土深度值

导管内径/mm	桩孔直径/mm	初灌量埋深/m	连续灌注埋深/m		桩顶部灌注埋深/m
			正常灌注	最小埋深	
200	600~1200	1.2~2.0	3.0~4.0	1.5~2.0	
230~255	800~1800	1.0~1.5	2.5~3.5	1.5~2.0	0.5~1.0
300	≥1500	0.8~1.2	2.0~3.0	1.2~1.5	

⑧混凝土灌注时间:混凝土灌注的上升速度不得小于 2m/h。混凝土的灌注时间必须控制在导管中的混凝土未丧失流动性以前,必要时可掺入缓凝剂。混凝土灌注时间见表 4-7。

表 4-7 混凝土灌注时间参考表

桩长/m	灌注量/m³	适当灌注时间/h
≤30	≤40	2~3
	40~80	4~5
30~50	≤40	3~4
	40~80	5~6
	80~120	6~7
50~70	≤50	3~5
	50~100	6~8
	100~160	7~9
70~100	≤60	4~6
	60~120	8~10
	120~200	10~12

⑨桩顶处理:混凝土灌注的高度,应超过桩顶设计标高约 500mm,以保证在剔除浮浆后,桩顶标高和桩顶混凝土质量符合设计要求。

(8)拔出导管和护筒。

(9)泥浆和泥浆循环系统。

①泥浆的调制和使用技术要求。钻孔泥浆一般由水、黏土(或膨润土)和添加剂按适当配合比配置而成,其性能指标可参照表 4-8 选用。

直径大于 2.5m 的大直径钻孔灌注桩对泥浆的要求较高,应根据地质情况、钻机性能、泥浆材料条件等确定。在地质复杂、覆盖层较厚、护筒下沉不到岩层的情况下,宜使用丙烯酰胺PHP 浆,此泥浆的特点是不分散、低固相、高黏度。

表 4-8　泥浆性能指标选择

钻孔方法	地层情况	泥浆性能指标							
		相对密度	黏度/(Pa·s)	含砂率(%)	胶体率(%)	失水率/(mL/30min)	泥皮厚/(mm/30min)	静切力/Pa	酸碱度/pH
正循环	一般地层	1.05~1.20	16~22	8~4	≥96	≤25	≤2	10.5~2.5	8~10
	易塌地层	1.20~1.45	19~28	8~4	≥96	≤15	≤2	3~5	8~10
反循环	一般地层	1.02~1.06	16~20	≤4	≥95	≤20	≤3	1~2.5	8~10
	易塌地层	1.06~1.10	18~28	≤4	≥95	≤20	≤3	1~2.5	8~10
	卵石土	1.10~1.15	20~35	≤4	≥95	≤20	≤3	1~2.5	8~10

注：1. 地下水位高或其流速大时，指标取高限，反之取低限。

　　2. 地质状态较好，孔径或孔深较小的取低限，反之取高限。

　　3. 在不易坍塌的黏质土层中使用反循环钻进时，可用清水提高水头（≥2m）维护孔壁。

　　4. 若当地缺乏优良黏质土，调制不出合格泥浆时，可掺用添加剂改善泥浆性能，添加剂掺量可现场试验确定。

②泥浆循环系统的设置：循环系统由泥浆池、沉淀池、循环槽、废浆池、泥浆泵、泥浆搅拌设备、钻渣分离装置组成，并配有排水、清渣、排废浆设施和钻渣转运通道等。一般采用集中搅拌，集中向钻孔输送泥浆的方式。

沉淀池不宜少于 2 个，可串联使用，每个沉淀池的容积不少于 6m³；泥浆池的容积一般不宜小于 8~10m³。

循环槽应设 1：200 的坡度，槽的断面应能保证冲洗液正常循环不外溢。

沉淀池、泥浆池、循环槽可用砖和水泥砂浆砌筑，不得渗漏。

泥浆池不能建在新堆积的土层上，以免池体下陷开裂，泥浆漏失。

应及时清除循环槽和沉淀池内沉淀的钻渣。清出的钻渣应及时运出现场，防止污染环境。

五、旋挖成孔灌注桩施工工艺

1. 适用范围

本工艺适用于旋挖成孔的施工。

适用地层：除基岩、漂石等地层外，一般地层均可用旋挖方法成孔。成孔直径一般为 600~3000mm，一般最大孔深达 76m。多用于大型建（构）筑物（如大型立交桥、工业与民用建筑）基础桩、抗浮桩及用于基坑支护的护坡桩等。

2. 施工准备

(1)熟悉工程图样和工程地质资料，踏勘施工现场。检查设计图纸是否符合国家有关规范，图样表示是否明确无误，掌握地表、地质、水文等勘察资料，场地要平整，且地耐力不少于 100kPa，施工桩点 5m 以内应无空中障碍。

(2)根据用量选择合适的管道供水，并选择合适的配电。

(3)钻头、钻杆以及钢丝绳长度的选取，依据地层条件不同选择不同钻头与钻杆，一般机锁式钻杆适用坚硬地层，而摩阻式钻杆适于一般较软地层。

钢丝绳长度选择可按如下公式确定：

$$钢丝绳长度＝孔深＋机高＋(15\sim20m) \tag{4-5}$$

（4）消耗材料的物资准备。钻机配套的润滑油、液压油、柴油、钢丝绳、斗齿等各种零部件的购买或预定；工艺要求上需要准备的膨润土、纯碱及各种泥浆外加剂、护筒、电焊机、各种管线、电缆线等。

（5）现场布置与设备调试。设计总平面图，并依据平面图进行布置，搭建临时设施，砌筑泥浆池，泥浆池大小一般为钻孔体积的 1.5～2 倍，高约 1.5m。对钻机和各种配套设施进行安装调试，确保其安全可靠性及完好性。

（6）清除障碍物。特别注意空中设施如高压输电线、电缆等。施工前要收集场地作业面地下的各种设施，包括电缆、管线、枯井、防空洞、地下管道、古墓、暗沟等，事先标识或拆除处理完毕。

3. 操作工艺

（1）钻机安装就位。要求地耐力不小于 100kPa，履盘坐落的位置应平整，坡度不大于 3°，避免因场地不平整，产生功率损失及倾斜位移，重心高还易引发安全事故。

（2）拴桩，对准桩位。桩位置确定后，用两根互相垂直的直线相交于桩点，并定出十字控制点，做好标识并妥加保护。调整旋挖钻机的桅杆，使之处于铅垂状态，让钻斗或螺旋钻头对正桩位。

（3）钻斗或短螺旋钻开孔。定出十字控制桩后，可采用钻机进行开孔钻进取土。

（4）埋设护筒。钻至设计深度，进行护筒埋设，护筒宜采用 10mm 以上厚钢板制作，护筒直径应大于孔径 200mm 左右，护筒的长度应视地层情况合理选择。护筒顶部应高出地面 200mm 左右，周围用黏土填埋并夯实，护筒底应坐落在稳定的土层上，中心偏差不得大于 50mm。测量孔深的水准点，用水准仪将高程引至护筒顶部，并做好记录。

（5）泥浆制作。采用现场泥浆搅拌机制作，宜先加水并计算体积，在搅拌下加入规定的膨润土，纯碱以溶液的方式在搅拌下徐徐加入，搅拌时间一般不少于 3min，必要时还可加入其他外加剂如增黏降失水剂、重晶石粉增大泥浆比重，锯末、棉子等防止漏浆。制备泥浆的性能指标如表 4-9。

表 4-9　制备泥浆性能指标

项　目	性能指标	检验方法
泥浆比重	1.04～1.18	泥浆比重计
黏　度	18～25s	500～700 漏斗法
固相含量	6%～8%	—
胶体率	＞95%	—
含砂率	＜2%	—
pH 值	7～9	pH 试纸

（6）旋挖钻进成孔。

①钻头着地、旋转、钻进：以钻具钻头自重和加压油缸的压力作为钻进压力，每一回次的钻进量应以深度仪表为参考，以说明书钻速、钻压扭矩为指导，进尺量适当，不多钻，也不少钻。钻

多,辅助时间加长,钻少,回次进尺小,效率降低。

②当钻斗内装满土、砂后,将其提升上来,注意地下水位变化情况,并灌注泥浆。

③旋转钻机,将钻斗内的土卸出,用铲车及时运走,运至不影响施工作业为止。

④关闭钻斗活门,将钻机转回孔口,降落钻斗,继续钻进。

⑤为保证孔壁稳定,应视表土松散层厚度,孔口下入长度适当的护筒,并保持泥浆液面高度,随泥浆损耗及孔深增加,应及时向孔内补充泥浆,以维持孔内压力平衡。

⑥钻遇软层,特别是黏性土层,应选用较长斗齿及齿间距较大的钻斗以免糊钻,提钻后应经常检查底部切削齿,及时清理齿间粘泥,更换已磨钝的斗齿。

钻遇硬土层,如发现每回次钻进深度太小,钻斗内碎渣量太少,可换一个较小直径钻斗,先钻小孔,然后再用直径适宜钻斗扩孔。

⑦钻砂卵砾石层,为加固孔壁和便于取出砂卵砾石,可事先向孔内投入适量黏土球,采用双层底板捞砂钻斗,以防提钻过程中砂卵砾石从底部漏掉。

⑧提升钻头过快,易产生负压,造成孔壁坍塌,一般钻斗提升速度可按表4-10推荐值使用。

⑨在桩端持力层钻进时,可能会由于钻斗的提升引起持力层的松弛,因此在接近孔底标高时应注意减小钻斗的提升速度。

表 4-10　钻斗升降速度推荐值

桩径 /mm	装满渣土钻斗 提升速度/(m/s)	空钻斗升降速度 /(m/s)	桩径 /mm	装满渣土钻斗 提升速度/(m/s)	空钻斗升降速度 /(m/s)
700	0.973	1.210	1300	0.628	0.830
1200	0.748	0.830	1500	0.575	0.830

(7)清孔。因旋挖钻用泥浆不循环,在保障泥浆稳定的情况下,清除孔底沉渣,一般用双层底捞砂钻斗,在不进尺的情况下,回转钻斗使沉渣尽可能地进入斗内,反转,封闭斗门,即可达到清孔的目的。

(8)钢筋笼制作。钢筋笼制作,按设计图样及规范要求制作。一般不超过29m长可在地表一次成型,超过29m,宜在孔口焊接。

(9)下钢筋笼。钢筋笼场内移运可用人工抬运或用平车加托架移运,不可使钢筋笼产生永久性变形;钢筋笼起吊要采用双点起吊,钢筋笼大时要用两个吊车同时多点起吊,对正孔位,徐徐下入,不准强行压入。

(10)下导管。导管连接要密封、顺直,导管下口离孔底约30cm即可,导管平台应平整,夹板牢固可靠。

(11)浇注混凝土。

①钢筋笼、导管下放完毕,作隐蔽检查,必要时进行二次清孔,验收合格后,立即浇注混凝土。

②使用预拌混凝土应具备设计的标号,良好的和易性,坍落度宜为180～220mm。

③初灌量应保证导管下端埋入混凝土面下不少于0.8m。

④隔水塞应具有良好的隔水性能,并能顺利排出。

⑤导管埋深保证2～6m,随着混凝土面上升,随时提升导管。

⑥混凝土灌至钢筋笼下端时,为防止钢筋笼上浮,应采取如下措施,在孔口固定钢筋笼上端;灌注时间尽量缩短,防止混凝土进入钢筋笼时流动性变差;当孔内混凝土面进入钢筋笼1～2m时,应适当提升导管,减小导管埋深,增大钢筋笼在下层混凝土中的埋置深度。

⑦灌注结束时,控制桩项标高,混凝土面应超过设计桩顶标高300～500mm,保障桩头质量。

第五章 地下防水工程基础知识

内容提要：

1. 了解防水混凝土、水泥砂浆防水层、卷材防水层、细部防水构造的适用范围及施工准备。
2. 掌握防水混凝土、水泥砂浆防水层、卷材防水层、细部防水构造的操作工艺。

第一节 防水混凝土施工工艺

一、适用范围

本工艺适用于工业与民用建筑地下防水等级为 1～4 级的整体式防水混凝土结构。

二、施工准备

(1)完成钢筋、模板的预检、隐检工作。

①所用模板拼缝严密，不漏浆、不变形，吸水性小，支撑牢固。采用钢模时，应清除钢模内表面的水泥浆，并均匀涂刷脱模剂(注意梁板模必须刷水性脱模剂)以保证混凝土表面光滑。

②立模时，应预先留出穿墙设备管和预埋件的位置，准确牢固埋好穿墙止水套管和预埋件。拆模后应做好防水处理。

③防水混凝土结构内部设置的钢筋及绑扎铁丝均不得接触模板，固定外墙模板的螺栓不宜穿过防水混凝土以免造成引水通路，如必须穿过时，可采用工具式止水螺栓，如图 5-1 所示，或螺栓加堵头、螺栓上加焊方形止水环等止水措施。

④及时清除模板内杂物。

(2)根据施工方案做好技术交底工作。

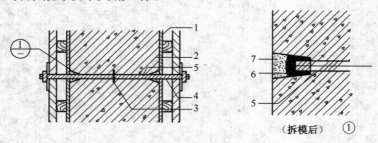

图 5-1 固定模板用螺栓的防水做法

1. 模板　2. 结构混凝土　3. 止水环　4. 工具螺栓
5. 固定模板用螺栓　6. 嵌缝材料　7. 聚合物水泥砂浆

(3)各项原材料需经检验，并经试配提出混凝土配合比，防水混凝土配合比应符合下列规定：

①试配的混凝土抗渗等级应比设计要求提高一级(0.2MPa)。每立方米混凝土水泥用量不应少于 320kg，掺有活性掺合料时，水泥用量不得少于 260kg。

②砂率宜为 35%～40%；泵送时宜为 38%～45%。

③灰砂比宜为 1∶1.5～1∶2.5。

④水胶比不得大于 0.5。

⑤掺加引气剂或引气型减水剂时,混凝土含气量宜控制在 3%～5%。

⑥普通防水混凝土坍落度不宜大于 50mm,泵送时入泵坍落度宜为 120～160mm。

(4)减水剂宜预溶成一定浓度的溶液。

(5)地下防水工程施工期间应做好降水和排水工作。

三、操作工艺

1. 混凝土搅拌

(1)宜采用预拌混凝土。混凝土搅拌时必须严格按试验室配合比通知单的配合比准确称量,不得擅自修改。当原材料有变化时,应通知试验室进行试验,对配合比作必要的调整。

(2)雨季施工期间对露天堆放料场的砂、石应采取遮挡措施,下雨天应测定雨后砂、石含水率并及时调整砂、石、水用量。

2. 混凝土运输

(1)混凝土运送道路必须保持平整、畅通,尽量减少运输的中转环节,以防止混凝土拌和物产生分层、离析及水泥浆流失等现象。

(2)混凝土拌和物运至浇筑地点后,如出现分层、离析现象,必须加入适量的原水灰比的水泥浆进行二次拌和,均匀后方可使用,不得直接加水拌和。

(3)注意坍落度损失,浇筑前坍落度每小时损失值不应大于 20mm,坍落度总损失值不应大于 40mm。

3. 混凝土浇筑

(1)当混凝土入模自落高度大于 2m 时应采用串筒、溜槽、溜管等工具进行浇筑,以防止混凝土拌和物分层离析。

(2)混凝土应分层浇筑,每层厚度为振捣棒有效作用长度 1.25 倍,一般 φ50 棒分层厚度为 400～480mm。

(3)分层浇筑时,第二层防水混凝土浇筑时间应在第一层初凝以前,将振捣器垂直插入到下层混凝土中≥50mm,插入要迅速,拔出要缓慢,振捣时间以混凝土表面浆出齐、不冒泡、不下沉为宜,严防过振、漏振和欠振而导致混凝土离析或振捣不实。

(4)防水混凝土必须采用机械振捣,以保证混凝土密实。对于掺加气剂和引气型减水剂的防水混凝土应采用高频振捣器(频率在万次/分钟以上)振捣,可以有效地排除大气泡,使小气泡分布更均匀,有利于提高混凝土强度和抗渗性。

(5)防水混凝土应连续浇筑,宜不留或少留施工缝。当必须留设施工缝时,应符合下列规定。

1)施工缝留设的位置:

①墙体水平施工缝不应留在剪力最大处或底板与侧墙的交接处,应留在高出底板表面不小于 300mm 的墙体上。拱(板)墙结合的水平施工缝,宜留在拱(板)墙接缝以下 150～300mm 处。墙体有预留空洞时,施工缝距空洞边缘不应小于 300mm。

②垂直施工缝应避开地下水和裂隙水较多的地段,并宜与变形缝相结合。

2)施工缝防水的构造形式:施工缝应采用多道防水措施,其构造形式如图 5-2～图 5-5 所示。

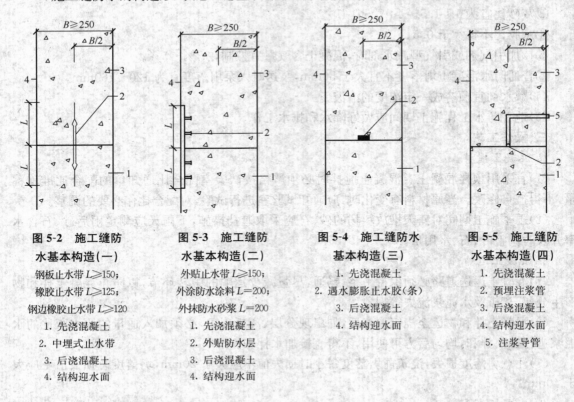

图 5-2   施工缝防水基本构造(一)

钢板止水带 $L \geqslant 150$;
橡胶止水带 $L \geqslant 125$;
钢边橡胶止水带 $L \geqslant 120$

1. 先浇混凝土
2. 中埋式止水带
3. 后浇混凝土
4. 结构迎水面

图 5-3   施工缝防水基本构造(二)

外贴止水带 $L \geqslant 150$;
外涂防水涂料 $L = 200$;
外抹防水砂浆 $L = 200$

1. 先浇混凝土
2. 外贴防水层
3. 后浇混凝土
4. 结构迎水面

图 5-4   施工缝防水基本构造(三)

1. 先浇混凝土
2. 遇水膨胀止水胶(条)
3. 后浇混凝土
4. 结构迎水面

图 5-5   施工缝防水基本构造(四)

1. 先浇混凝土
2. 预埋注浆管
3. 后浇混凝土
4. 结构迎水面
5. 注浆导管

3)施工缝新旧混凝土接缝处理:

①水平施工缝浇筑混凝土前,应将其表面凿毛,清除表面浮浆和杂物,先铺净浆或涂刷界面处理剂或涂刷水泥基渗透结晶型防水涂料等,再铺 30～50mm 厚的 1:1 水泥砂浆,并及时浇灌混凝土。

②垂直施工缝浇筑混凝土前,应将其表面凿毛并清理干净,涂刷混凝土界面处理剂或水泥基渗透结晶型防水涂料,并及时浇注混凝土。

③施工缝采用遇水膨胀止水条时,止水条应牢固地安装在接缝表面或预留槽内,遇水膨胀止水条应具有缓胀性能,7d 膨胀率不应大于最终膨胀率的 60%。

④采用中埋式止水带或预埋注浆管时,应确保位置准确,牢固可靠,严防混凝土施工时错位。

4．养护

(1)防水混凝土浇筑完成后,必须及时养护,并在一定的温度和湿度条件下进行。

(2)混凝土初凝后应立即在其表面覆盖草袋、塑料薄膜或喷涂混凝土养护剂等进行养护,炎热季节或刮风天气应随浇灌随覆盖,但要保护表面不被压坏。浇捣后 4～6h 浇水或蓄水养护,3d 内每天浇水 4～6 次,3d 后每天浇水 2～3 次,养护时间不得少于 14d。墙体混凝土浇筑 3d 后,可采取撬松侧模,在侧模与混凝土表面缝隙中浇水养护的做法保持混凝土表面湿润。

5．拆模

(1)防水混凝土拆模时间一律以同条件养护试块强度为依据,不宜过早拆除模板,梁板模板宜在混凝土强度达到或超过设计强度等级的 75% 时拆模。

（2）拆模时结构混凝土表面温度与周围环境温度差不得大于25℃。

（3）炎热季节拆模时间以早、晚间为宜，应避开中午或温度最高的时段。

6. 冬期施工

（1）冬期施工宜采用掺化学外加剂法、暖棚法、综合蓄热法等养护方法，不可采用电热法。

（2）蓄热法一般用于室外平均气温不低于−15℃的地下工程或者表面系数不大于 $5m^{-1}$ 结构。对原材料加热时，应控制水温不得超过80℃且不得将水直接与水泥接触，而应先将加热后的水、砂、石子搅拌一定时间后再加入水泥，防止出现"假凝"。

（3）采用化学外加剂方法施工时，应采取保温、保湿措施。

7. 大体积防水混凝土施工

（1）采用低热或中热水泥，掺加粉煤灰、磨细矿渣粉等掺拌和料及减水剂、缓凝剂等外加剂，以降低水泥用量，减少水化热、推迟水化热峰出现，还可以采用增大粗骨料粒径。降低水灰比等措施减少水化热，减少温度裂缝。

（2）在炎热季节施工时，采用降低水温，避免砂、石暴晒等措施降低原材料温度及混凝土内部预埋管道进行水冷散热等降温措施。

（3）混凝土采取保温、保湿养护，混凝土中心温度与表面温度的差值不应大于25℃，混凝土表面温度与大气温度的差值不应大于25℃。

（4）大体积防水混凝土的其他操作要点参照中国建筑工业出版社出版的《建筑分项工程施工工艺标准》（第三版）中"底板大体积混凝土工艺标准（530—2007）"的相关内容执行。

第二节　水泥砂浆防水层施工工艺

一、适用范围

本工艺适用于混凝土或砌体结构的基层（墙面、地面）上采用多层抹面的水泥砂浆防水层，可作为防水等级为1～3级地下防水工程多道设防中的一道防线。

二、施工准备

（1）结构验收合格，办好验收手续。

（2）地下防水工程施工前应做好降水和排水处理，直至防水工程全部完工为止。降水、排水措施应按施工方案执行。

（3）地下室门窗口、预留孔及管口进出口处理完毕。

（4）混凝土墙面如有蜂窝及松散混凝土要剔除，用水冲刷干净，然后用水泥砂浆抹平。表面有油污时应用掺入10%的火碱溶液刷洗干净，或涂刷界面剂。

（5）混合砂浆砌筑的砖墙抹防水层时，必须在砌砖时划缝，深度为10～20mm，穿墙预埋管露出基层时必须在其周围剔成20～30mm宽、50～60mm深的沟槽，用水冲净后，用改性后的防水砂浆填实，管道穿墙应按设计要求做好防水处理并办理隐检手续。

（6）水泥砂浆防水层，不适用于在使用过程中由于结构沉降、受振动或温度湿度变化而产生裂缝的结构上。

（7）用于有腐蚀介质的部位，必须采取有效的防腐措施。

（8）水泥砂浆防水层应在基础、维护结构内衬等验收合格后施工。

三、操作工艺

(1)基层处理。

①水泥砂浆铺抹前,基层混凝土强度等级不应小于 C15;砌体结构砌筑用的砂浆强度等级不应低于 M7.5。

②基层表面应先作处理使其坚实、平整、粗糙、洁净,并充分湿润,无积水。

③基层表面的孔洞、缝隙应用与防水层相同的砂浆填塞抹平。

(2)防水砂浆层施工前工作。防水砂浆层施工前应将预埋件、穿墙管四周预留凹槽内嵌填密封材料。

(3)水泥砂浆品种和配合比设计。水泥砂浆品种和配合比设计应根据防水工程要求确定。

(4)砂浆的拌制。

①防水砂浆的拌制以机械搅拌为宜,也可用人工搅拌。拌和时材料称量要准确,不得随意增减用水量。机械搅拌时,先将水泥、砂干拌均匀,再加水拌和 1～2min 即可。

②使用外加剂或聚合物乳液时,先将水泥、砂干拌均匀,然后加入预配好的外加剂水溶液或聚合物乳液。严禁将外加剂干粉直接倒入水泥砂浆中,配制时聚合物砂浆的用水量应扣除聚合物乳液中的水量。

③防水砂浆要随拌随用,聚合物水泥防水砂浆拌和物应在 45min 内用完,当气温高、湿度小或风速较大时,宜在 20min 内用完;其他外加剂防水砂浆应初凝前用完。在施工过程中如有离析现象,应进行二次拌和,必要时应加素水泥浆及外加剂,不得任意加水。

(5)水泥砂浆防水层规定。水泥砂浆防水层规定应分层铺抹或喷涂,铺抹时应注意压实、抹平和表面压光。

(6)聚合物水泥防水砂浆涂抹施工规定。

①防水砂浆层厚度大于 10mm 时,立面和顶面应分层施工,第二层应待前一层指触干后进行,各层应粘结牢固。

②每层宜连续施工,当必须留槎时,应采用阶梯坡形槎,接槎部位离阴阳角处不得小于200mm,上下层接槎应错开 10～15mm。接槎应依层次顺序操作,层层搭接紧密。

③铺抹可采用抹压或喷涂施工。喷涂施工时,喷枪的喷嘴应垂直于基面,合理调整压力、喷嘴与基面距离。

④铺抹时应压实、抹平,如遇气泡应挑破压实,保证铺抹密实。

⑤压实、抹平应在初凝前完成。

(7)砂浆施工程序。一般先立面后地面,防水层各层之间应紧密结合,防水层的阴阳角处应抹成圆弧形。

(8)水泥砂浆防水层施工。不宜在雨天或 5 级以上大风中施工。冬期施工时,气温不得低于-5℃,基层表面温度应保持 0℃以上,夏季施工时,不应在 35℃以上或烈日直晒下施工。

(9)砂浆防水层厚度因材料品种不同而异。聚合物水泥砂浆防水层厚度单层施工宜为 6～8mm,双层施工宜为 10～12mm,掺外加剂、掺拌和料等的水泥砂浆防水层厚度宜为18～20mm。

(10)养护。

①防水砂浆终凝后应及时养护,养护温度不宜低于 5℃,养护时间不得少于 14d,养护期间应保持湿润。

②聚合物水泥砂浆防水层未达到硬化状态时,不得浇水养护或直接受雨水冲刷,终凝后应进行 7d 的保湿养护,在潮湿环境中,可在自然条件下养护。养护期间不得受冻。

③使用特种水泥、外加剂、掺拌和料的防水砂浆,养护应按产品说明书要求进行。

第三节 卷材防水层施工工艺

一、适用范围

本工艺适用于工业与民用建筑地下工程铺贴高分子类卷材防水层的施工。

二、施工准备

(1)施工前审核图样,编制防水工程施工方案,并进行技术交底。地下防水工程必须由专业作业队施工,作业队的资质合格,操作人员持证上岗。

(2)合成高分子防水卷材单层使用时,厚度不应小于 1.5mm,双层使用时总厚度不应小于 2.4mm;阴阳角处应抹成圆弧形,其尺寸视卷材品质确定。在转角处、阴阳角等特殊部位,应增贴 1～2 层相同的卷材,宽度不宜小于 500mm。

(3)在地下水位较高的条件下铺贴防水层前,应先降低地下水位,做好排水处理,使地下水位降至防水层底标高 500mm 以下,并保持到防水层施工完。

(4)铺贴防水层的基层表面应平整光滑,必须将基层表面的异物、砂浆疙瘩和其他尘土杂物清除干净,不得有空鼓、开裂及起砂、脱皮等缺陷。

(5)基层应保持干燥,含水率应不大于 9%(将 1m² 卷材干铺在找平层上,静置 3～4h 后掀开检查,找平层覆盖部位与卷材上未见水印即可)。

(6)防水层所用材料多属易燃品,存放和操作应隔绝火源,并做好防火工作。

(7)操作人员应穿工作服,戴安全帽、口罩、手套、帆布脚盖等劳保用品。

(8)地下室通风不良时,铺贴卷材应采取通风措施。

三、操作工艺

(1)基层清理。施工前应将基层表面的杂物、尘土等清扫干净。

(2)涂刷基层处理剂。

①基层处理剂根据不同材性的防水卷材,应选用与其相容的基层处理剂。

②在大面积涂刷施工前,先在阴角、管根等复杂部位均匀涂刷一遍,然后用长把滚刷大面积顺序涂刷,涂刷基层处理剂的厚薄应均匀一致,不得有堆积和露底现象。涂刷后经 4h 干燥,手摸不粘时,即可进行下道工序。

(3)特殊部位增补处理。

①增补涂膜:可在地面、墙体的管根、伸缩缝、阴阳角等部位,均匀涂刷一层聚氨酯涂膜防水层,作为特殊薄弱部位的防水附加层,涂膜固化后即可进行下道工序。

②附加层施工:设计要求特殊部位,如阴阳角、管根,可用卷材铺贴一层处理。

(4)铺贴卷材防水层。

1)底板垫层混凝土平面部位宜采用空铺法或点粘法,其他与混凝土结构相接触的部位应采用满粘法;采用双层卷材时,两层之间应采用满粘法。

2)铺贴前在基层面上排尺弹线,作为掌握铺贴的基准线,使其铺设平直。

3)卷材粘贴面涂胶:将卷材铺展在干净的基层上,用长把滚刷蘸胶涂匀,应留出搭接部位不涂胶。晾胶至基本干燥不粘手。

4)基层表面涂胶:底胶干燥后,在清理干净的基层面上,用长把滚刷蘸胶均匀涂刷,涂刷面不宜过大,然后晾胶。

5)卷材粘贴:

①在基层面及卷材粘贴面已涂刷好胶的前提下,将卷材用 $\phi30mm$、长 1.5m 的圆心棒(钢管)卷好,由二人抬至铺设端头,注意用线控制,位置要正确,粘结固定端头,然后沿弹好的基准线向另一端铺贴,操作时卷材不要拉太紧,并注意方向沿基准线进行,以保证卷材搭接宽度。

②卷材不得在阴阳角处接头,接头处应间隔错开。

③压实排气:每铺完一张卷材,应立即用干净的滚刷从卷材的一端开始横向用力滚压一遍,以便将空气排出。

④滚压:排除空气后,为使卷材粘结牢固,应用外包橡皮的铁辊滚压一遍。

⑤接头处理:卷材搭接的长边与端头的短边 100mm 范围,用毛刷蘸接缝专用胶粘剂,涂于搭接卷材的两个面,待其干燥 15～30min 即可进行压合,挤出空气,不许有皱折,然后用手持压辊顺序滚压一遍。

⑥凡遇有卷材重叠三层的部位,必须用密封材料封严。

6)卷材的搭接:

①卷材的短边和长边搭接宽度均应大于 100mm。采用双层卷材时,上下两层和相邻两幅卷材的接缝应错开 1/3～1/2 幅宽,且两层卷材不得相互垂直铺贴;

②同一层相邻两幅卷材的横向接缝,应彼此错开 1500mm 以上,避免接缝部位集中。地下室的立面与平面的转角处,卷材的接缝应留在底板的平面上,距离立面应不小于 600mm。

(5)收头及封边处理。防水层周边应用密封材料嵌缝,并在其上涂刷一层聚氨酯涂膜。

(6)保护层。防水层做完后,应按设计要求及时做好保护层,一般平面应采用细石混凝土保护层;立面宜采用聚乙烯泡沫塑料片材做软保护层。

(7)防水层施工。防水层施工不得在雨天和 5 级及其以上的大风天气进行,施工的环境温度不得低于 $-5℃$。

第四节　细部防水构造施工工艺

一、适用范围

本工艺适用于防水混凝土结构底板、外墙、变形缝、后浇带、穿墙管道、埋设件等细部构造。

二、施工准备

参照防水混凝土施工、水泥砂浆防水层施工、卷材防水层施工的施工准备工作进行。

三、钢筋混凝土底板、外墙防水施工工艺

(1)外防外贴卷材防水。

①应先铺平面,后铺立面,交接处应交叉搭接。

②临时性保护墙应用石灰砂浆砌筑,内表面应用石灰砂浆做保护层,并刷石灰浆。如用模板代替临时性保护墙时,应在其上涂刷隔离剂。

③从底面折向立面的卷材与永久性保护墙的接触部位,应采取空铺法施工。与临时性保护墙或围护结构模板接触的部位,应临时贴附在该墙上或模板上,卷材铺好后,其顶端应临时固定。

④当不设保护墙时,从底面折向立面的卷材的接槎部位,应采取可靠的保护措施。

⑤主体结构完成后,铺贴立面卷材时,应先将接槎部位的各层卷材揭开,并将其表面清理干净,如卷材有局部损伤,应及时进行修补。

(2)外防内贴卷材防水。

①主体结构的保护墙内表面应抹1∶3水泥砂浆找平层,然后铺贴卷材,并根据卷材的特性选用保护层。

②卷材宜先铺立面,后铺平面。铺贴立面时,应先铺转角,后铺大面。

四、变形缝、后浇带操作工艺

(1)变形缝施工。

1)中埋式止水带施工:

①止水带埋设位置应准确,其中间空心圆环应与变形缝的中心线重合,止水带不得穿孔或用铁钉固定。

②止水带应妥善固定,顶、底板内止水带应成盆状安设,止水带宜采用专用钢筋套或扁钢固定。采用扁钢固定时,止水带端部应先用扁钢夹紧,并将扁钢与结构内钢筋焊牢。固定扁钢用的螺栓间距宜为500mm,如图5-6所示。

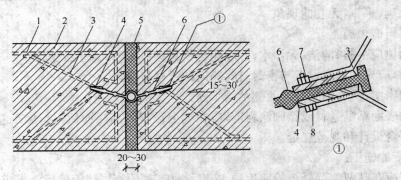

图5-6　顶(底)板中埋式止水带的固定
1. 结构主筋　2. 混凝土结构　3. 固定用钢筋　4. 固定止水带扁钢
5. 填缝材料　6. 中埋式止水带　7. 螺母　8. 双头螺杆

③中埋式止水带先施工一侧混凝土时,其端模应支撑牢固,严防漏浆。

④止水带的接缝宜为一处,应设在边墙较高位置上,不得设在结构转角处,接头宜采用热压焊接。

⑤中埋式止水带在转弯处宜采用直角专用配件,并应做成圆弧形,橡胶止水带的转角半径应不小于200mm,钢边橡胶止水带应不小于300mm,且转角半径应随止水带的宽度增大而相应加大。

2)安设于结构内侧的可卸式止水带施工：

①所需配件应一次配齐。

②转角处应做成45°折角。

③转角处应增加紧固件的数量。

3)当变形缝与施工缝均用外贴式止水带时，其相交部位宜采用图5-7所示的专用配件，外贴式止水带的转角部位宜使用图5-8所示的专用配件。

4)宜采用遇水膨胀橡胶与普通橡胶复合的复合型橡胶条、中间夹有钢丝或纤维织物的遇水膨胀橡胶条、中空圆环型遇水膨胀橡胶条。当采用遇水膨胀橡胶条时，应采取有效的固定措施防止止水条胀出缝外。

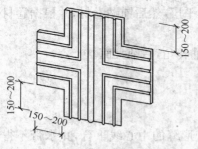

图5-7　外贴式止水带在施工缝
与变形缝相交处的专用配件

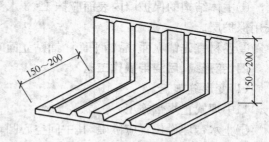

图5-8　外贴式止水带在转角
处的直角专用配件

5)变形缝设置中埋式止水带时，混凝土浇筑前应校正止水带位置，表面清理干净，止水带损坏处应修补；顶、底板止水带的下侧混凝土应振捣密实，边墙止水带内外侧混凝土应均匀，保持止水带位置正确、平直，无卷曲现象。

6)密封材料嵌填施工：

①缝内两侧应平整、清洁、无渗水，并涂刷与密封材料相容的基层处理剂。

②嵌缝时，应先在缝底设置与密封材料隔离的背衬材料。

③嵌填应密实连续、饱满并与两侧粘结牢固。

7)在缝的表面粘贴卷材或涂刷涂料前，应在缝上设置隔离层而后再行施工卷材，涂料防水层的施工应符合设计和规范规定。

(2)后浇带的施工。

1)后浇带应在其两侧混凝土龄期达到42d后再施工，但高层建筑的后浇带应在结构顶板浇筑混凝土14d后进行。

2)后浇带的接缝处理：

①水平施工缝浇灌混凝土前，应将其表面浮浆和杂物清除，先铺净浆，再铺30～50mm厚1∶1的水泥砂浆或涂刷混凝土界面处理剂，并及时浇灌混凝土。

②垂直施工缝浇灌混凝土前，应将其表面清理干净，并涂刷水泥净浆或混凝土界面处理剂，并及时浇灌混凝土。

3)后浇带混凝土施工前，后浇带部位和外贴式止水带应予以保护，严防落入杂物和损伤外贴式止水带。

4)后浇带应采用补偿收缩混凝土浇筑，其强度等级不应低于两侧混凝土。

5)后浇带混凝土应连续浇筑,不得留设施工缝;混凝土浇筑后应及时养护,养护时间不得少于28d。

五、穿墙管(盒)、埋设件、预留通道接头操作工艺

1. 穿墙管(盒)操作工艺

(1)金属止水环应与主管满焊密实,采用套管式穿墙管防水构造时,翼环与套管应满焊密实,并在施工前将套管内表面清理干净。

(2)相邻穿墙管之间的间距应大于300mm。

(3)采用遇水膨胀止水圈的穿墙管,管径宜小于50mm,止水圈应用胶粘剂满粘固定于管上,并应涂缓胀剂或采用缓胀型遇水膨胀止水圈。

(4)穿墙管止水环与主管或翼环与套管应连续满焊,并做好防腐处理。

(5)穿墙管处防水层施工前,应将套管内表面清理干净。

(6)套管内的管道安装完毕后,应在两管间嵌入内衬填料,端部用密封材料填缝。柔性穿墙时,穿墙内侧应用法兰压紧。

(7)穿墙管外侧防水层应铺设严密,不留接茬;增铺附加层时,应按设计要求施工。

(8)穿墙管伸出外墙的部位应采取有效措施防止回填时将管损坏。

2. 埋设件操作工艺

(1)埋设件端部或预留孔(槽)底部浇筑的混凝土厚度不得小于250mm;当厚度小于250mm时,必须采取局部加厚构造措施。

(2)预留地坑、孔洞、沟槽内的防水层,应与孔(槽)外的结构防水层保持连续。

(3)固定模板用的螺栓必须穿过混凝土结构时,螺栓或套管应满焊止水环或翼环;采用工具式螺栓或螺栓加堵头做法,拆模后应采取加强防水措施将留下的凹槽封堵密实。

3. 预留通道接头操作工艺

(1)中埋式止水带、遇水膨胀橡胶条、密封材料、可卸式止水带的施工应符合规范规定。

(2)预留通道先施工部位的混凝土、中埋式止水带、与防水相关的预埋件等应及时保护,确保端部表面混凝土和中埋式止水带清洁,埋设件不锈蚀。

(3)采用图5-9所示的防水构造时,在接头混凝土施工前应将先浇混凝土端部表面凿毛,露出钢筋或预埋的钢筋接驳器钢板,与待浇混凝土部位的钢筋焊接或连接好后再行浇筑。

(4)当先浇混凝土中未预埋可卸式止水带的预埋螺栓时,可选用金属或尼龙的膨胀螺栓固定可卸式止水带,采用金属膨胀螺栓时,可用不锈钢材料或用金属涂膜、环氧涂料进行防锈处理。

六、桩头、孔口、坑池等

1. 桩头

桩头防水构造形式如图5-10、图5-11所示。

(1)破桩后如发现渗漏水,应先采取措施将渗漏水止住。

(2)采用其他防水材料进行防水时,基面应符合防水层施工的要求。

(3)应对遇水膨胀止水条进行保护。

2. 孔口

(1)地下工程通向地面的各种孔口应设置防地面水倒灌措施。人员出入口应至少高出地面

500mm,汽车出入口设明沟排水时,其高度宜为 150mm,并应有防雨措施。

(2)窗井的底部在最高地下水位以上时,窗井的底板和墙应做防水处理并宜与主体结构断开,如图 5-12 所示。

(3)窗井或窗井的一部分在最高地下水位以下时,窗井应与主体结构连成整体,其防水层也应连成整体,并在窗井内设集水井,如图 5-13 所示。

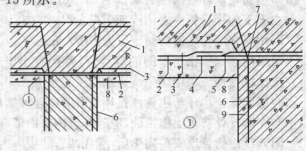

图 5-10　桩头防水构造(一)
1.结构底板　2.底板防水层　3.细石混凝土保护层
4.聚合物水泥防水砂浆　5.水泥基渗透结晶型防水涂料
6.桩基受力筋　7.遇水膨胀止水条　8.混凝土垫层　9.桩基混凝土

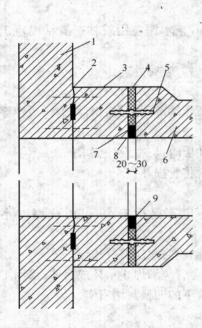

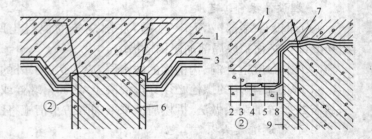

图 5-9　预留通道接头防水构造
1.先浇混凝土结构　2.连接钢筋
3.遇水膨胀止水条(胶)　4.填缝材料
5.中埋式止水带　6.后浇混凝土结构
7.遇水膨胀橡胶条(胶)
8.嵌缝材料　9.背衬材料

图 5-11　桩头防水构造(二)
1.结构底板　2.底板防水层　3.细石混凝土保护层
4.聚合物水泥防水砂浆　5.水泥基渗透结晶型防水涂料
6.桩基受力筋　7.遇水膨胀止水条　8.混凝土垫层　9.桩基混凝土

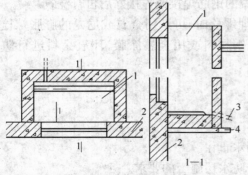

图 5-12　窗井防水示意图
1.窗井　2.主体结构　3.排水管　4.垫层

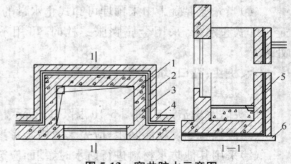

图 5-13　窗井防水示意图
1.窗井　2.防水层　3.主体结构
4.防水层保护层　5.集水井　6.垫层

（4）无论地下水位高低，窗台下部的墙体和底板应做防水层。

（5）窗井内的底板应比窗下缘低 300mm，窗井墙高出地面不得小于 500mm，窗井外地面应做散水，散水与墙面间应采用密封材料嵌填。

（6）通风口应与窗井同样处理，竖井窗下缘离室外地面高度不得小于 500mm。

3. 坑池

（1）坑、池、储水库宜用防水混凝土整体浇筑，内设其他防水层。受振动作用时应设柔性防水层。

（2）底板以下的坑、池，其局部底板必须相应降低，并应使防水层保持连续，如图 5-14 所示。

七、预埋注浆管

（1）预埋注浆管系统。适用于地下工程防水混凝土结构的施工缝、变形缝等接缝部位的防水密封处理。

（2）注浆管安装。

①注浆管可用管子夹固定在坚硬的混凝土面上，如图 5-15 所示，也可以用钢丝固定在增强钢筋上。

②固定时尽可能紧贴基面。增强型 PVC 导管带有保护套的末端应露出浇灌混凝土的表面几厘米，带有保护套的增强型 PVC 管端头不要重叠，但要平放在一起。

③在模板安装前，先将注浆管固定在先浇筑的混凝土上，如图 5-16 所示。注浆管可以根据需要长度截取（推荐长度不应超过 6m）。

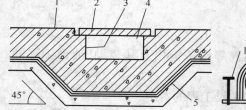
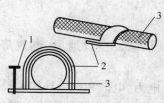
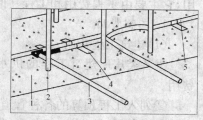

图 5-14　底板以下坑、池的防水构造　　图 5-15　注浆管的固定夹及其用法　　图 5-16　注浆管固定构造

1. 底板　2. 盖板　3. 坑、池防水层　　　1. 水泥钉　2. 固定夹　3. 注浆管　　　1. 钢筋混凝土结构　2. 钢筋

4. 坑、池　5. 主体结构防水层　　　　　　　　　　　　　　　　　　　　　3. 注浆导管　4. 固定夹　5. 注浆管

④注浆管的末端应套入喇叭接口内，并确认已经插入到底，在喇叭接口的另一端套上剪至所需长度的增强型 PVC 注浆导管。

⑤注浆管固定夹的间距不宜超过 250mm。增强的 PVC 导管必须引出混凝土结构外，以便于后期的注浆施工。

⑥两根相邻的注浆管末端必须重叠约 300mm。要确保有效的注浆效果，注浆管必须与接缝的整个长度完全接触。

⑦如有水渗入接缝，可选用浆液通过注浆嘴加压注入混凝土的缝隙中。

⑧混凝土养护结束或初期收缩结束后，进行注浆比较好，此时可以完全密封接缝。

⑨注浆前必须用水冲洗注浆管。

⑩最大注浆压力为 1.4MPa（如果注浆管太长，入口处的浆液压力太高，可能会危害混凝土）。

第二部分　建筑工程计价基础知识

第六章　建筑工程造价基础知识

内容提要：

1. 熟悉建筑工程造价的基础知识，包括工程造价的概念、分类、作用、特点等。
2. 了解建筑安装工程造价的构成，重点了解建筑安装工程费用的构成及计算。
3. 掌握建筑面积计算规则及应用。

第一节　建筑工程造价基本知识

一、工程造价的概念

工程造价是从工程项目确定建设意向至建成、竣工验收为止的整个建设期间所支出的总费用，它主要由工程费用和工程其他费用组成。

1. 工程费用

(1)建筑工程费用。

①各类房屋建筑工程的供水、供暖、卫生、通风、燃气等设备费用及其装设、油饰工程的费用。

②列入工程预算的各种管道、电力、电信和电缆导线敷设工程的费用。

③设备基础、支柱、工作台、烟囱、水塔、水池等建筑工程以及各种炉窑的砌筑工程和金属结构工程的费用。

④为施工而进行的场地平整、地质勘探，对原有建筑物和障碍物的拆除以及工程完工后的场地清理，环境美化等工作的费用。

⑤矿井开凿、井巷延伸，露天矿剥离，修建铁路、公路、桥梁、水库及防洪等工程的费用等。

(2)安装工程费用。

①生产、动力、起重、运输、传动和医疗、实验等各种需要安装的机械设备的装配费用。

②与设备相连的工作台、梯子、栏杆等设施的工程费用。

③附属于被安装设备的管线敷设工程费用。

④单台设备单机试运转、系统设备进行系统联动无负荷试运转工作的测试费用等。

(3)设备及工器具购置费用。它是指建设项目设计范围内的设备、仪器、仪表等及其必备品备件购置费用，为保证投产初期正常生产所必需的仪器仪表、工卡量具、模具、器具及生产家具等的购置费用。

2. 工程其他费用

它是未纳入以上工程费用的、由项目投资支付的、为保证工程建设顺利完成和交付使用后能够正常发挥效用而必须支付的费用。它包括建设单位管理费、土地使用费、研究试验费、勘察设计费、建设单位临时设施费、工程监理费、工程保险费、生产准备费、引进技术和进口设备其他费用、工程承包费、联合试运转费、办公和生活家具购置费等。

二、工程造价的作用

（1）项目决策的依据。工程造价决定着项目的一次投资费用。项目决策中要考虑的主要问题包括投资者是否有足够的财务能力支付这笔费用，是否认为值得支付这项费用。一个独立的投资主体必须首先解决的问题就是财务能力。若建设工程的价格超过投资者的支付能力，会迫使他放弃拟建的项目；若项目投资的效果达不到预期目标，他也会自动放弃拟建的工程。所以，在项目决策阶段，建设工程造价就成了项目财务分析和经济评价的重要依据。

（2）制定投资计划和控制投资的依据。工程造价在控制投资方面的作用非常明显。每一次预估的过程就是对造价的控制过程，而每一次估算对下一次估算又都是对造价严格的控制，即每一次估算都不能超过前一次估算的一定幅度。这种控制是在投资者财务能力限度内为取得既定的投资效益所必需的。工程造价对投资的控制也表现在利用制定各类定额、标准和参数，对工程造价的计算依据进行控制。在市场经济利益风险机制的作用下，造价对投资的控制作用成为投资的内部约束机制。

（3）筹集建设资金的依据。投资体制的改革和市场经济的建立，要求项目的投资者必须有很强的筹资能力，以保证工程建设有充足的资金供应。工程造价基本决定了建设资金的需求量，从而为筹集资金提供了比较准确的依据。

（4）评价投资效果的重要指标。工程造价是一个包含着多层次工程造价的体系，就一个工程项目来说，它既是建设项目的总造价，又包含单项工程的造价和单位工程的造价，同时也包含单位生产能力的造价等。它能够为评价投资效果提供多种评价指标，并能够形成新的价格信息，为今后类似项目的投资提供参考。

（5）合理利益分配和调节产业结构的手段。工程造价的高低，涉及国民经济各部门和企业间的利益分配的多少。在市场经济中，工程造价无例外地受供求状况的影响，并在围绕价值的波动中实现对建设规模、产业结构和利益分配的调节。加上政府正确的宏观调控和价格政策导向，工程造价在这方面的作用会充分发挥出来。

三、工程造价的分类

1. 按用途分类

建筑工程造价按用途分为标底价格、投标价格、中标价格、直接发包价格、合同价格和竣工结算价格。

（1）标底价格。它是招标人的期望价格，不是交易价格。招标人以此作为衡量投标人投标价格的一个尺度，也是招标人的一种控制投资的手段。

编制标底价可由招标人自行操作，也可委托招标代理机构操作，由招标人做出决策。

（2）投标价格。投标人为了得到工程施工承包的资格，按照招标人在招标文件中的要求进行估价，然后依据投标策略确定投标价格，以争取中标并且通过工程实施取得经济效益。所以投标报价是卖方的要价，若中标，这个价格就是合同谈判和签订合同确定工程价格的基础。

（3）中标价格。《招标投标法》第四十条规定："评标委员会应当按照招标文件确定的评标标准和方法，对投标文件进行评审和比较；设有标底的，应当参考标底。"所以评标的依据一是招标文件,二是标底(设有标底时)。

《招标投标法》第四十一条规定,中标人的投标应符合下列两个条件之一。一是"能最大限度地满足招标文件中规定的各项综合评价标准";二是"能够满足招标文件的实质性要求,并且经评审的投标价格最低,但是投标价低于成本的除外"。第二项条件主要是说的投标报价。

(4)直接发包价格。它是由发包人与指定的承包人直接接触,通过谈判达成协议签订施工合同,而不需要像招标承包定价方式那样,通过竞争定价。直接发包方式计价只适用于不宜进行招标的工程,例如军事工程、保密技术工程、专利技术工程及发包人认为不宜招标而又不违反《招标投标法》第三条(招标范围)规定的其他工程。

直接发包方式计价首先提出协商价格意见的可能是发包人或其委托的中介机构,也可能是承包人提出价格意见交发包人或其委托的中介组织进行审核。无论由哪方提出协商价格意见,都要通过谈判协商,签订承包合同,确定为合同价。

直接发包价格是以审定的施工图预算为基础,由发包人与承包人商定增减价的方式定价。

(5)合同价格。《建设工程施工发包与承包计价管理办法》第十二条规定:"合同价可采用以下方式:(一)固定价。合同总价或者单价在合同约定的风险范围内不可调整。(二)可调价。合同总价或者单价在合同实施期内,根据合同约定的办法调整。(三)成本加酬金。"

1)固定合同价:它可分为固定合同总价和固定合同单价两种。

①固定合同总价:它是指承包整个工程的合同价款总额已经确定,在工程实施中不再因物价上涨而变化,所以,固定合同总价应考虑价格风险因素,也须在合同中明确规定合同总价包括的范围。这类合同价可以使发包人对工程总开支做到大体心中有数,在施工过程中可以更有效地控制资金的使用。但是对承包人来说,要承担较大的风险,例如物价波动、气候条件恶劣、地质地基条件及其他意外困难等,所以合同价款一般会高些。

②固定合同单价:它是指合同中确定的各项单价在工程实施期间不因价格变化而调整,而在每月(或每阶段)工程结算时,根据实际完成的工程量结算,在工程全部完成时以竣工图的工程量最终结算工程总价款。

2)可调合同价:它可分为可调总价和可调单价两种。

①可调总价:合同中确定的工程合同总价在实施期间可随价格变化而调整。发包人和承包人在签订合同时,以招标文件的要求及当时的物价计算出合同总价。若在执行合同期间,由于通货膨胀引起成本增加达到某一限度时,合同总价则作相应调整。可调合同价使发包人承担了通货膨胀的风险,承包人则承担其他风险。一般适合于工期较长(例如1年以上)的项目。

②可调单价:合同单价可调,通常在工程招标文件中规定。在合同中签订的单价,根据合同约定的条款,若在工程实施过程中物价发生变化,可作调整。有的工程在招标或签约时,因某些不确定因素而在合同中暂定某些分部分项工程的单价,在工程结算时,再根据实际情况和合同约定对合同单价进行调整,确定实际结算单价。

关于可调价格的调整方法,常用的有以下几种。

a. 按主材计算价差。发包人在招标文件中列出需要调整价差的主要材料表及其基期价格(一般采用当时当地工程造价管理机构公布的信息价或结算价),工程竣工结算时按竣工当时当地工程造价管理机构公布的材料信息价或结算价,与招标文件中列出的基期价比较计算材料差价。

b. 主料按抽料法计算价差,其他材料按系数计算价差。主要材料按施工图预算计算的用量和竣工当月当地工程造价管理机构公布的材料结算价或信息价与基价对比计算差价。其他材料按当地工程造价管理机构公布的竣工调价系数计算方法计算差价。

c. 按工程造价管理机构公布的竣工调价系数及调价计算方法计算差价。

此外,还有调值公式法和实际价格结算法。

调值公式一般包括固定部分、材料部分和人工部分三项。当工程规模和复杂性增大时,公式也会变得复杂,调值公式如下:

$$P = P_0 \left(a_0 + a_1 \frac{A}{A_0} + a_2 \frac{B}{B_0} + a_3 \frac{C}{C_0} + \cdots \right) \tag{6-1}$$

式中 P——调值后的工程价格;

         P_0——合同价款中工程预算进度款;

         a_0——固定要素的费用在合同总价中所占比重,这部分费用在合同支付中不能调整;

a_1、a_2、a_3、$\cdots$——有关各项变动要素的费用(如人工费、钢材费用、水泥费用、运输费用等)在合同总价中所占比重,$a_0 + a_1 + a_2 + a_3 + \cdots = 1$;

A_0、B_0、C_0、$\cdots$——签订合同时与 a_1、a_2、a_3、$\cdots$ 对应的各种费用的基期价格指数或价格;

A、B、C、$\cdots$——在工程结算月份与 a_1、a_2、a_3、$\cdots$ 对应的各种费用的现行价格指数或价格。

各部分费用在合同总价中所占比重在许多标书中要求承包人在投标时提出,并在价格分析中予以论证。也有的由发包人在招标文件中规定一个允许范围,由投标人在此范围内选定。

实际价格结算法。有些地区规定对钢材、木材、水泥等三大材料的价格按实际价格结算的方法,工程承包人可凭发票按实报销。此法操作方便,但是也导致承包人忽视降低成本。为避免副作用,地方建设主管部门要定期公布最高结算限价,同时合同文件中应规定发包人有权要求承包人选择更廉价的供应来源。

采用哪种方法,应按工程价格管理机构的规定,经双方协商后在合同的专用条款中约定。

3)成本加酬金确定的合同价:合同中确定的工程合同价,其工程成本部分按现行计价依据计算,酬金部分则按工程成本乘以通过竞争确定的费率计算,将两者相加,确定出合同价。一般分为以下几种形式。

①成本加固定百分比酬金确定的合同价:这种合同价是发包人对承包人支付的人工费、材料费和施工机械使用费、措施费、施工管理费等按实际直接成本全部据实补偿,同时按照实际直接成本的固定百分比付给承包人一笔酬金,作为承包方的利润,其计算方法如下:

$$C = C_a (1 + P) \tag{6-2}$$

式中 C——总造价;

     C_a——实际发生的工程成本;

     P——固定的百分数。

从算式中可以看出,总造价 C 将随工程成本 C_a 而水涨船高,不能鼓励承包商关心缩短工期和降低成本,对建设单位是不利的。现在已很少采用这种承包方式。

②成本加固定酬金确定的合同价:工程成本实报实销,但是酬金是事先商定的一个固定数目,计算公式如下:

$$C = C_a + F \tag{6-3}$$

式中 F 代表酬金,通常按估算的工程成本的一定百分比确定,数额是固定不变的。这种承包方式虽然不能鼓励承包商关心降低成本,但是从尽快取得酬金出发,承包商将会关心缩短工期。为了鼓励承包单位更好地工作,也有在固定酬金之外,再根据工程质量、工期和降低成本情况另加奖金的。奖金所占比例的上限可大于固定酬金,以充分发挥奖励的积极作用。

③成本加浮动酬金确定的合同价。这种承包方式要事先商定工程成本和酬金的预期水平。若实际成本恰好等于预期水平,工程造价就是成本加固定酬金;若实际成本低于预期水平,则增加酬金;若实际成本高于预期水平,则减少酬金。这三种情况可用算式表示如下:

$$C_a = C_0,则 C = C_a + F$$
$$C_a < C_0,则 C = C_a + F + \Delta F$$
$$C_a > C_0,则 C = C_a + F - \Delta F \tag{6-4}$$

式中 C_0——预期成本;

ΔF——酬金增减部分,可以是一个百分数,也可以是一个固定的绝对数。

采用这种承包方式,当实际成本超支而减少酬金时,以原定的固定酬金数额为减少的最高限度。也就是在最坏的情况下,承包人将得不到任何酬金,但是不必承担赔偿超支的责任。

从理论上讲,这种承包方式既对承发包双方都没有太多风险,又能促使承包商关心降低成本和缩短工期;但是在实践中准确地估算预期成本比较困难,所以要求当事人双方具有丰富的经验并掌握充分的信息。

④目标成本加奖罚确定的合同价:在仅有初步设计和工程说明书即迫切要求开工的情况下,可根据粗略估算的工程量和适当的单价表编制概算,作为目标成本;随着详细设计逐步具体化,工程量和目标成本可加以调整,另外规定一个百分数作为酬金;最后结算时,若实际成本高于目标成本并超过事先商定的界限(如 5%),则减少酬金,若实际成本低于目标成本(也有一个幅度界限),则加给酬金,计算公式如下所示:

$$C = C_a + P_1 C_0 + P_2 (C_0 - C_a) \tag{6-5}$$

式中 C_0——目标成本;

P_1——基本酬金百分数;

P_2——奖罚百分数。

此外,还可另加工期奖罚。

这种承包方式可以促使承包商关心降低成本和缩短工期,而且目标成本是随设计的进展而加以调整才确定下来的,故建设单位和承包商双方都不会承担多大风险,这是其可取之处。当然也要求承包商和建设单位的代表都须具有比较丰富的经验和充分的信息。

在工程实践中,采用哪一种合同计价方式,固定价还是可调价方式,应根据建设工程的特点、业主对筹建工作的设想,对工程费用、工期和质量的要求等,综合考虑后进行确定。

2. 按计价方法分类

建筑工程造价按计价方法可分为估算造价、概算造价和施工图预算造价等。关于这几类型的工程造价,本书后续章节将作详细的介绍。

四、工程造价的特点

(1)大额性。工程项目的造价动辄数百万、数千万、数亿、十几亿元人民币,特大型工程项目的造价可达百亿、千亿元人民币。因此,工程造价具有大额性的特点,并关系到有关方面的重大经济利益,同时也会对宏观经济产生重大影响。

(2)个别性、差异性。工程内容和实物形态都具有个别性、差异性,产品的差异性决定了工程造价的个别性差异。同时,每项工程所处地区、地段都不相同,使这一特点得到强化。

(3)动态性。任何一项工程在预计工期内有许多影响工程造价的动态因素,例如工程变更,设备材料价格,工资标准以及费率、利率、汇率会发生变化。这种变化必然会影响到造价的变动。所以,工程造价在整个建设期中处于不确定状态,直至竣工决算后才能最终确定工程的实际造价。

(4)层次性。一个建设项目往往含有多个能够独立发挥设计效能的单项工程(如车间、写字楼、住宅楼等)。一个单项工程又是由能够各自发挥专业效能的多个单位工程(如土建工程、电气安装工程等)组成。与此相适应,工程造价有建设项目总造价、单项工程造价和单位工程造价3个层次。如果专业分工更细,单位工程的组成部分——分部分项工程也可以成为交换对象,例如大型土方工程、基础工程、装饰工程等,这样工程造价的层次就增加分部工程和分项工程而成为5个层次。

(5)兼容性。工程造价的兼容性主要表现在它具有两种含义及工程造价构成因素的广泛性和复杂性。在工程造价中,成本因素非常复杂,其中为获得建设工程用地支出的费用、项目可行性研究和规划设计费用、与政府一定时期政策(特别是产业政策和税收政策)相关的费用占有相当的份额。盈利的构成也较为复杂,资金成本较大。

第二节　建筑安装工程造价的构成

一、我国现行工程造价的构成

我国现行工程造价的构成如图 6-1 所示。

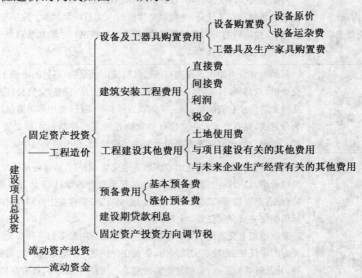

图 6-1　我国现行工程造价的构成

二、设备及工器具购置费的构成及计算

1. 设备购置费的构成及计算

设备购置费是达到固定资产标准,为建设工程项目购置或自制的各种国产或进口设备及工

器具的费用,它由设备原价和设备运杂费构成。

(1)国产设备原价的构成及计算。国产设备原价是设备制造厂的交货价或订货合同价,它一般根据生产厂或供应商的询价、报价、合同价确定,或采用一定的方法计算确定。国产设备原价分为以下两方面:

①国产标准设备原价:国产标准原价是设备制造厂的交货价,即出厂价。若设备系由设备成套公司供应,则以订货合同价为设备原价。有的设备有两种出厂价,即带有备件的出厂价和不带有备件的出厂价。在计算设备原价时,通常按带有备件的出厂价计算。

②国产非标准设备原价:国产非标准设备原价有多种不同的计算方法,例如成本计算估价法、系列设备插入估价法、分部组合估价法及定额估价法等。但是无论采用哪种方法都应该使非标准设备计价接近实际出厂价,并且计算方法简便。按成本计算估价法,计算公式如下:

单台非标准设备原价={[(材料费+加工费+辅助材料费)×(1+专用工具费率)×

(1+废品损失费率)+外购配套件费]×(1+包装费率)-

外购配套件费}×(1+利润率)+销项税金+非标准设备设计费+

外购配套件费   (6-6)

(2)进口设备原价的构成及计算。进口设备的原价是进口设备的抵岸价,即抵达买方边境港口或边境车站,且交完关税等税费后形成的价格。进口设备抵岸价的构成与进口设备的交货方式有关。

1)进口设备的交货方式(表6-1):

表 6-1 进口设备的交货类别

序 号	交货类别	说 明
1	内陆交货类	内陆交货类即卖方在出口国内陆的某个地点交货。在交货地点,卖方及时提交合同规定的货物和有关凭证,并负担交货前的一切费用和风险;买方按时接受货物,交付货款,负担接货后的一切费用和风险,并自行办理出口手续和装运出口。货物的所有权也在交货后由卖方转移给买方
2	目的地交货类	目的地交货类即卖方在进口国的港口或内地交货,有目的港船上交货价、目的港船边交货价(FOS)和目的港码头交货价(关税已付)及完税后交货价(进口国的指定地点)等几种交货价。它们的特点是:买卖双方承担的责任、费用和风险是以目的地约定交货点为分界线,只有当卖方在交货点将货物置于买方控制下才算交货,才能向买方收取货款。这种交货类别对卖方来说承担的风险较大,在国际贸易中卖方一般不愿采用
3	装运港交货类	装运港交货类即卖方在出口国装运港交货,主要有装运港船上交货价(FOB),习惯称离岸价格,运费在内价(C&F)和运费、保险费在内价(CIF),习惯称到岸价格。它们的特点是:卖方按照约定的时间在装运港交货,只要卖方把合同规定的货物装船后提供货运单据便完成交货任务,可凭单据收回货款 装运港船上交货价(FOB)是我国进口设备采用最多的一种货价。采用船上交货价时卖方的责任是:在规定的期限内,负责在合同规定的装运港口将货物装上买方指定的船只,并及时通知买方;负担货物装船前的一切费用和风险,负责办理出口手续;提供出口国政府或有关方面签发的证件;负责提供有关装运单据。买方的责任是:负责租船或订舱,支付运费,并将船期、船名通知卖方;负担货物装船后的一切费用和风险;负责办理保险及支付保险费,办理在目的港的进口和收货手续;接受卖方提供的有关装运单据,并按合同规定支付货款

2)进口设备原价的构成及计算:进口设备采用最多的是装运港船上交货价(FOB),其原价的计算公式如下:

$$进口设备原价=货价+国际运费+运输保险费+银行财务费+外贸手续费+$$
$$关税+增值税+消费税+海关监管手续费+车辆购置附加费 \qquad (6\text{-}7)$$

①货价:一般指装运港船上交货价(FOB)。设备货价分为原币货价和人民币货价,原币货价一律折算成美元,人民币货价按原币货价乘以外汇市场美元兑换人民币中间价确定。进口设备货价按有关生产厂商询价、报价、订货合同价计算。

②国际运费:即从装运港(站)到达我国抵达港(站)的运费。我国进口设备大部分采用海洋运输,小部分采用铁路运输,个别采用航空运输,计算公式如下:

$$国际运费(海、陆、空)=原币货价(FOB)\times 运费率 \qquad (6\text{-}8)$$
$$国际运费(海、陆、空)=运量\times 单位运价 \qquad (6\text{-}9)$$

其中,运费率或单位运价参照有关部门或进出口公司的规定执行。

③运输保险费:对外贸易货物运输保险是由保险人(保险公司)与被保险人(出口人或进口人)订立保险契约,在被保险人交付议定的保险费后,保险人根据保险契约的规定对货物在运输过程中发生的承保责任范围内的损失给予经济上的补偿,计算公式如下:

$$运输保险费=\frac{货币原价(FOB)+国外运输费}{1-保险费率}\times 保险费率 \qquad (6\text{-}10)$$

其中,保险费率按保险公司规定的进口货物保险费率计算。

④银行财务费:一般是指中国银行手续费,可按下式计算:

$$银行财务费=人民币货价(FOB)\times 银行财务费率 \qquad (6\text{-}11)$$

⑤外贸手续费:指按对外经济贸易部规定的外贸手续费率计取的费用,外贸手续费率一般取 1.5%,计算公式如下:

$$外贸手续费=[装运港船上交货价(FOB)+国际运费+运输保险费]\times 外贸手续费率$$
$$(6\text{-}12)$$

⑥关税:由海关对进出国境或关境的货物和物品征收的一种税,计算公式如下:

$$关税=到岸价格(CIF)\times 进口关税税率 \qquad (6\text{-}13)$$

其中,到岸价格(CIF)包括离岸价格(FOB)、国际运费及运输保险费等,它作为关税完税价格。进口关税税率分为优惠和普通两种。

⑦增值税:对从事进口贸易的单位和个人,在商品报关进口后征收的税种,计算公式如下:

$$进口产品增值税额=组成计税价格\times 增值税税率 \qquad (6\text{-}14)$$

⑧消费税:对部分进口设备(如轿车、摩托车等)征收,计算公式如下:

$$应纳消费税额=\frac{到岸价+关税}{1-消费税税率}\times 消费税税率 \qquad (6\text{-}15)$$

⑨海关监管手续费:指海关对进口减税、免税、保税货物实施监督、管理、提供服务的手续费。对于全额征收进口关税的货物不计本项费用,计算公式如下:

$$海关监管手续费=到岸价\times 海关监管手续费率 \qquad (6\text{-}16)$$

⑩车辆购置附加费:进口车辆需缴进口车辆购置附加费,计算公式如下:

$$进口车辆购置附加费＝(到岸价＋关税＋消费税＋增值税)×进口车辆购置附加费率$$

$$(6-17)$$

(3)设备运杂费的构成和计算。设备运杂费按设备原价乘以设备运杂费率计算。其中,设备运杂费率按各部门及省、市等的规定计取。设备运杂费通常由下列各项构成:

①国产标准设备由设备制造厂交货地点起至工地仓库(或施工组织指定的堆放地点)止所发生的运费和装卸费。

②在设备出厂价格中没有包含的设备包装和包装材料器具费;在设备出厂价或进口设备价格中如已包括了此项费用,则不应重复计算。

③供销部门的手续费,按有关部门规定的统一费率计算。

④建设单位(或工程承包公司)的采购与仓库保管费,是采购、验收、保管和收发设备所发生的各种费用。这些费用可按主管部门规定的采购保管费率计算。

2. 工、器具及生产家具购置费的构成及计算

工、器具及生产家具购置费,是指新建或扩建项目初步设计规定的,保证初期正常生产必须购置的没有达到固定资产标准的设备、仪器、工卡模具、器具、生产家具和备品备件等的购置费用。一般以设备购置费为计算基数,按照部门或行业规定的工、器具及生产家具费率计算。

三、建筑安装工程费用的构成及计算

1. 建筑安装工程费用的构成

我国现行建筑安装工程费用的构成,如图 6-2 所示。

2. 直接费的构成及计算

(1)直接工程费。直接工程费是指施工过程中耗费的构成工程实体的各项费用,其各分项费用计算如下:

1)人工费:人工费是指直接从事建筑安装工程施工的生产工人开支的各项费用。

$$人工费 = \sum(工日消耗量 \times 日工资单价) \qquad (6-18)$$

人工费包括基本工资、工资性补贴、生产工人辅助工资、职工福利费和生产工人劳动保护费等。

2)材料费:材料费是指施工过程中耗费的构成工程实体的原材料、辅助材料、构配件、零件、半成品的费用。内容包括材料原价、材料运杂费、运输损耗费、采购及保管费和检验试验费。不包括新结构、新材料的试验费和建设单位对具有出厂合格证明的材料进行检验,对构件做破坏性试验及其他特殊要求检验试验的费用。

$$材料费 = \sum(材料消耗量 \times 材料基价) + 检验试验费 \qquad (6-19)$$

$$材料基价＝[(供应价格＋运杂费) \times (1＋运输损耗率\%)] \times (1＋采购保管费率\%)$$

$$(6-20)$$

$$检验试验费 = \sum(单位材料量检验试验费 \times 材料消耗量) \qquad (6-21)$$

3)施工机械使用费:施工机械使用费是指施工机械作业所发生的机械使用费以及机械安拆费和场外运费。施工机械台班单价应由折旧费、大修理费、经常修理费、安拆费及场外运费、人工费、燃料动力费和养路费及车船使用税。其中,人工费是指机上司机(司炉)和其他操作人员

的工作日人工费及上述人员在施工机械规定的年工作台班以外的人工费。

$$施工机械使用费 = \sum（施工机械台班消耗量 \times 机械台班单价） \tag{6-22}$$

式中，台班单价由台班折旧费、台班大修费、台班经常修理费、台班安拆费及场外运费、台班人工费、台班燃料动力费和台班养路费及车船使用税构成。

（2）措施费。措施费是指为完成工程项目施工，在施工前和施工过程中非工程实体项目的费用，其各分项费用计算如下：

①环境保护费：指施工现场为达到环保部门要求所需要的各项费用，计算公式如下：

$$环境保护费 = 直接工程费 \times 环境保护费费率（\%） \tag{6-23}$$

②文明施工费：指施工现场文明施工所需要的各项费用，计算公式如下：

$$文明施工费 = 直接工程费 \times 文明施工费费率（\%） \tag{6-24}$$

③安全施工费：指施工现场安全施工所需要的各项费用，计算公式如下：

$$安全施工费 = 直接工程费 \times 安全施工费费率（\%） \tag{6-25}$$

④临时设施费：指施工企业为进行建筑工程施工所必须搭设的生活和生产用的临时建筑物、构筑物和其他临时设施费用等。

临时设施费用包括临时设施的搭设、维修、拆除费或摊销费，计算公式如下：

$$临时设施费 = （周转使用临建费 + 一次性使用临建费）$$
$$\times [1 + 其他临时设施所占比例（\%）] \tag{6-26}$$

⑤夜间施工费：指因夜间施工所发生的夜班补助费、夜间施工降效、夜间施工照明设备摊销及照明用电等费用，其计算公式如下：

$$夜间施工增加费 = \left(1 - \frac{合同工期}{定额工期}\right) \times \frac{直接工程费中的人工费合计}{平均日工资单价} \times$$
$$每工日夜间施工费开支 \tag{6-27}$$

⑥二次搬运费：指因施工场地狭小等特殊情况而发生的二次搬运费用，其计算公式如下：

$$二次搬运费 = 直接工程费 \times 二次搬运费费率（\%） \tag{6-28}$$

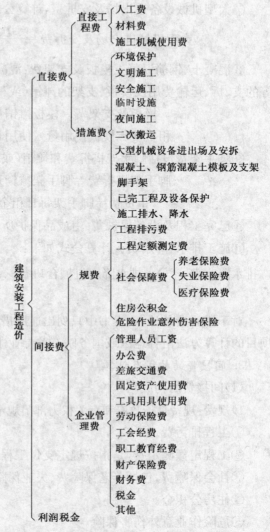

图6-2　建筑安装工程费用的构成

⑦大型机械设备进出场及安拆费,计算公式如下:

$$大型机械进出场及安拆费 = \frac{一次进出场及安拆费 \times 年平均安拆次数}{年工作台班} \tag{6-29}$$

⑧混凝土、钢筋混凝土模板及支架费:混凝土施工过程中需要的各种钢模板、木模板、支架等的支、拆、运输费用及模板、支架的摊销(或租赁)费用,计算公式如下:

$$模板及支架费 = 模板摊销量 \times 模板价格 + 支、拆、运输费 \tag{6-30}$$

$$租赁费 = 模板使用量 \times 使用日期 \times 租赁价格 + 支、拆、运输费 \tag{6-31}$$

⑨脚手架费包括脚手架搭拆费和摊销(或租赁)费用,计算公式如下:

$$脚手架搭拆费 = 脚手架摊销量 \times 脚手架价格 + 搭、拆、运输费 \tag{6-32}$$

$$租赁费 = 脚手架每日租金 \times 搭设周期 + 搭、拆、运输费 \tag{6-33}$$

⑩已完工程及设备保护费:由成品保护所需机械费、材料费和人工费构成。

⑪施工排水、降水费。计算公式如下:

$$排水降水费 = \sum 排水降水机械台班费 \times 排水降水周期 + 排水降水使用材料费、人工费 \tag{6-34}$$

对于措施费的计算,本书中只列出通用措施费项目的计算方法,各专业工程的专用措施费项目的计算方法由各地区或国务院有关专业主管部门的工程造价管理机构自行制定。

3. 间接费的构成及计算

(1)间接费的构成。

1)规费:规费是指政府和有关权力部门规定必须缴纳的费用(简称规费),包括如下几个方面:

①工程排污费。

②工程定额测定费,是指按规定支付工程造价(定额)管理部门的定额测定费。

③社会保障费,包括养老保险费、失业保险费和医疗保险费。

④住房公积金。

⑤危险作业意外伤害保险。

2)企业管理费:企业管理费是指建筑安装企业组织施工生产和经营管理所需费用。主要包括管理人员工资、办公费、差旅交通费、固定资产使用费、工具用具使用费、劳动保险费、工会经费、职工教育经费、财产保险费、财务费、税金和其他费用。其中,其他费用包括技术转让费、技术开发费、业务招待费、绿化费、广告费、公证费、法律顾问费、审计费及咨询费等。

(2)间接费的计算。

1)以直接费为计算基础:

$$间接费 = 直接费合计 \times 间接费费率(\%) \tag{6-35}$$

2)以人工费和机械费合计为计算基础:

$$间接费 = 人工费和机械费合计 \times 间接费费率(\%) \tag{6-36}$$

3)以人工费为计算基础:

$$间接费 = 人工费合计 \times 间接费费率(\%) \tag{6-37}$$

（3）规费费率和企业管理费费率。

1）规费费率：

①以直接费为计算基础：

$$规费费率(\%)=\frac{\sum 规费缴纳标准\times 每万元发承包价计算基数}{每万元发承包价中的人工费含量}\times 人工费占直接费的比例(\%)$$

$$(6-38)$$

②以人工费和机械费合计为计算基础：

$$规费费率(\%)=\frac{\sum 规费缴纳标准\times 每万元发承包价计算基数}{每万元发承包价中的人工费含量和机械费含量}\times 100\% \quad (6-39)$$

③以人工费为计算基础：

$$规费费率(\%)=\frac{\sum 规费缴纳标准\times 每万元发承包价计算基数}{每万元发承包价中的人工费含量}\times 100\% \quad (6-40)$$

2）企业管理费费率：

①以直接费为计算基础：

$$企业管理费费率(\%)=\frac{生产工人年平均管理费}{年有效施工天数\times 人工单价}\times 人工费占直接费比例(\%) \quad (6-41)$$

②以人工费和机械费合计为计算基础：

$$企业管理费费率(\%)=\frac{生产工人年平均管理费}{年有效施工天数\times(人工单价+每一工日机械使用费)}\times 100\%$$

$$(6-42)$$

③以人工费为计算基础：

$$企业管理费费率(\%)=\frac{生产工人年平均管理费}{年有效施工天数\times 人工单价}\times 100\% \quad (6-43)$$

4. 利润计算

利润是指施工企业完成所承包工程获得的盈利。利润的计算公式参见下述"6. 建筑安装工程计价程序"中相应部分。

5. 税金计算

税金是指国家税法规定的应计入建筑安装工程造价内的营业税、城市维护建设税及教育费附加等。营业税的税额为营业额的3%。

城市维护建设税：纳税人所在地为市区的，按营业税的7%征收；纳税人所在地为县城镇，按营业税的5%征收；纳税人所在地不为市区县城镇的，按营业税的1%征收，并与营业税同时交纳。

教育费附加一律按营业税的3%征收，也同营业税同时交纳。

根据上述规定，现行应缴纳的税金计算式如下：

$$税金=(税前造价+利润)\times 税率(\%) \quad (6-44)$$

税率的计算如下：

（1）纳税地点在市区的企业。

$$税率(\%)=\frac{1}{1-3\%-(3\%\times7\%)-(3\%\times3\%)}-1 \tag{6-45}$$

（2）纳税地点在县城、镇的企业。

$$税率(\%)=\frac{1}{1-3\%-(3\%\times5\%)-(3\%\times3\%)}-1 \tag{6-46}$$

（3）纳税地点不在市区、县城、镇的企业。

$$税率(\%)=\frac{1}{1-3\%-(3\%\times1\%)-(3\%\times3\%)}-1 \tag{6-47}$$

6. 建筑安装工程计价程序

（1）工料单价法计价程序。工料单价法是以分部分项工程量乘以单价后的合计为直接工程费，直接工程费以人工、材料、机械的消耗量及其相应价格确定。直接工程费汇总后另加间接费、利润、税金生成工程发承包价，其计算程序分为以下三种。

1）以直接费为计算基础（表6-2）：

表 6-2　以直接费为基础的工料单价法计价程序

序　号	费用项目	计算方法	备　注
1	直接工程费	按预算表	
2	措施费	按规定标准计算	
3	小计	1+2	
4	间接费	3×相应费率	
5	利润	(3+4)×相应利润率	
6	合计	3+4+5	
7	含税造价	6×(1+相应税率)	

2）以人工费和机械费为计算基础（表6-3）：

表 6-3　以人工费和机械费为基础的工料单价法计价程序

序　号	费用项目	计算方法	备　注
1	直接工程费	按预算表	
2	其中人工费和机械费	按预算表	
3	措施费	按规定标准计算	
4	其中人工费和机械费	按规定标准计算	
5	小计	1+3	
6	人工费和机械费小计	2+4	
7	间接费	6×相应费率	
8	利润	6×相应利润率	
9	合计	5+7+8	
10	含税造价	9×(1+相应税率)	

3)以人工费为计算基础(表6-4):

表 6-4　以人工费为基础的工料单价法的计价程序

序　号	费用项目	计算方法	备　注
1	直接工程费	按预算表	
2	直接工程费中人工费	按预算表	
3	措施费	按规定标准计算	
4	措施费中人工费	按规定标准计算	
5	小计	1+3	
6	人工费小计	2+4	
7	间接费	6×相应费率	
8	利润	6×相应利润率	
9	合计	5+7+8	
10	含税造价	9×(1+相应税率)	

(2)综合单价法计价程序。综合单价法是分部分项工程单价为全费用单价,全费用单价经综合计算后生成,其内容包括直接工程费、间接费、利润和税金(措施费也可按此方法生成全费用价格)。

各分项工程量乘以综合单价的合价汇总后,生成工程发承包价。

由于各分部分项工程中的人工、材料、机械含量的比例不同,各分项工程可根据其材料费占人工费、材料费、机械费合计的比例(以字母"C",代表该项比值)在以下三种计算程序中选择一种计算其综合单价。

1)当 $C > C_0$(C_0 为本地区原费用定额测算所选典型工程材料费占人工费、材料费和机械费合计的比例)时:可采用以人工费、材料费、机械费合计为基数计算该分项的间接费和利润(表6-5)。

表 6-5　以直接费为基础的综合单价法计价程序

序　号	费用项目	计算方法	备　注
1	分项直接工程费	人工费+材料费+机械费	
2	间接费	1×相应费率	
3	利润	(1+2)×相应利润率	
4	合计	1+2+3	
5	含税造价	4×(1+相应税率)	

2)当 $C < C_0$ 值的下限时:可采用以人工费和机械费合计为基数计算该分项的间接费和利润(表6-6)。

表 6-6　以人工费和机械费为基础的综合单价计价程序

序　号	费用项目	计算方法	备　注
1	分项直接工程费	人工费＋材料费＋机械费	
2	其中人工费和机械费	人工费＋机械费	
3	间接费	2×相应费率	
4	利润	2×相应利润率	
5	合计	1＋3＋4	
6	含税造价	5×(1＋相应税率)	

3)当该分项的直接费仅为人工费,无材料费和机械费时:可采用以人工费为基数计算该分项的间接费和利润(表 6-7)。

表 6-7　以人工费为基础的综合单价计价程序

序　号	费用项目	计算方法	备　注
1	分项直接工程费	人工费＋材料费＋机械费	
2	直接工程费中人工费	人工费	
3	间接费	2×相应费率	
4	利润	2×相应利润率	
5	合计	1＋3＋4	
6	含税造价	5×(1＋相应税率)`	

四、工程建设其他费用的构成

工程建设其他费用是指从工程筹建到工程竣工验收交付使用的整个建设期间,除建筑安装工程费用和设备、工器具购置费用以外的,为保证工程建设顺利完成和交付使用后能够正常发挥效用而发生的一些费用,按其内容大体可分为以下三类:

1. 土地使用费

土地使用费包括土地征用及迁移补偿费和国有土地使用费。

(1)土地征用及迁移补偿费。土地征用及迁移补偿费内容包括以下几个方面:

①土地补偿费:征用耕地(包括菜地)的补偿标准,按政府规定,为该耕地年产值的若干倍。征收无收益的土地,不予补偿。

②青苗补偿费和被征用土地上的房屋、水井、树木等附着物补偿费:征用城市郊区的菜地时,还应按照有关规定向国家缴纳新菜地开发建设基金。

③安置补助费:征用耕地、菜地的,每个农业人口的安置补助费为该地每亩年产值的 2~3 倍,每亩耕地的安置补助费最高不得超过其年产值的 10 倍。

④缴纳的耕地占用税或城镇土地使用税、土地登记费及征地管理费等:县市土地管理机关从征地费中提取土地管理费的比率,要按征地工作量大小,视不同情况,在 1%~4% 幅度内提取。

⑤征地动迁费:包括征用土地上的房屋及附属构筑物、城市公共设施等拆除、迁建补偿费、搬迁运输费,企业单位因搬迁造成的减产、停工损失补贴费,拆迁管理费等。

⑥水利水电工程水库淹没处理补偿费:包括农村移民安置迁建费,城市迁建补偿费,库区工

矿企业、交通、电力、通信、广播、管网、水利等的恢复、迁建补偿费，库底清理费，防护工程费及环境影响补偿费用等。

（2）取得国有土地使用费。取得国有土地使用费包括以下几个方面：

①土地使用权出让金：土地使用权出让金是指建设工程通过土地使用权出让方式，取得有限期的土地使用权，依照《中华人民共和国城镇国有土地使用权出让和转让暂行条例》规定，支付的土地使用权出让金。

②城市建设配套费：城市建设配套费是指因进行城市公共设施的建设而分摊的费用。

③拆迁补偿与临时安置补助费：此项费用由拆迁补偿费和临时安置补助费或搬迁补助费构成。拆迁补偿费是指拆迁人对被拆迁人，按照有关规定予以补偿所需的费用。在过渡期内，被拆迁人或者房屋承租人自行安排住处的，拆迁人应当支付临时安置补助费。拆迁人应当对被拆迁人或者房屋承租人支付搬迁补助费。

2. 与项目建设有关的其他费用

（1）建设单位管理费。建设单位管理费内容包括以下几个方面：

①建设单位开办费：建设单位开办费指新建项目所需办公设备、生活家具、用具、交通工具等购置费用。

②建设单位经费：建设单位经费包括工作人员的基本工资、工资性补贴、职工福利费、劳动保护费、劳动保险费、办公费、差旅交通费、工会经费、职工教育经费、固定资产使用费、工具用具使用费、技术图书资料费、生产人员招募费、工程招标费、合同契约公证费、工程质量监督检测费、工程咨询费、法律顾问费、审计费、业务招待费、排污费、竣工交付使用清理及竣工验收费、后评估费等；不包括应计入设备、材料预算价格的建设单位采购及保管设备材料所需的费用。

建设单位管理费按照单项工程费用之和（包括设备工器具购置费和建筑安装工程费用）乘以建设单位管理费率计算。

（2）勘察设计费。勘察设计费是指为本建设项目提供项目建议书、可行性研究报告及设计文件等所需费用，内容包括以下几个方面：

①编制项目建议书、可行性研究报告及投资估算、工程咨询、评价以及为编制上述文件所进行勘察、设计、研究试验等所需费用。

②委托勘察、设计单位进行初步设计、施工图设计及概预算编制等所需费用。

③在规定范围内由建设单位自行完成的勘察、设计工作所需费用。

勘察设计费中，项目建议书、可行性研究报告按国家颁布的收费标准计算，设计费按国家颁布的工程设计收费标准计算；勘察费一般民用建筑6层以下的按3～5元/m^2计算，高层建筑按8～10元/m^2计算，工业建筑按10～12元/m^2计算。

（3）研究试验费。研究试验费是指为建设项目提供和验证设计参数、数据、资料等所进行的必要的试验费用以及设计规定在施工中必须进行试验、验证所需费用，包括自行或委托其他部门研究试验所需人工费、材料费、试验设备及仪器使用费等。这项费用按照设计单位根据本工程项目的需要提出的研究试验内容和要求计算。

（4）建设单位临时设施费。建设单位临时设施费是项目建设期间建设单位所需临时设施的搭设、维修、摊销费用或租赁费用。

（5）工程监理费。工程监理费是建设单位委托工程监理单位对工程实施监理工作所需的费用。根据原国家物价局、建设部《关于发布工程建设监理费用有关规定的通知》（〔1992〕价费字

479 号)等文件规定,选择下列方法之一计算:

①一般情况应按工程建设监理收费标准计算,即按所监理工程概算或预算的百分比计算。

②对于单工种或临时性项目可根据参与监理的年度平均人数按(3.5~5)万元/人·年计算。

(6)工程保险费。工程保险费是指建设项目在建设期间根据需要实施工程保险所需的费用,包括以各种建筑工程及其在施工过程中的物料、机器设备为保险标的的建筑工程一切险,以安装工程中的各种机器、机械设备为保险标的的安装工程一切险以及机器损坏保险等。根据不同的工程类别,民用建筑占建筑工程费的 2‰~4‰;其他建筑占建筑工程费的 3‰~6‰;安装工程占建筑工程费的 3‰~6‰。

(7)引进技术和进口设备其他费用。引进技术和进口设备其他费用包括出国人员费用、国外工程技术人员来华费用、技术引进费、分期或延期付款利息、担保费以及进口设备检验鉴定费。

①出国人员费用:出国人员费用指为引进技术和进口设备派出人员在国外培训和进行设计联络,设备检验等的差旅费、制装费、生活费等。这项费用中使用外汇部分应计算银行财务费用。

②国外工程技术人员来华费用:国外工程技术人员来华费用指为安装进口设备,引进国外技术等聘用外国工程技术人员进行技术指导工作所发生的费用。这项费用按每人每月费用指标计算。

③技术引进费:技术引进费指为引进国外先进技术而支付的费用,包括专利费、专有技术费(技术保密费)、国外设计及技术资料费、计算机软件费等。这项费用根据合同或协议的价格计算。

④分期或延期付款利息:分期或延期付款利息指利用出口信贷引进技术或进口设备采取分期或延期付款的办法所支付的利息。

⑤担保费:担保费指国内金融机构为买方出具保函的担保费。这项费用按有关金融机构规定的担保费率计算(一般可按承保金额的 5‰计算)。

⑥进口设备检验鉴定费用:进口设备检验鉴定费用指进口设备按规定付给商品检验部门的进口设备检验鉴定费。这项费用按进口设备货价的 3‰~5‰计算。

(8)工程承包费。工程承包费是具有总承包条件的工程公司,对工程建设项目从开始建设至竣工投产全过程的总承包所需的管理费用。具体内容包括组织勘察设计、设备材料采购、非标设备设计制造与销售、施工招标、发包、工程预决算、项目管理、施工质量监督、隐蔽工程检查、验收和试车直至竣工投产的各种管理费用。该费用按国家主管部门或省、自治区、直辖市协调规定的工程总承包费取费标准计算。若无规定时,一般工业建设项目为投资估算的 6%~8%;民用建筑和市政项目为 4%~6%。不实行工程承包的项目不计算本项费用。

3. 与未来企业生产经营有关的其他费用

(1)联合试运转费。联合试运转费是新建企业或改扩建企业在工程竣工验收前,按照设计的生产工艺流程和质量标准对整个企业进行联合试运转所发生的费用支出与联合试运转期间的收入部分的差额部分。

(2)生产准备费。生产准备费是指新建企业或新增生产能力的企业,为保证竣工交付使用进行必要的生产准备所发生的费用。费用包括生产人员培训费和其他费用。

(3)办公和生活家具购置费。办公和生活家具购置费是指为保证新建、改建、扩建项目初期正常生产、使用和管理所必须购置的办公和生活家具、用具的费用。这项费用按照设计定员人数乘以综合指标计算，一般为 600～800 元/人。

五、预备费、固定资产投资方向调节税、建设期贷款利息和铺底流动资金

1. 预备费

（1）基本预备费。它是在初步设计及概算内难以预料的工程费用，费用内容包括：

①在批准的初步设计范围内，技术设计、施工图设计及施工过程中所增加的工程费用；设计变更、局部地基处理等增加的费用。

②一般自然灾害造成的损失和预防自然灾害所采取的措施费用。实行工程保险的工程项目费用应适当降低。

③竣工验收时为鉴定工程质量对隐蔽工程进行必要的挖掘和修复费用。

（2）涨价预备费。涨价预备费是建设项目在建设期间内由于价格等变化引起工程造价变化的预测预留费用。费用内容包括：人工、设备、材料、施工机械的价差费，建筑安装工程费及工程建设其他费用调整，利率、汇率调整等增加的费用。

涨价预备费的测算方法，一般根据国家规定的投资综合价格指数，按估算年份价格水平的投资额为基数，采用复利方法计算，公式为：

$$PF = \sum_{t=1}^{n} I_t \left[(1+f)^t - 1 \right] \tag{6-48}$$

式中　　PF——涨价预备费；

n——建设期年份数；

I_t——建设期中第 t 年的投资计划额，包括设备及工器具购置费、建筑安装工程费、工程建设其他费用及基本预备费；

f——年均投资价格上涨率。

2. 固定资产投资方向调节税

投资方向调节税根据国家产业政策和项目经济规模实行差别税率，税率分为 0、5%、10%、15%、30% 五个档次，各固定资产投资项目按其单位工程分别确定适用的税率。计税依据为固定资产投资项目实际完成的投资额，其中更新改造项目为建筑工程实际完成的投资额。投资方向调节税按固定资产投资项目的单位工程年度计划投资额预缴。年度终了后，按年度实际投资结算，多退少补。项目竣工后按全部实际投资进行清算，多退少补。

3. 建设期贷款利息

建设期投资贷款利息是指建设项目使用银行或其他金融机构的贷款，在建设期应归还的借款的利息。当项目建设期长于一年时，为简化计算，可假定借款发生当年均在年中支用，按半年计息，年初欠款按全年计息，这样，建设期投资贷款的利息可按下式计算：

$$q_j = \left(P_{j-1} + \frac{1}{2} A_j \right) \times i \tag{6-49}$$

式中　　q_j——建设期第 j 年应计利息；

P_{j-1}——建设期第 $(j-1)$ 年末贷款累计金额与利息累计金额之和；

A_j——建设期第 j 年贷款金额；

i——年利率。

4. 铺底流动资金

铺底流动资金是生产经营性项目投产后，为进行正常生产运营，用于购买原材料、燃料，支付工资及其他经营费用等所需的周转资金。流动资金估算一般是参照现有同类企业的状况采用分项详细估算法,个别情况或者小型项目可采用扩大指标法。

(1)分项详细估算法。对计算流动资金需要掌握的流动资产和流动负债这两类因素应分别进行估算。在可行性研究中,为简化计算,仅对存货、现金、应收账款这3项流动资产和应付账款这项流动负债进行估算。

(2)扩大指标估算法。

①按建设投资的一定比例估算。例如,国外化工企业的流动资金,一般是按建设投资的15%～20%计算。

②按经营成本的一定比例估算。

③按年销售收入的一定比例估算。

④按单位产量占用流动资金的比例估算。

流动资金一般在投产前开始筹措。在投产第一年开始按生产负荷进行安排,其借款部分按全年计算利息。流动资金利息应计入财务费用。项目计算期末回收全部流动资金。

第三节　建筑面积计算

一、建筑面积计算的作用

(1)它是一项重要的技术经济指标。

(2)它是计算结构工程量或用于确定某些费用指标的基础。

(3)建筑面积与使用面积、辅助面积、结构面积之间存在着一定的比例关系。设计人员在进行建筑或结构设计时,都应在计算建筑面积的基础上再分别计算出结构面积、有效面积及诸如平面系数、土地利用系数等经济技术指标。有了建筑面积,才有可能计算单位建筑面积的技术经济指标。

(4)建筑面积的计算对于建筑施工企业实行内部经济承包责任制、投标报价、编制施工组织设计、配备施工力量、成本核算及物资供应等,都具有重要的意义。

二、建筑面积计算规则及应用

1. 建筑面积计算规则

《建筑工程建筑面积计算规范》(GB/T 50353—2005)对建筑工程建筑面积的计算做出了具体的规定和要求,其主要内容包括以下几个方面:

(1)单层建筑物的建筑面积,应按其外墙勒脚以上结构外围水平面积计算,并应符合下列规定:

①单层建筑物高度在2.20m及以上者应计算全面积;高度不足2.20m者应计算1/2面积。

②利用坡屋顶内空间时净高超过2.10m的部位应计算全面积;净高为1.20～2.10m的部位应计算1/2面积;净高不足1.20m的部位不应计算面积。

(2)单层建筑物内设有局部楼层者,局部楼层的2层及以上楼层,有围护结构的应按其围护结构外围水平面积计算,无围护结构的应按其结构底板水平面积计算。层高在2.20m及以上者应计算全面积;层高不足2.20m者应计算1/2面积。

(3)多层建筑物首层应按其外墙勒脚以上结构外围水平面积计算;2层及以上楼层应按其外墙结构外围水平面积计算。层高在2.20m及以上者应计算全面积;层高不足2.20m者应计算1/2面积。

　　(4)多层建筑坡屋顶内和场馆看台下,当设计加以利用时净高超过2.10m的部位应计算全面积,净高为1.20～2.10m的部位应计算1/2面积,当设计不利用或室内净高不足1.20m时不应计算面积。

　　(5)地下室、半地下室(车间、商店、车站、车库、仓库等),包括相应的有永久性顶盖的出入口,应按其外墙上口(不包括采光井、外墙防潮层及其保护墙)外边线所围水平面积计算。层高在2.20m及以上者应计算全面积,层高不足2.20m者应计算1/2面积。

　　(6)坡地的建筑物吊脚架空层(图6-3)、深基础架空层,设计加以利用并有围护结构的,层高在2.20m及以上的部位应计算全面积,层高不足2.20m的部位应计算1/2面积。设计加以利用、无围护结构的建筑吊脚架空层,应按其利用部位水平面积的1/2计算;设计不利用的深基础架空层、坡地吊脚架空层、多层建筑坡屋顶内、场馆看台下的空间不应计算面积。

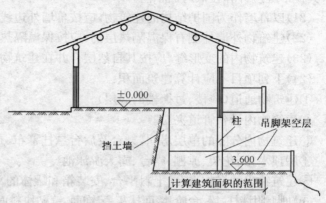

图6-3　坡地建筑吊脚架空层

　　(7)建筑物的门厅、大厅按一层计算建筑面积。门厅、大厅内设有回廊时,应按其结构底板水平面积计算。层高在2.20m及以上者应计算全面积,层高不足2.20m者应计算1/2面积。

　　(8)建筑物间有围护结构的架空走廊,应按其围护结构外围水平面积计算。层高在2.20m及以上者应计算全面积,层高不足2.20m者应计算1/2面积。有永久性顶盖无围护结构的应按其结构底板水平面积的1/2计算。

　　(9)立体书库、立体仓库、立体车库,无结构层的应按一层计算,有结构层的应按其结构层面积分别计算。层高在2.20m及以上者应计算全面积,层高不足2.20m者应计算1/2面积。

　　(10)有围护结构的舞台灯光控制室,应按其围护结构外围水平面积计算。层高在2.20m及以上者应计算全面积,层高不足2.20m者应计算1/2面积。

　　(11)建筑物外有围护结构的落地橱窗、门斗、挑廊、走廊、檐廊,应按其围护结构外围水平面积计算。层高在2.20m及以上者应计算全面积,层高不足2.20m者应计算1/2面积。有永久性顶盖无围护结构的应按其结构底板水平面积的1/2计算。

　　(12)有永久性顶盖无围护结构的场馆看台应按其顶盖水平投影面积的1/2计算。

　　(13)建筑物顶部有围护结构的楼梯间、水箱间、电梯机房等,层高在2.20m及以上者应计算全面积;层高不足2.20m者应计算1/2面积。

　　(14)设有围护结构不垂直于水平面而超出底板外沿的建筑物,应按其底板面的外围水平面积计算。层高在2.20m及以上者应计算全面积,层高不足2.20m者应计算1/2面积。

　　(15)建筑物内的室内楼梯间、电梯井、观光电梯井、提物井、管道井、通风排气竖井、垃圾道、附墙烟囱应按建筑物的自然层计算。

　　(16)雨篷结构的外边线至外墙结构外边线的宽度超过2.10m者,应按雨篷结构板水平投影面积的1/2计算。

(17)有永久性顶盖的室外楼梯,应按建筑物自然层水平投影面积的1/2计算。

(18)建筑物的阳台均应按其水平投影面积的1/2计算。

(19)有永久性顶盖无围护结构的车棚、货棚、站台、加油站、收费站等,应按其顶盖水平投影面积的1/2计算。

(20)高低联跨的建筑物,应以高跨结构外边线为界分别计算建筑面积;其高低跨内部连通时,其变形缝应计算在低跨面积内。

(21)以幕墙作为围护结构的建筑物,应按幕墙外边线计算建筑面积。

(22)建筑物外墙外侧有保温隔热层的,应按保温隔热层外边线计算建筑面积。

(23)建筑物内的变形缝,应按其自然层合并在建筑物面积内计算。

(24)下列项目不应计算建筑面积:

①建筑物通道(骑楼、过街楼的底层)。

②建筑物内设备管道夹层。

③建筑物内分隔的单层房间,舞台及后台悬挂幕布、布景的天桥、挑台等。

④屋顶水箱、花架、凉棚、露台、露天游泳池。

⑤建筑物内的操作平台、上料平台、安装箱和罐体的平台。

⑥勒脚、附墙柱、垛、台阶、墙面抹灰、装饰面、镶贴块料面层、装饰性幕墙、空调室外机搁板(箱)、飘窗、构件、配件、宽度在2.10m及以内的雨篷以及与建筑物内不相连通的装饰性阳台、挑廊。

⑦无永久性顶盖的架空走廊、室外楼梯和用于检修、消防等的室外钢楼梯、爬梯。

⑧自动扶梯、自动人行道。

⑨独立烟囱、烟道、地沟、油(水)罐、气柜、水塔、贮油(水)池、贮仓、栈桥、地下人防通道、地铁隧道。

2.建筑面积计算规则的应用

【例6-1】 如图6-4所示,计算高低联跨的单层建筑物的建筑面积。

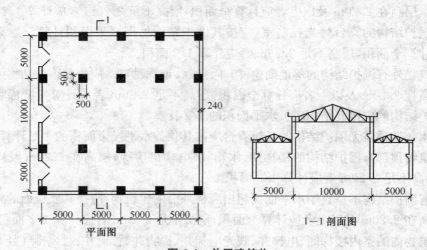

图6-4 单层建筑物

【解】 F_1(高跨)$=(20+0.24\times2)\times(10+0.25\times2)=215.04(\text{m}^2)$

F_2(低跨)$=(20+0.24\times2)\times(5-0.25+0.24)\times2=204.39(\text{m}^2)$

$$F(总面积)=(215.04+204.39)=419.43(m^2)$$

【例6-2】　如图6-5所示,有一240墙厚的两层楼平顶房屋,试计算建筑面积。

【解】　建筑面积F＝(中心线长＋2×半砖墙厚)×(中心线宽＋2×半砖厚)×2层
$$=(30+0.24)×(6.6+0.24)×2=413.68(m^2)$$

【例6-3】　求图6-6深基础做地下架空层的建筑面积。

【解】　用深基础做地下架空层加以利用,其层高超过2.2m的,按围护结构外围水平投影面积的一半计算建筑面积。
$$F=(18.0×8.0)/2=144.0/2=72.0(m^2)$$

【例6-4】　如图6-7所示,求独立柱雨篷建筑面积(F)。

【解】　$F=3.1416×3.0×3.0÷4÷2=3.53(m^2)$

【例6-5】　求如图6-8所示两个柱的雨篷的建筑面积。

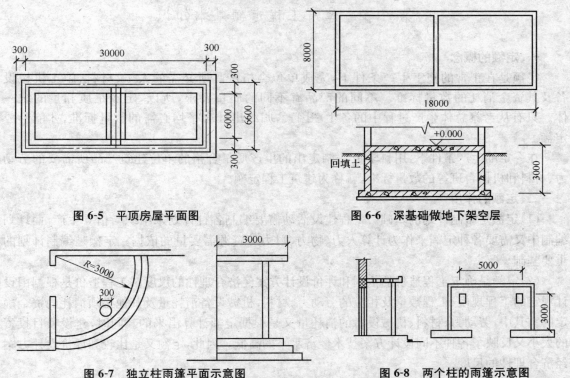

图6-5　平顶房屋平面图　　　　　　图6-6　深基础做地下架空层

图6-7　独立柱雨篷平面示意图　　　　图6-8　两个柱的雨篷示意图

【解】　有两个柱的雨篷,按柱外围水平投影面积计算建筑面积。
$$F=5.0×3.0=15.00(m^2)$$

第七章 建筑工程定额计价

内容提要：

1. 了解定额的概念、作用、分类及特点。
2. 熟悉建筑工程施工定额中的劳动定额、机械台班使用定额及材料消耗定额。
3. 掌握建筑工程预算定额、建筑工程概算定额的概念及编制方法。
4. 掌握建筑工程施工图预算的概念、编制及审查。

第一节 建筑工程定额基本知识

一、定额的概念

定额是在正常的施工生产条件下，完成单位合格产品所必需的人工、材料、施工机械设备及其资金消耗的数量标准。不同的产品有不同的质量要求，所以，定额是质和量的统一体。只有从考察总体生产过程中的各生产因素，归结出社会平均必需的数量标准，才能形成定额。

在一定的生产条件下，用科学方法制定出的生产质量合格的单位建筑产品所需要的劳动力、材料和机械台班等的数量标准，就称为建筑工程定额。

二、定额的作用

(1)定额是编制计划的基础。工程建设活动需要编制各种计划来组织与指导生产，而计划编制中又需要各种定额来作为计算人力、物力、财力等资源需要量的依据。定额是编制计划的重要基础。

(2)定额是确定工程造价的依据和评价设计方案经济合理性的尺度。工程造价是根据由设计规定的工程规模、工程数量及相应的劳动力、材料、机械设备消耗量及其他必须消耗的资金确定的。其中，劳动力、材料、机械设备的消耗量又是根据定额计算出来的。同时，建设项目投资的大小又反映了各种不同设计方案技术经济水平的高低。因此，定额又是比较和评价设计方案经济合理性的尺度。

(3)定额是组织和管理施工的工具。建筑企业要计算、平衡资源需要量、组织材料供应、调配劳动力、签发任务单、组织劳动竞赛、调动人的积极因素、考核工程消耗和劳动生产率、贯彻按劳分配工资制度、计算工人报酬等，都要利用定额。因此，从组织施工和管理生产的角度来说，企业定额又是建筑企业组织和管理施工的工具。

(4)定额是总结先进生产方法的手段。定额是在平均先进的条件下，通过对生产流程的观察、分析、综合等过程制定的，它可以最严格地反映出生产技术和劳动组织的先进合理程度。所以，我们就可以以定额方法为手段，对同一产品在同一操作条件下的不同的生产方法进行观察、分析和总结，从而得到一套比较完整的、优良的生产方法，作为生产中推广的范例。

三、定额的分类

工程建设定额是工程建设中各类定额的总称,按照不同的原则和方法将其分为以下几类:

(1)按定额反映的生产要素消耗内容分类。可以分为劳动消耗定额、机械消耗定额和材料消耗定额三种。

(2)按定额的编制程序和用途分类。可以分为施工定额、预算定额、概算定额、概算指标及投资估算指标五种。

(3)按照投资的费用性质分类。可以分为建筑工程定额、设备安装工程定额、建筑安装工程费用定额、工器具定额以及工程建设其他费用定额等。

(4)按照专业性质分类。可以分为全国通用定额、行业通用定额和专业专用定额三种。全国通用定额是指在部门间和地区间都可以使用的定额;行业通用定额是指具有专业特点在行业部门内可以通用的定额;专业专用定额是特殊专业的定额,只能在制定的范围内使用。

(5)按主编单位和管理权限分类。可以分为全国统一定额、行业统一定额、地区统一定额、企业定额及补充定额五种。

四、定额的特点

(1)权威性。工程建设定额的权威性的客观基础是定额的科学性。赋予工程建设定额以一定的权威性,就意味着在规定的范围内,对于定额的使用者和执行者来说,不论主观上愿意不愿意,都必须按定额的规定执行。在当前市场不规范的情况下,赋予工程建设定额以权威性是十分重要的。但是在竞争机制引入工程建设的情况下,定额的水平必然会受市场供求状况的影响,从而在执行中可能产生定额水平的浮动。

随着投资体制的改革和投资主体多元化格局的形成,随着企业经营机制的转换,它们都可以根据市场的变化和自身的情况,自主的调整自己的决策行为。因此,一些与经营决策有关的工程建设定额的权威性特征就弱化了。

(2)科学性。工程建设定额的科学性首先表现在定额是在认真研究客观规律的基础上,自觉地遵守客观规律的要求,实事求是地制定的。其次,表现在制定定额所采用的方法上,通过不断吸收现代科学技术的新成就,不断完善,形成一套严密的确定定额水平的科学方法。

(3)统一性。工程建设定额的统一性,主要是由国家对经济发展的有计划的宏观调控职能决定的。为了使国民经济按照既定的目标发展,就需要借助于某些标准、定额、参数等,对工程建设进行规划、组织、调节、控制。而这些标准、定额、参数必须在一定的范围内是一种统一的尺度,才能实现上述职能,才能利用它对项目的决策、设计方案、投标报价、成本控制进行比选和评价。

工程建设定额的统一性按照其影响力和执行范围来看,有全国统一定额,地区统一定额和行业统一定额等;按照定额的制定、颁布和贯彻使用来看,有统一的程序、统一的原则、统一的要求和统一的用途。

(4)稳定性与时效性。工程建设定额中的任何一种都是一定时期技术发展和管理水平的反映,因而在一段时间内都表现出稳定的状态。稳定的时间有长有短,一般为5～10年。工程建设定额的不稳定会给定额的编制工作带来极大的困难。

但是工程建设定额的稳定性是相对的。当生产力向前发展了,定额就会与已经发展了的生产力不相适应。这样,它原有的作用就会逐步减弱以至消失,需要重新编制或修订。

(5)系统性。工程建设定额的系统性是由工程建设的特点决定的。工程建设就是庞大的实体系统,工程建设定额是为这个实体系统服务的。因而工程建设本身的多种类、多层次就决定了以它为服务对象的工程建设定额的多种类、多层次。

第二节　建筑工程施工定额

一、施工定额

1. 施工定额的概念

施工定额是以同一性质的施工过程或工序为测定对象,确定建筑安装工人在正常施工条件下,为完成单位合格产品所需劳动、机械、材料消耗的数量标准。建筑安装企业定额一般称为施工定额。施工定额是由劳动定额、材料消耗定额和机械台班定额组成,是最基本的定额。

2. 施工定额的作用

(1)施工定额是施工企业编制施工预算,进行工料分析和"两算对比"的基础。

(2)施工定额是编制施工组织设计、施工作业设计和确定人工、材料及机械台班需要量计划的基础。

(3)施工定额是施工企业向工作班(组)签发任务单、限额领料的依据。

(4)施工定额是组织工作班(组)开展劳动竞赛、实行内部经济核算、承发包、计取劳动报酬和奖励工作的依据。

(5)施工定额是编制预算定额和企业补充定额的基础。

3. 施工定额的编制水平

定额水平是指规定消耗在单位产品上的劳动、机械和材料数量的多少。施工定额的水平应直接反映劳动生产率水平和物质消耗水平。

平均先进水平,是在正常条件下,多数施工班组或生产者经过努力可以达到,少数班组或生产者可以接近,个别班组或生产者可以超过的水平。平均先进水平是一种鼓励先进、勉励中间、鞭策后进的定额水平。贯彻"平均先进"的原则,可促进企业科学管理和不断提高劳动生产率,进而达到提高企业经济效益的目的。

二、劳动定额

1. 劳动定额的概念与作用

(1)劳动定额的概念。劳动定额又称为人工定额,是建筑安装工人在正常的施工(生产)条件下、在一定的生产技术和生产组织条件下、在平均先进水平的基础上制定的。它表明每个建筑安装工人生产单位合格产品所必须消耗的劳动时间,或在单位时间所生产的合格产品的数量。

(2)劳动定额的作用。劳动定额的作用主要表现在组织生产和按劳分配两个方面。在一般情况下,两者是相辅相成的,即生产决定分配,分配促进生产。当前对企业基层推行的各种形式的经济责任制的分配形式,无一不是以劳动定额作为核算基础的。

2. 劳动定额的编制

(1)分析基础资料,拟定编制方案。

1)影响工时消耗因素的确定:

①技术因素。包括完成产品的类别,材料、构配件的种类和型号等级,机械和机具的种类、

型号和尺寸及产品质量等。

②组织因素。包括操作方法和施工的管理与组织,工作地点的组织,人员组成和分工,工资与奖励制度,原材料和构配件的质量及供应的组织,气候条件等。

以上各因素的具体情况利用因素确定表加以确定和分析,见表 7-1。

表 7-1　因素确定表

施工过程名称	建筑施工队名称	工地名称	工程概况	观察时间	气　温
砌三层里外混水墙	×公司×施工队	×厂宿舍楼	三层楼每层两单元,带壁橱、阁楼,浴室长 27.6m,宽 14m,高 3.0m	×××年10 月 23 日	15～17℃

施工队(组)人员组成	瓦工队共 28 人,其中:一级工 10 人,二级工 12 人,五级工 4 人,六级工 2 人;男 24 人,女 4 人;50 岁以上 6 人;高中文化 2 人,初中文化 18 人,小学塔式起重机以下 8 人
施工方法和机械装备	手工操作,里架子,配备 2～5t 塔式起重机一台,翻斗车一辆

	定额项目	单位	完成产品数量	实际工时消耗/工时	定额工时消耗/工日		完成定额/%
					单位	总计	
完成定额情况	瓦工砌 11/2 砖混水外墙	m³	96	64.20	0.45	43.20	67.29
	瓦工砌 1 砖混水内墙	m³	48	32.10	0.47	22.56	70.28
	瓦工砌 1/2 砖隔断墙	m³	16	10.70	0.72	11.52	107.66
	壮工运输和调制砂浆			105.00		63.04	60.04
	按定额加工					39.55	
	总计		160	212.00		179.87	84.84

影响工时消耗的组织和技术因素	(1)该宿舍楼系三层混水墙到顶,墙体厚度不一,建筑面积小,操作比较复杂 (2)砖的质量不好,选砖比较费时 (3)低级工比例过大,浪费工时现象比较普遍 (4)高级工比例小,低级工做高级工活比较普遍 (5)工作台位置和砖的位置,不便于工人操作 (6)瓦工损伤操作台,不符合动作经济原则,取砖和砂浆动作幅度很大,极易疲劳 (7)劳动纪律不太好,有些青年工人工作时间聊天、打闹
填表人	填表日期
备注	

2)计时观察资料的整理:对每次计时观察的资料进行整理之后,要对整个施工过程的观察资料进行系统的分析研究和整理。

整理观察资料的方法大多是采用平均修正法。它是一种在对测时数列进行修正的基础上,求出平均值的方法。修正测时数列,就是剔除或修正那些偏高、偏低的可疑数值。目的是保证不受那些偶然性因素的影响。

3)日常积累资料的整理和分析:日常积累的资料主要有以下四类。

①现行定额的执行情况及存在问题的资料。

②企业和现场补充定额资料,例如因现行定额漏项而编制的补充定额资料,因解决采用新技术、新结构、新材料和新机械而产生的定额缺项所编制的补充定额资料。

③已采用的新工艺和新的操作方法的资料。

④现行的施工技术规范、操作规程、安全规程和质量标准等。

4)拟定定额的编制方案:编制方案的内容包括以下几项。

①提出对拟编定额的定额水平总的设想。

②拟定定额分章、分节、分项的目录。

③选择产品和人工、材料、机械的计量单位。

④设计定额表格的形式和内容。

(2)确定正常的施工条件。拟定施工的正常条件包括以下几个方面:

1)拟定工作地点的组织:拟定工作地点的组织时,要特别注意使人在操作时不受妨碍,所使用的工具和材料应按使用顺序放置于工人最便于取用的地方,以减少疲劳和提高工作效率,工作地点应保持清洁和秩序。

2)拟定工作组成:拟定工作组成就是将工作过程按照劳动分工的可能划分为若干工序,以达到合理使用技术工人。可以采用两种基本方法:一种是把工作过程中个简单的工序,划分给技术熟练程度较低的工人去完成;另一种是分出若干个技术程度较低的工人,去帮助技术程度较高的工人工作。

3)拟定施工人员编制:拟定施工人员编制即确定小组人数、技术工人的配备以及劳动的分工和协作。原则是使每个工人都能充分发挥作用,均衡地担负工作。

(3)确定劳动定额消耗量的方法。时间定额是在拟定基本工作时间、辅助工作时间、不可避免中断时间、准备与结束的工作时间,以及休息时间的基础上制定的。

1)拟定基本工作时间:基本工作时间在必需消耗的工作时间中占的比重最大,一般应根据计时观察资料来确定。其做法是,首先确定工作过程每一组成部分的工时消耗,然后再综合出工作过程的工时消耗。如果组成部分的产品计量单位和工作过程的产品计量单位不符,就需先求出不同计量单位的换算系数,进行产品计量单位的换算,然后再相加,求得工作过程的工时消耗。

2)拟定辅助工作时间和准备与结束工作时间:辅助工作和准备与结束工作时间的确定方法与基本工作时间相同。但是,若这两项工作时间在整个工作班工作时间消耗中所占比重不超过5‰~6‰,则可归纳为一项,以工作过程的计量单位表示。

若在计时观察时不能取得足够的资料,也可采用工时规范或经验数据来确定。若具有现行的工时规范,可以直接利用工时规范中规定的百分比来计算。

3)拟定不可避免的中断时间:在确定不可避免中断时间的定额时,必须注意由工艺特点所引起的不可避免中断才可列入工作过程的时间定额。

4)拟定休息时间:休息时间应根据工作班作息制度、经验资料、计时观察资料,以及对工作的疲劳程度作全面分析来确定。同时,应考虑尽可能利用不可避免的中断时间作为休息时间。

从事不同工作的工人,疲劳程度有很大差别。国内外往往按工作轻重和工作条件好坏,将各种工作划分为不同的级别。例如我国某地区工时规范将体力劳动分为最沉重、沉重、较重、中等、较轻及轻便,各级疲劳程度不同的劳动休息时间占工作日见表7-2。

表 7-2　各级疲劳程度不同的劳动休息时间占工作日的比重

疲劳程度	轻便	较轻	中等	较重	沉重	最沉重
等级	1	2	3	4	5	6
占工作日比重(%)	4.16	6.25	8.33	11.45	16.7	22.9

5)拟定定额时间:确定的基本工作时间、辅助工作时间、准备与结束工作时间、不可避免中断时间和休息时间之和,就是劳动定额的时间定额。时间定额和产量定额互成倒数。

利用工时规范,可以计算劳动定额的时间定额,算式为:

$$作业时间=基本工作时间+辅助工作时间 \tag{7-1}$$
$$规范时间=准备与结束工作时间+不可避免的中断时间+休息时间 \tag{7-2}$$
$$工序作业时间=基本工作时间+辅助工作时间=基本工作时间/[1-辅助时间(\%)] \tag{7-3}$$
$$定额时间=\frac{作业时间}{1-规范时间(\%)} \tag{7-4}$$

三、机械台班使用定额

1. 机械台班使用定额的概念和表现形式

(1)机械台班使用定额的概念。机械台班使用定额是在正常施工条件下,合理的劳动组合和使用机械,完成单位合格产品或某项工作所必需的机械工作时间,包括准备与结束时间、基本工作时间、辅助工作时间、不可避免的中断时间以及使用机械的工人生理需要与休息时间。

(2)机械台班使用定额的表现形式。机械台班使用定额的表现形式有机械时间定额和机械产量定额两种。

1)机械时间定额:是指在合理劳动组织与合理使用机械条件下,完成单位合格产品所必需的工作时间,包括有效工作时间(正常负荷下的工作时间和降低负荷下的工作时间)、不可避免的中断时间、不可避免的无负荷工作时间。机械时间定额以"台班"表示,即一台机械工作一个作业班时间 8h。

$$单位产品机械时间定额(台班)=\frac{1}{台班产量} \tag{7-5}$$

由于机械必须由工人小组配合,所以完成单位合格产品的时间定额,同时列出人工时间定额,即:

$$单位产品人工时间定额(工日)=\frac{小组成员总人数}{台班产量} \tag{7-6}$$

2)机械产量定额:是指在合理劳动组织与合理使用机械条件下,机械在每个台班时间内应完成合格产品的数量。机械产量定额和机械时间定额互为倒数关系。

2. 机械台班使用定额的编制

(1)确定正常的施工条件。拟定机械工作正常条件,主要是拟定工作地点的合理组织及合理的工人编制。

工作地点的合理组织,就是对施工地点机械和材料的放置位置、工人从事操作的场所,做出科学合理的平面布置和空间安排。

拟定合理的工人编制,就是根据施工机械的性能和设计能力,工人的专业分工和劳动工效,合理确定操纵机械的工人和直接参加机械化施工过程的工人的编制人数。

（2）确定机械 1h 纯工作正常生产率。确定机械正常生产率时，必须首先确定出机械纯工作 1h 的正常生产率。机械 1h 纯工作正常生产率，是在正常施工组织条件下，具有必需的知识和技能的技术工人操纵机械 1h 的生产率。

根据机械工作特点的不同，机械 1h 纯工作正常生产率的确定方法，也有所不同。对于循环动作机械，确定机械纯工作 1h 正常生产率的计算公式如下：

$$\frac{\text{机械一次循环的}}{\text{正常延续时间}} = \sum \left[\frac{\text{循环各组成部分}}{\text{正常延续时间}}\right] - \text{交叠时间} \qquad (7\text{-}7)$$

$$\frac{\text{机械纯工作 1h}}{\text{循环次数}} = \frac{60 \times 60(\text{s})}{\text{一次循环的正常延续时间}} \qquad (7\text{-}8)$$

$$\frac{\text{机械纯工作 1h}}{\text{正常生产率}} = \frac{\text{机械纯工作 1h}}{\text{正常循环次数}} \times \frac{\text{一次循环生产}}{\text{的产品数量}} \qquad (7\text{-}9)$$

对于连续动作机械，确定机械纯工作 1h 正常生产率要根据机械的类型和结构特征，以及工作过程的特点来进行，计算公式如下：

$$\text{连续动作机械纯工作 1h 正常生产率} = \frac{\text{工作时间内生产的产品数量}}{\text{工作时间(h)}} \qquad (7\text{-}10)$$

（3）确定施工机械的正常利用系数。它是机械在工作班内对工作时间的利用率。

确定机械正常利用系数，要计算工作班正常状况下准备与结束工作，机械启动、机械维护等工作所必需消耗的时间，以及机械有效工作的开始与结束时间。从而进一步计算出机械在工作班内的纯工作时间和机械正常利用系数，计算公式如下：

$$\text{机械正常利用系数} = \frac{\text{机械在一个工作班内纯工作时间}}{\text{一个工作班延续时间(8h)}} \qquad (7\text{-}11)$$

（4）计算施工机械台班定额。它是编制机械定额工作的最后一步。在确定了机械工作正常条件、机械 1h 纯工作正常生产率和机械正常利用系数之后，采用下列公式计算施工机械的产量定额：

$$\text{施工机械台班产量定额} = \text{机械 1h 纯工作正常生产率} \times \text{工作班纯工作时间} \qquad (7\text{-}12)$$

或者

$$\text{施工机械台班产量定额} = \text{机械 1h 纯工作正常生产率} \times \text{工作班延续时间}$$
$$\times \text{机械正常利用系数} \qquad (7\text{-}13)$$

$$\text{施工机械时间定额} = \frac{1}{\text{机械台班产量定额指标}} \qquad (7\text{-}14)$$

四、材料消耗定额

1. 材料消耗定额的概念与组成

（1）材料消耗定额的概念。材料消耗定额是指在正常的施工（生产）条件下，在节约和合理使用材料的情况下，生产单位合格产品所必须消耗的一定品种、规格的材料、半成品、配件等的数量标准。

材料消耗定额是编制材料需要量计划、运输计划、供应计划、计算仓库面积、签发限额领料单和经济核算的根据。制定合理的材料消耗定额，是组织材料的正常供应，保证生产顺利进行，以及合理利用资源、减少积压、浪费的必要前提。

(2)施工中材料消耗的组成。施工中材料的消耗,可分为必需的材料消耗和损失的材料两类。

必须消耗的材料是在合理用料的条件下,生产合格产品所需消耗的材料。它包括直接用于建筑和安装工程的材料,不可避免的施工废料及不可避免的材料损耗。

材料各种类型的损耗量之和称为材料损耗量,除去损耗量之后净用于工程实体上的数量称为材料净用量,材料净用量与材料损耗量之和称为材料总消耗量,损耗量与总消耗量之比称为材料损耗率,总消耗量可用下式计算:

$$总消耗量 = \frac{净用量}{1-损耗率} \qquad (7-15)$$

为了简便,通常将损耗量与净用量之比,作为损耗率,即:

$$损耗率 = \frac{损耗量}{净用量} \times 100\% \qquad (7-16)$$

$$总消耗量 = 净用量 \times (1+损耗率) \qquad (7-17)$$

2. 材料消耗定额的制定方法

(1)观测法。观测法亦称现场测定法,是在合理使用材料的条件下,在施工现场按一定程序对完成合格产品的材料耗用量进行测定,通过分析、整理,最后得出一定的施工过程单位产品的材料消耗定额。

利用现场测定法主要是编制材料损耗定额,也可以提供编制材料净用量定额的数据。其优点是能通过现场观察、测定,取得产品产量和材料消耗的情况,为编制材料定额提供技术根据。

观测法的首要任务是选择典型的工程项目,其施工技术、组织及产品质量,均要符合技术规范的要求;材料的品种、型号、质量也应符合设计要求;产品检验合格,操作工人能合理使用材料和保证产品质量。

(2)试验法。试验法是在材料试验室中进行试验和测定数据。例如,以各种原材料为变量因素,求得不同强度等级混凝土的配合比,从而计算出每立方米混凝土的各种材料耗用量。

利用试验法,主要是编制材料净用量定额。通过试验,能够对材料的结构、化学成分和物理性能以及按强度等级控制的混凝土、砂浆配比作出科学的结论,为编制材料消耗定额提供有技术根据的、比较精确的计算数据。

(3)统计法。统计法是通过对现场进料、用料的大量统计资料进行分析计算,获得材料消耗的数据。该方法由于不能分清材料消耗的性质,因而不能作为确定材料净用量定额和材料损耗定额的精确依据。

用统计法制定材料消耗定额一般采取以下两种方法。

①经验估算法:指以有关人员的经验或以往同类产品的材料实耗统计资料为依据,通过研究分析并考虑有关影响因素的基础上制定材料消耗定额的方法。

②统计法:统计法是对某一确定的单位工程拨付一定的材料,待工程完工后,根据已完产品数量和领退材料的数量,进行统计和计算的一种方法。该方法的优点是不需要专门人员测定和实验。由统计得到的定额有一定的参考价值,但其准确程度较差,应对其分析研究后才能采用。

(4)理论计算法。理论计算法是根据施工图,运用一定的数学公式,直接计算材料耗用量。

理论计算法只能计算出单位产品的材料净用量,材料的损耗量仍要在现场通过实测取得。采用这种方法必须对工程结构、图样要求、材料特性和规格、施工及验收规范、施工方法等先进行了解和研究。理论计算法适宜于不易产生损耗,且容易确定废料的材料,例如木材、钢材、砖瓦、预制构件等材料。因为这些材料根据施工图样和技术资料从理论上都可以计算出来,不可避免的损耗也有一定的规律可找。

理论计算法是材料消耗定额制定方法中比较先进的方法。但是,用该方法制定材料消耗定额,要求掌握一定的技术资料和各方面的知识,以及有较丰富的现场施工经验。

3. 周转性材料消耗量的计算

在编制材料消耗定额时,某些工序定额、单项定额和综合定额中涉及周转材料的确定和计算。例如劳动定额中的架子工程、模板工程等。

周转性材料在施工过程中不属于通常的一次性消耗材料,而是可多次周转使用,经过修理、补充才逐渐消耗尽的材料。例如模板、钢板桩、脚手架等,实际上它亦是作为一种施工工具和措施。在编制材料消耗定额时,应按多次使用、分次摊销的办法确定。

周转性材料消耗的定额量是每使用一次摊销的数量,其计算必须考虑一次使用量、周转使用量、回收价值和摊销量之间的关系。

第三节　建筑工程预算定额

一、预算定额的概念

预算定额是规定消耗在合格质量的单位工程基本构造要素上的人工、材料和机械台班的数量标准,是计算建筑安装产品价格的基础。

基本构造要素,即通常所说的分项工程和结构构件。预算定额按工程基本构造要素规定劳动力、材料和机械的消耗数量,以满足编制施工图预算、规划和控制工程造价的要求。

预算定额按照表现形式可分为预算定额、单位估价表和单位估价汇总表三种。在现行预算定额中一般都列有基价,像这种既包括定额人工、材料和施工机械台班消耗量又列有人工费、材料费、施工机械使用费和基价的预算定额,我们称它为"单位估价表"。这种预算定额可以满足企业管理中不同用途的需要,并可以按照基价计算工程费用,用途较广泛,是现行定额中的主要表现形式。单位估价汇总表简称为"单价",它只表现"三费"即人工费、材料费和施工机械使用费以及合计,因此可以大大减少定额的篇幅,为编制工程预算查阅单价带来方便。

预算定额按照综合程度,可分为预算定额和综合预算定额。综合预算定额是在预算定额基础上,对预算定额的项目进一步综合扩大,使定额项目减少,更为简便适用,可以简化编制工程预算的计算过程。

二、预算定额的作用

(1)预算定额是编制地区单位估价表的依据,是编制建筑安装工程施工图预算和确定工程造价的依据。

(2)预算定额是编制施工组织设计时,确定劳动力、建筑材料、成品、半成品和建筑机械需要量的依据。

(3)预算定额是工程结算的依据。

（4）预算定额是施工单位进行经济活动分析的依据。

（5）预算定额是编制概算定额的基础。

（6）预算定额是合理编制招标标底、投标报价的基础。

三、预算定额编制的依据和原则

1. 预算定额编制的依据

（1）现行劳动定额和施工定额。预算定额是在现行劳动定额和施工定额的基础上编制的。预算定额中劳动力、材料、机械台班消耗水平，需要根据劳动定额或施工定额取定；预算定额的计量单位的选择，也要以施工定额为参考，从而保证两者的协调和可比性，减轻预算定额的编制工作量，缩短编制时间。

（2）现行设计规范、施工验收规范和安全操作规程。预算定额在确定劳动力、材料和机械台班消耗数量时，必须考虑上述各项法规的要求和影响。

（3）具有代表性的典型工程施工图及有关标准图。对这些图样进行仔细分析研究，并计算出工程数量，作为编制定额时选择施工方法、确定定额含量的依据。

（4）新技术、新结构、新材料和先进的施工方法等。这类资料是调整定额水平和增加新的定额项目所必需的依据。

（5）有关科学试验、技术测定和统计、经验资料。这类资料是确定定额水平的重要依据。

（6）现行的预算定额、材料预算价格及有关文件规定等。包括过去定额编制过程中积累的基础资料，也是编制预算定额的依据和参考。

2. 预算定额编制的原则

（1）平均水平原则。预算定额作为有计划地确定建筑安装产品计划价格的工具。必须遵循价值规律的客观要求，反映产品生产过程中所消耗的社会必要劳动时间量，即在现有社会正常生产条件下，在社会平均劳动熟练程度和劳动强度下，确定生产一定使用价值的建筑安装产品所需要的劳动时间。这样确定的预算定额水平，通常是合理的水平，或者说是平均水平。只有这样，才能更好地调动企业与职工的生产积极性，不断改善经营管理，改进施工方法，提高劳动生产率，降低原材料和施工机械台班消耗量，高效地完成建筑安装工程施工任务。

（2）简明准确和适用的原则。由于预算定额与施工定额有着不同的作用，所以对简明适用的要求也是很不相同的，预算定额是在施工定额（或劳动定额）的基础上进行综合和扩大的，它要求有更加简明的特点，以适应简化施工图预算编制工作和简化建筑安装产品价格的计算程序的要求。

（3）统一性和差别性相结合的原则。统一性，就是从培育全国统一市场规范计价行为出发，计价定额的制定规划和组织实施由国务院建设行政主管部门归口，并负责全国统一定额制定或修订，颁发有关工程造价管理的规章制度办法等。

差别性，就是在统一性的基础上，各部门和省、自治区、直辖市主管部门可以在自己的管辖范围内，根据本部门和地区的具体情况，制定部门和地区性定额、补充性制度和管理办法，以适应我国幅员辽阔，地区间部门发展不平衡和差异大的实际情况。

（4）由专业人员编审的原则。编制预算定额有很强的政策性和专业性，既要合理地把握定额水平，又要反映新工艺、新结构和新材料的定额项目，还要推进定额结构的改革。所以必须建立专业队伍，长期稳定地积累经验和资料，不断补充和修订定额，促进预算定额适应市场经济的要求。

四、预算定额的编制步骤

1. 准备阶段

在该阶段主要是根据收集到的有关资料和国家政策性文件,拟定编制方案,对编制过程中一些重大原则问题做出统一规定。

2. 编制预算定额初稿,测算预算定额水平

(1)编制预算定额初稿。在该阶段,根据确定的定额项目和基础资料,进行反复分析和测算,编制定额项目劳动力计算表、材料及机械台班计算表,并附注有关计算说明,然后汇总编制预算定额项目表,即预算定额初稿。

(2)测算预算定额水平。新定额编制成稿,必须与原定额进行对比测算,分析水平升降原因。一般新编定额的水平应该不低于历史上已经达到过的水平,并略有提高。在定额水平测算前,必须编出同一工人工资、材料价格、机械台班费的新旧两套定额的工程单价。

3. 修改定稿、整理资料

(1)印发征求意见。定额编制初稿完成后,需要征求各有关方面意见和组织讨论,收集反馈意见。

(2)修改整理报批。按修改方案的决定,将初稿按照定额的顺序进行修改,并经审核无误后形成报批稿,经批准后交付印刷。

(3)撰写编制说明。新定额编制说明内容包括:项目、子目数量,人工、材料、机械的内容范围,资料的依据和综合取定情况,定额中允许换算和不允许换算规定的计算资料,人工、材料、机械单价的计算和资料,施工方法、工艺的选择及材料运距的考虑,各种材料损耗率的取定资料,调整系数的使用及其他应该说明的事项与计算数据、资料。

(4)立档、成卷。定额编制资料是贯彻执行定额中需查对资料的唯一依据,也为修编定额提供历史资料数据,应作为技术档案永久保存。

五、预算定额的编制方法

1. 预算定额编制中的主要工作

(1)定额项目的划分。根据不同部位、不同消耗或不同构件,将庞大的建筑产品分解成各种不同的较为简单、适当的计量单位(称为分部分项工程),作为计算工程量的基本构造要素,在此基础上编制预算定额项目。确定定额项目时有以下几个方面的要求:

①便于确定单位估价表。

②便于编制施工图预算。

③便于进行计划、统计和成本核算工作。

(2)工程内容的确定。基础定额子目中人工、材料消耗量和机械台班使用量是直接由工程内容确定的,所以,工程内容范围的规定是十分重要的。

(3)确定预算定额的计量单位。预算定额与施工定额计量单位往往不同。施工定额的计量单位一般按工序或施工过程确定,而预算定额的计量单位主要是根据分部分项工程和结构构件的形体特征及其变化确定。

(4)确定施工方法。编制预算定额所取定的施工方法,必须选用正常的、合理的施工方法用以确定各专业的工程和施工机械。

（5）确定预算定额中人工、材料、施工机械消耗量。确定预算定额中人工、材料、机械台班消耗指标时，必须先按施工定额的分项逐项计算出消耗指标，然后，再按预算定额的项目加以综合。但是，这种综合不是简单的合并和相加，而需要在综合过程中增加两种定额之间的适当的水平差。

人工、材料和机械台班消耗量指标，应根据定额编制原则和要求，采用理论与实际相结合、图样计算与施工现场测算相结合、编制人员与现场工作人员相结合等方法进行计算和确定，使定额既符合政策要求，又与客观情况一致，便于贯彻执行。

（6）编制定额表和拟定有关说明。定额项目表的一般格式是：横向排列为各分项工程的项目名称，竖向排列为分项工程的人工、材料和施工机械消耗量指标。有的项目表下部还有附注以说明设计有特殊要求时，进行调整和换算的方法。

预算定额的主要内容包括：目录，总说明，各章、节说明，定额表以及有关附录等。

2. 人工工日消耗量的确定

预算定额中人工工日消耗量是在正常施工生产条件下，生产单位合格产品必需消耗的人工工日数量，是由分项工程所综合的各个工序劳动定额包括的基本用工、其他用工以及劳动定额与预算定额工日消耗量的幅度差三部分组成的。

（1）基本用工。基本用工指完成单位合格产品所必需消耗的技术工种用工。

①完成定额计量单位的主要用工，计算公式如下：

$$\text{基本用工} = \sum (\text{综合取定的工程量} \times \text{劳动定额}) \tag{7-18}$$

②按劳动定额规定应增加计算的用工量：例如砖基础埋深超过 1.5m，超过部分要增加用工。预算定额中应按一定比例给予增加。

（2）其他用工。预算定额内的其他用工，包括以下两个方面：

①材料超运距用工：是指预算定额取定的材料、半成品等运距，超过劳动定额规定的运距应增加的工日，其用工量以超运距（预算定额取定的运距减去劳动定额取定的运距）和劳动定额计算，计算公式如下：

$$\text{超运距用工} = \sum (\text{超运距材料数量} \times \text{时间定额}) \tag{7-19}$$

②辅助工作用工：是指劳动定额中未包括的各种辅助工序用工，例如材料的零星加工用工、土建工程的筛沙子、淋石灰膏、洗石子等增加的用工量。辅助工作用工量一般按加工的材料数量乘以时间定额计算。

（3）人工幅度差。人工幅度差是预算定额对在劳动定额规定的用工范围内没有包括，而在一般正常情况下又不可避免的一些零星用工，常以百分率计算。一般在确定预算定额用工量时，按基本用工、超运距用工、辅助工作用工之和的 10%～15% 取定，其计算公式如下：

人工幅度差（工日）＝（基本用工＋超运距用工＋辅助用工）×人工幅度差百分率　（7-20）

3. 材料消耗量计算

（1）凡有标准规格的材料，按规范要求计算定额计量单位的耗用量，例如砖、防水卷材、块料面层等。

（2）凡设计图样标注尺寸及下料要求的按设计图样尺寸计算材料净用量，例如门窗制作用材料，板料等。

（3）换算法。各种胶结、涂料等材料的配合比用料，可以根据要求条件换算，得出材料用量。

（4）测定法。包括试验室试验法和现场观察法。指各种强度等级的混凝土及砌筑砂浆配合比的耗用原材料数量的计算，需按照规范要求试配经过试压合格以后并经过必要的调整后得出的水泥、砂子、石子、水的用量。对新材料、新结构又不能用其他方法计算定额消耗用量时，需用现场测定方法来确定，根据不同条件可以采用写实记录法和观察法，得出定额的消耗量。

4. 机械台班消耗量的计算

预算定额中的机械台班消耗量是在正常施工条件下，生产单位合格产品（分部分项工程或结构件）必需消耗的某类某种型号施工机械的台班数量。它由分项工程综合的有关工序劳动定额确定的机械台班消耗量以及劳动定额与预算定额的机械台班幅度差组成。

垂直运输机械依工期定额分别测算台班量，以台班/100m² 建筑面积表示。

确定预算定额中的机械台班消耗量指标，应根据《全国统一建筑安装工程劳动定额》中各种机械施工项目所规定的台班产量加机械幅度差进行计算。若按实际需要计算机械台班消耗量，不应再增加机械幅度差。机械幅度差是指在劳动定额（机械台班量）中未曾包括的，而机械在合理的施工组织条件下所必需的停歇时间，在编制预算定额时，应予以考虑，其内容包括以下方面：

（1）施工机械转移工作面及配套机械互相影响损失的时间。

（2）在正常的施工情况下，机械施工中不可避免的工序间歇。

（3）检查工程质量影响机械操作的时间。

（4）临时水、电线路在施工中移动位置所发生的机械停歇时间。

（5）工程结尾时，工作量不饱满所损失的时间。

机械幅度差系数一般根据测定和统计资料取定。大型机械幅度差系数为：土方机械为1.25，打桩机械为 1.33，吊装机械为 1.3，其他均按统一规定的系数计算。

由于垂直运输用的塔式起重机、卷扬机及砂浆、混凝土搅拌机是按小组配合，应以小组产量计算机械台班产量，不另增加机械幅度差。

综上所述，预算定额的机械台班消耗量按下式计算：

$$预算定额机械耗用台班＝施工定额机械耗用台班×（1＋机械幅度差系数）\qquad (7\text{-}21)$$

占比重不大的零星小型机械按劳动定额小组成员计算出机械台班使用量，以"机械费"或"其他机械费"表示，不再列台班数量。

第四节　建筑工程概算定额

一、概算定额的概念

概算定额是生产一定计量单位的经扩大的建筑工程结构构件或分部分项工程所需要的人工、材料和机械台班的消耗数量及费用的标准。

概算定额是在预算定额的基础上，根据有代表性的建筑工程通用图和标准图等资料，进行综合、扩大和合并而成。所以，建筑工程概算定额亦称"扩大结构定额"。

概算定额表达的主要内容、表达的主要方式及基本使用方法都与综合预算定额相近。

$$定额基准价＝定额单位人工费＋定额单位材料费＋定额单位机械费$$
$$＝人工概算定额消耗量×人工工资单价$$

$$+ \sum (材料概算定额消耗量 \times 材料预算价格)$$
$$+ \sum (施工机械概算定额消耗量 \times 机械台班费用单价) \qquad (7\text{-}22)$$

二、概算定额的作用

(1)它是在扩大初步设计阶段编制概算,技术设计阶段编制修正概算的主要依据。

(2)它是编制建筑安装工程主要材料申请计划的基础。

(3)它是进行设计方案技术经济比较和选择的依据。

(4)它是编制概算指标的计算基础。

(5)它是确定基本建设项目投资额、编制基本建设计划、实行基本建设大包干、控制基本建设投资和施工图预算造价的依据。

三、概算定额的编制

1. 概算定额的编制原则

(1)使概算定额适应设计、计划、统计和拨款的要求,更好地为基本建设服务。

(2)概算定额水平的确定应与预算定额的水平基本一致。必须是反映正常条件下大多数企业的设计水平、生产施工管理水平。

(3)概算定额的编制深度要适应设计深度的要求,项目划分应坚持简化、准确和适用的原则。以主体结构分项为主,合并其他相关部分,进行适当综合扩大;概算定额项目计量单位的确定与预算定额要尽量一致;应考虑统筹法及应用电子计算机编制的要求,以简化工程量和概算的计算编制。

(4)为了稳定概算定额水平,统一考核尺度和简化计算工程量,编制概算定额时,原则上不留活口。对于设计和施工变化多而影响工程量多、价差大的,应根据有关资料进行测算,综合取定常用数值;对于其中还包括不了的个性数值,可适当留些活口。

2. 概算定额的编制依据

(1)现行的全国通用的设计标准、规范和施工验收规范。

(2)现行的预算定额。

(3)标准设计和有代表性的设计图样。

(4)过去颁发的概算定额。

(5)现行的人工工资标准、材料预算价格和施工机械台班单价。

(6)有关施工图预算和结算资料。

3. 概算定额的编制方法

(1)定额计量单位的确定。概算定额计量单位基本上按预算定额的规定执行,但是单位的内容扩大,仍用米、平方米和立方米等。

(2)确定概算定额与预算定额的幅度差。由于概算定额是在预算定额基础上进行适当的合并与扩大。所以,在工程量取值、工程的标准和施工方法确定上需综合考虑,且定额与实际应用必然会产生一些差异。概算定额与预算定额之间的幅度差,国家规定一般控制在5%以内。

(3)定额小数取位。概算定额小数取位与预算定额相同。

4. 概算定额的内容

(1)文字说明。文字说明部分包括总说明和各章节的说明。在总说明中,主要对编制的依据、用途、适用范围、工程内容、有关规定、取费标准和概算造价计算方法等进行阐述;在分章说明中,包括分部工程量的计算规则、说明、定额项目的工程内容等。

（2）定额表格式。定额表头注有本节定额的工作内容,定额的计量单位(或在表格内)。表格内有基价、人工、材料和机械费,主要材料消耗量等。

第五节　建筑工程施工图预算

一、施工图预算的概念

施工图预算是在设计的施工图完成以后,以施工图为依据,根据预算定额、费用标准以及工程所在地区的人工、材料、施工机械设备台班的预算价格编制的,是确定建筑工程、安装工程预算造价的文件。

二、施工图预算的作用

（1）是工程实行招标、投标的重要依据。

（2）是签订建设工程施工合同的重要依据。

（3）是办理工程财务拨款、工程贷款和工程结算的依据。

（4）是施工单位进行人工和材料准备、编制施工进度计划、控制工程成本的依据。

（5）是落实或调整年度进度计划和投资计划的依据。

（6）是施工企业降低工程成本、实行经济核算的依据。

三、施工图预算的分类

施工图预算通常分为建筑工程预算和设备安装工程预算两大类。根据单位工程和设备的性质、用途的不同,建筑工程预算可分为一般土建工程预算、卫生工程预算、工业管道工程预算、特殊构筑物工程预算和电气照明工程预算。设备安装工程预算又可分为机械设备安装工程预算、电气设备安装工程预算。

四、施工图预算的编制

1. 施工图预算的编制依据

土建工程、暖卫工程、电气工程预算的编制要根据不同的预算定额及不同的费用定额标准、文件来进行。通常情况下,在进行施工图预算的编制时应掌握、依据下列文件资料。

（1）施工图样和有关标准图集。施工图预算的工程量计算是依据施工图样(是指经过认真的会审施工图样,包括图中所有的文字说明、技术资料等),有关通用图集和标准图集、图样会审记录等进行的。

（2）建筑工程预算定额及有关文件。它是编制工程预算计算人工费、材料费、其他直接费及其他有关费用的基本资料和计取的标准。它包括现行的建筑工程预算定额、间接费及其他费用定额、地区单位估价表、材料预算价格、人工工资标准、施工机械台班定额及有关工程造价管理的文件等。

（3）施工组织设计。它是确定单位工程进度计划、施工方法或主要技术措施,以及施工现场平面布置等内容的技术文件。这类文件对工程量的计算、定额子目的选套及费用的计取等都有着重要作用。

（4）预算工作手册等辅助资料。预算工作手册是将常用的数据、计算公式和有关系数汇编成册,以备查用。它对于提高工作效率,简化计算过程,快速计算工程量起着不容忽视的作用。

（5）招标文件、工程合同或协议。要详细地阅读招标文件，招标文件中提出的要求和其他材料要求是编制施工图预算的依据。建设单位与施工单位签订的合同或协议也是建筑工程施工图预算的依据。

2. 施工图预算的编制程序

施工图预算的编制一般应在施工图样技术交底之后进行，其编制程序如图 7-1 所示。

图 7-1　施工图预算的编制程序

（1）熟悉施工图样及施工组织设计。在编制施工图预算之前，必须熟悉施工图样，尽可能详细地掌握施工图样和有关设计资料，熟悉施工组织设计和现场情况，了解施工方法、工序、操作及施工组织、进度。要掌握单位工程各部位建筑概况，诸如层数、层高、室内外标高、墙体、楼板、顶棚材质、地面厚度、墙面装饰等工程的做法，对工程的全貌和设计意图有了全面、详细的了解后，才能正确使用定额，并结合各分部分项工程项目计算相应工程量。

（2）熟悉定额并掌握有关计算规则。在编制施工图预算计算工程量之前，必须弄清楚定额所列项目包括的内容、使用范围、计量单位及工程量的计算规则等，以便为工程项目的准确列项、计算、套用定额子目做好准备。

（3）列项、计算工程量。施工图预算。工程量往往要综合，包括多种工序的实物量。工程量的计算应以施工图及设计文件参照预算定额计算工程量的有关规定列项、计算。

（4）套定额子目，编制工程预算书。将工程量计算底稿中的预算项目、数量填入工程预算表中，套相应定额子目，计算工程直接费，按有关规定计取其他直接费、现场管理费等，汇总求出工程直接费。

直接费汇总后，即可按预算费用程序表及有关费用定额计取企业管理费、利润和税金，将工程直接费（含其他直接费）、企业管理费、利润、税金汇总后，即可求出工程造价。

（5）编制工料分析表。将各项目工料用量求出汇总后，即可求出用工或主要材料用量。

（6）审核、编写说明，签字、装订成册。工程施工预算书计算完毕后，为确保其准确性，应经有关人员审核后，结合工程及编制情况编写说明，填写预算书封面，签字，装订成册。

土建工程预算、暖卫工程预算、电气工程预算分别编制完成后，由施工企业预算合同部集中汇总送建设单位签字、盖章、审核，然后才能确定其合法性。

五、施工图预算的审查

1. 施工图预算审查的内容

（1）审查定额或单价的套用。

①预算中所列各分项工程单价是否与预算定额的预算单价相符，其名称、规格、计量单位和所包括的工程内容是否与预算定额一致。

②有单价换算时应审查换算的分项工程是否符合定额规定及换算是否正确。

③对补充定额和单位计价表的使用应审查补充定额是否符合编制原则、单位计价表计算是否正确。

（2）审查其他有关费用。其他有关费用包括的内容各地不同，具体审查时应注意是否符合当地规定和定额的要求。

①是否按本项目的工程性质计取费用、有无高套取费标准。

②间接费的计取基础是否符合规定。

③预算外调增的材料差价是否计取间接费;直接费或人工费增减后,有关费用是否做了相应调整。

④有无将不需安装的设备计取在安装工程的间接费中。

⑤有无巧立名目、乱摊费用的情况。

2. 施工图预算审查的步骤

(1)做好审查前的准备工作。

①熟悉施工图样。施工图样是编制预算分项工程数量的重要依据,必须全面熟悉了解。一是核对所有的图样,清点无误后,依次识读;二是参加技术交底,解决图样中的疑难问题,直至完全掌握图样。

②了解预算包括的范围。根据预算编制说明,了解预算包括的工程内容。例如,配套设施,室外管线,道路以及会审图样后的设计变更等。

③弄清编制预算采用的单位工程估价表。任何单位估价表或预算定额都有一定的适用范围。根据工程性质,搜集熟悉相应的单价、定额资料。特别是市场材料单价和取费标准等。

(2)选择合适的审查方法,按相应内容审查。由于工程规模、繁简程度不同,施工企业情况也不同,所编工程预算繁简和质量也不同,所以需针对情况选择相应的审查方法进行审核。

(3)综合整理审查资料,编制调整预算。经过审查,若发现有差错,需要进行增加或核减的,经与编制单位逐项核实,统一意见后,修正原施工图预算,汇总核减量。

3. 施工图预算审查的方法

(1)逐项审查法。逐项审查法又称全面审查法,即按定额顺序或施工顺序,对各分项工程中的工程细目逐项全面详细审查的一种方法。这种方法适合于一些工程量较小、工艺比较简单的工程。其优点是全面、细致,审查质量高、效果好。缺点是工作量大,时间较长。

(2)标准预算审查法。标准预算审查法就是对利用标准图样或通用图样施工的工程,先集中力量编制标准预算,以此为准来审查工程预算的一种方法。按标准设计图样或通用图样施工的工程,以标准预算为准,对局部修改部分单独审查即可,不需逐一详细审查。该方法的优点是时间短、效果好、易定案。缺点是适用范围小,仅适用于采用标准图样的工程。

(3)分组计算审查法。分组计算审查法就是把预算中有关项目按类别划分若干组,利用同组中的一组数据审查分项工程量的一种方法。这种方法首先将若干分部分项工程按相邻且有一定内在联系的项目进行编组,利用同组分项工程间具有相同或相近计算基数的关系,审查一个分项工程数量,由此判断同组中其他几个分项工程的准确程度。该方法特点是审查速度快、工作量小。

(4)对比审查法。对比审查法是当工程条件相同时,用已完工程的预算或未完但已经过审查修正的工程预算对比审查拟建工程的同类工程预算的一种方法。

(5)重点审查法。重点审查法就是抓住工程预算中的重点进行审核的方法。审查的重点一般是工程量大或者造价较高的各种工程、补充定额、计取的各项费用(计取基础、取费标准)等。重点审查法的优点是突出重点、审查时间短、效果好。

第八章　建筑工程工程量清单计价

内容提要：

1. 了解工程量清单计价的概念、特点以及工程量清单计价与定额计价的差别。
2. 了解《建设工程工程量清单计价规范》(GB 50500—2008)。

第一节　工程量清单计价基本知识

一、工程量清单计价的概念

工程量清单计价是指投标人完成由招标人提供的工程量清单所需的全部费用，包括分部分项工程费、措施项目费、其他项目费、规费和税金。

二、工程量清单计价的特点

(1)统一计价规则。通过制定统一的建设工程工程量清单计价方法、统一的工程量计量规则、统一的工程量清单项目设置规则，达到规范计价行为的目的。这些规则和办法是强制性的，建设各方面都应该遵守。

(2)有效控制消耗量。通过由政府发布统一的社会平均消耗量指导标准，为企业提供一个社会平均尺度，避免企业盲目或随意大幅度减少或扩大消耗量，从而达到保证工程质量的目的。

(3)彻底放开价格。将工程消耗量定额中的人工、材料、机械价格和利润、管理费全面放开，由市场的供求关系自行确定价格。

(4)企业自主报价。投标企业根据自身的技术专长、材料采购渠道和管理水平等，制定企业自己的报价定额，自主报价。企业尚无报价定额的，可参考使用造价管理部门颁布的《建设工程消耗量定额》。

(5)市场有序竞争形成价格。通过建立与国际惯例接轨的工程量清单计价模式，引入充分竞争形成价格的机制，制定衡量投标报价合理性的基础标准，在投标过程中，有效引入竞争机制，淡化标底的作用，在保证质量、工期的前提下，按国家《招标投标法》及有关条款规定，最终以"不低于成本"的合理低价者中标。

三、工程量清单计价与定额计价的区别

1. 编制工程量的单位不同

传统定额预算计价办法是建设工程的工程量分别由招标单位和投标单位分别按图示计算。工程量清单计价是工程量由招标单位统一计算或委托有工程造价咨询资质的单位统一计算，各投标单位根据招标人提供的"工程量清单"，根据自身的技术装备、施工经验、企业成本、企业定额、管理水平自主填写报价单。

2. 编制工程量清单时间不同

传统的定额预算计价法是在发出招标文件后编制（招标与投标人同时编制或投标人编制在前，招标人编制在后）。工程量清单报价法必须在发出招标文件前编制。

3. 表现形式不同

传统的定额预算计价法一般是采用总价形式。工程量清单计价法采用综合单价形式,综合单价包括人工费、材料费、机械使用费、管理费、利润,并考虑风险因素。

4. 编制依据不同

传统的定额预算计价法;人工、材料、机械台班消耗量依据建设行政主管部门颁发的预算定额;人工、材料、机械台班单价依据工程造价管理部门发布的价格信息进行计算。工程量清单计价法标底的编制,根据招标文件中的工程量清单和有关要求、施工现场情况、合理的施工方法以及按建设行政主管部门制定的有关工程造价计价办法编制。

5. 费用组成不同

传统预算定额计价法的工程造价由直接工程费、现场经费、间接费、利润及税金组成。工程量清单计价法工程造价包括分部分项工程费、措施项目费、其他项目费、规费、税金;完成每项工程包含的全部工程内容的费用;完成每项工程内容所需的费用(规费、税金除外);工程量清单中没有体现的,施工中又必须发生的工程内容所需费用,包括风险因素而增加的费用。

6. 评标所用的方法不同

传统预算定额计价投标一般采用百分制评分法。工程量清单计价法投标一般采用合理低报价中标法,既要对总价进行评分,还要对综合单价进行分析评分。

7. 项目编码不同

采用传统的预算定额项目编码,全国各省市采用不同的定额子目。采用工程量清单计价全国实行统一编码,项目编码采用十二位阿拉伯数字表示。一到九位为统一编码,其中,一、二位为附录顺序码,三、四位为专业工程顺序码,五、六位为分部工程顺序码,七、八、九位为分项工程项目名称顺序码;十到十二位为清单项目名称顺序码。前九位码不能变动,后三位码,由清单编制人根据项目设置的清单项目编制。

8. 合同价调整方式不同

传统的定额预算计价合同价调整方式有变更签证、定额解释、政策性调整。工程量清单计价法合同价调整方式主要是索赔。工程量清单的综合单价一般通过招标中报价的形式体现,一旦中标,报价作为签订施工合同的依据相对固定下来,工程结算按承包商实际完成工程量乘以清单中相应的单价计算,减少了调整活口。

9. 工程量计算时间前置

工程量清单在招标前由招标人编制。也可能业主为了缩短建设周期,通常在初步设计完成后就开始施工招标,在不影响施工进度的前提下陆续发放施工图样,因此承包商据以报价的工程量清单中各项工作内容下的工程量一般为概算工程量。

10. 投标计算口径达到了统一

传统预算定额招标,各投标单位各自计算工程量,各投标单位计算的工程量均不一致。工程量清单计价法,各投标单位都根据统一的工程量清单报价,达到了投标计算口径统一。

11. 索赔事件增加

因承包商对工程量清单单价包含的工作内容一目了然,故凡建设方不按清单内容施工的,任意要求修改清单的,都会增加施工索赔事件的发生。

第二节　建设工程工程量清单计价规范简介

一、总则

(1)为规范工程造价计价行为,统一建设工程工程量清单的编制和计价方法,根据《中华人民共和国建筑法》、《中华人民共和国合同法》、《中华人民共和国招标投标法》等法律法规,制定《建设工程工程量清单计价规范》(GB 50500—2008)。

(2)《建设工程工程量清单计价规范》(GB 50500—2008)适用于建设工程工程量清单计价活动。

(3)全部使用国有资金投资或国有资金投资为主(以下两者简称"国有资金投资")的工程建设项目必须采用工程量清单计价。

(4)非国有资金投资的工程建设项目,也可采用工程量清单计价。

(5)工程量清单、招标控制价、投标报价、工程价款结算等工程造价文件的编制与核对应由具有资格的工程造价专业人员承担。

(6)建设工程工程量清单计价活动应遵循客观、公正、公平的原则。

(7)《建设工程工程量清单计价规范》(GB 50500—2008)附录 A～附录 F 应作为编制工程量清单的依据。

①附录 A 为建筑工程工程量清单项目及计算规则,适用于工业与民用建筑物和构筑物工程。

②附录 B 为装饰装修工程工程量清单项目及计算规则,适用于工业与民用建筑物和构筑物的装饰装修工程。

③附录 C 为安装工程工程量清单项目及计算规则,适用于工业与民用安装工程。

④附录 D 为市政工程工程量清单项目及计算规则,适用于城市市政建设工程。

⑤附录 E 为园林绿化工程工程量清单项目及计算规则,适用于园林绿化工程。

⑥附录 F 为矿山工程工程量清单项目及计算规则,适用于矿山工程。

(8)建设工程工程量清单计价活动,除应遵守《建设工程工程量清单计价规范》(GB 50500—2008)外,尚应符合国家现行有关标准的规定。

二、术语

(1)工程量清单。建设工程的分部分项工程项目、措施项目、其他项目、规费项目和税金项目的名称和相应数量等的明细清单。

(2)项目编码。分部分项工程量清单项目名称的数字标识。

(3)项目特征。构成分部分项工程量清单项目、措施项目自身价值的本质特征。

(4)综合单价。完成一个规定计量单位的分部分项工程量清单项目或措施清单项目所需的人工费、材料费、施工机械使用费和企业管理费与利润,以及一定范围内的风险费用。

(5)措施项目。为完成工程项目施工,发生于该工程施工准备和施工过程中的技术、生活、安全、环境保护等方面的非工程实体项目。

(6)暂列金额。招标人在工程量清单中暂定并包括在合同价款中的一笔款项。用于施工合同签订时尚未确定或者不可预见的所需材料、设备、服务的采购,施工中可能发生的工程变更、合同约定调整因素出现时的工程价款调整以及发生的索赔、现场签证确认等的费用。

（7）暂估价。招标人在工程量清单中提供的用于支付必然发生但暂时不能确定的材料的单价以及专业工程的金额。

（8）计日工。在施工过程中，完成发包人提出的施工图纸以外的零星项目或工作，按合同中约定的综合单价计价。

（9）总承包服务费。总承包人为配合协调发包人进行的工程分包自行采购的设备、材料等进行管理、服务以及施工现场管理、竣工资料汇总整理等服务所需的费用。

（10）索赔。在合同履行过程中，对于非己方的过错而应由对方承担责任的情况造成的损失，向对方提出赔偿的要求。

（11）现场签证。发包人现场代表与承包人现场代表就施工过程中涉及的责任事件所作的签证证明。

（12）企业定额。施工企业根据本企业的施工技术和管理水平而编制的人工、材料和施工机械台班等的消耗标准。

（13）规费。根据省级政府或省级有关权力部门规定必须缴纳的，应计入建筑安装工程造价的费用。

（14）税金。国家税法规定的应计入建筑安装工程造价内的营业税、城市维护建设税以及教育费附加等。

（15）发包人。具有工程发包主体资格和支付工程价款能力的当事人以及取得该当事人资格的合法继承人。

（16）承包人。被发包人接受的具有工程施工承包主体资格的当事人以及取得该当事人资格的合法继承人。

（17）造价工程师。取得《造价工程师注册证书》，在一个单位注册从事建设工程造价活动的专业人员。

（18）造价员。取得《全国建设工程造价员资格证书》，在一个单位注册从事建设工程造价活动的专业人员。

（19）工程造价咨询人。取得工程造价咨询资质等级证书，接受委托从事建设工程造价咨询活动的企业。

（20）招标控制价。招标人根据国家或省级、行业建设主管部门颁发的有关计价依据和办法，按设计施工图样计算的，对招标工程限定的最高工程造价。

（21）投标价。投标人投标时报出的工程造价。

（22）合同价。发、承包人在施工合同中约定的工程造价。

（23）竣工结算价。发、承包双方依据国家有关法律、法规和标准规定，按照合同约定的最终工程造价。

三、工程量清单编制

1. 一般规定

（1）工程量清单应由具有编制能力的招标人或受其委托，具有相应资质的工程造价咨询人编制。

（2）采用工程量清单方式招标，工程量清单必须作为招标文件的组成部分，其准确性和完整性由招标人负责。

（3）工程量清单是工程量清单计价的基础,应作为标准招标控制价、投标报价、计算工程量、支付工程款、调整合同价款、办理竣工结算以及工程索赔等的依据。

（4）工程量清单应由分部分项工程量清单、措施项目清单、其他项目清单、规范项目清单、税金项目清单组成。

（5）编制工程量清单的依据。

①《建设工程工程量清单计价规范》(GB 50500—2008)。

②国家或省级、行业建设主管部门颁发的计价依据和办法。

③建设工程设计文件。

④与建设工程项目有关的标准、规范、技术资料。

⑤招标文件及其补充通知、答疑纪要。

⑥施工现场情况、工程特点及常规施工方案。

⑦其他相关资料。

2. 分部分项工程量清单

（1）分部分项工程量清单应包括项目编码、项目名称、项目特征、计量单位和工程量。

（2）分部分项工程量清单应根据附录规定的项目编码、项目名称、项目特征、计量单位和工程量计算规则进行编制。

（3）分部分项工程量清单的项目编码,应采用十二位阿拉伯数字表示。一至九位应按附录的规定设置,十至十二位应根据拟建工程的工程量清单项目名称设置,同一招标工程的项目编码不得有重码。

（4）分部分项工程量清单的项目名称应按附录的项目名称结合拟建工程的实际确定。

（5）分部分项工程量清单中所列工程量应按附录中规定的工程量计算规则计算。

（6）分部分项工程量清单的计量单位应按附录中规定的计量单位确定。

（7）分部分项工程量清单项目特征应按附录中规定的项目特征,结合拟建工程项目的实际予以描述。

（8）编制工程量清单出现附录中未包括的项目,编制人应作补充,并报省级或行业工程造价管理机构备案,省级或行业工程造价管理机构应汇总报往住房和城乡建设部标准定额研究所。

3. 措施项目清单

（1）措施项目清单应根据拟建工程的实际情况列项。通用措施项目可按表 8-1 选择列项,专业工程的措施项目可按附录中规定的项目选择列项。若出现本规范未列的项目,可根据工程实际情况补充。

表 8-1　通用措施项目一览表

序　号	项目名称
1	安全文明施工(含环境保护、文明施工、安全施工、临时设施)
2	夜间施工
3	二次搬运
4	冬雨季施工
5	大型机械设备进出场及安拆
6	施工排水
7	施工降水
8	地上、地下设施,建筑物的临时保护设施
9	已完工程及设备保护

(2)措施项目中可以计算工程量的项目清单宜采用分部分项工程量清单的方式编制,列出项目编码、项目名称、项目特征、计量单位和工程量计算规则;不能计算工程量的项目清单,以"项"为计量单位。

4. 其他项目清单

(1)其他项目清单宜按照下列内容列项。

①暂列金额。

②暂估价:包括材料暂估价、专业工程暂估价。

③计日工。

④总承包服务费。

(2)出现第(1)条未列的项目,可根据工程实际情况补充。

5. 规费项目清单

(1)规费项目清单应按照下列内容列项。

①工程排污费。

②工程定额测定费。

③社会保障费:包括养老保险费、失业保险费、医疗保险费。

④住房公积金。

⑤危险作业意外伤害保险。

(2)出现第(1)条未列的项目,应根据省级政府或省级有关权力部门的规定列项。

6. 税金项目清单

(1)税金项目清单应包括下列内容。

①营业税。

②城市维护建设税。

③教育费附加税。

(2)出现第(1)条未列的项目,应根据税务部门的规定列项。

四、工程量清单计价

1. 一般规定

(1)采用工程量清单计价,建设工程造价由分部分项工程费、措施项目费、其他项目费、规费和税金组成。

(2)分部分项工程量清单应采用综合单价计价。

(3)招标文件中的工程量清单标明的工程量是投标人投标报价的共同基础,竣工结算的工程量按发、承包双方在合同中约定应予计量且实际完成的工程量确定。

(4)措施项目清单计价应根据拟建工程的施工组织设计,可以计算工程量的措施项目,应按分部分项工程量清单的方式采用综合单价计价;其余的措施项目可以"项"为单位的方式计价,应包括除规费、税金外的全部费用。

(5)措施项目清单中的安全文明施工费应按照国家或省级、行业建设主管部门的规定计价,不得作为竞争性费用。

(6)其他项目清单应根据工程特点和下文的"2. 招标控制价中的第(6)条、3. 投标价中的第(6)条、8. 竣工结算中的第(6)条"的规定计价。

（7）招标人在工程量清单中提供了暂估价的材料和专业工程属于依法必须招标的，由承包人和招标人共同通过招标确定材料单价与专业工程分包价。

若材料不属于依法必须招标的，经发、承包双方协商确认单价后计价。若专业工程不属于依法必须招标的，由发包人、总承包人与分包人按有关计价依据进行计价。

（8）规费和税金应按国家或省级、行业建设主管部门的规定计算，不得作为竞争性费用。

（9）采用工程量清单计价的工程，应在招标文件或合同中明确风险内容及其范围，不得采用无限风险、所有风险或类似语句规定风险内容及其范围（幅度）。

2. 招标控制价

（1）国有资金投资的工程建设项目应实行工程量清单招标，并应编制招标控制价。招标控制价超过批准的概算时，招标人应将其报原概算审批部门审核。投标人的投标报价高于招标控制价的，其投标应予以拒绝。

（2）招标控制价应由具有编制能力的招标人，或受其委托具有相应资质的工程造价咨询人编制。

（3）招标控制价应根据下列依据编制。

①《建设工程工程量清单计价规范》（GB 50500—2008）。

②国家或省级、行业建设主管部门颁发的计价定额和计价办法。

③建设工程设计文件及相关资料。

④招标文件中的工程量清单及有关要求。

⑤与建设项目相关的标准、规范、技术资料。

⑥工程造价管理机构发布的工程造价信息，工程造价信息没有发布的参照市场价。

⑦其他的相关资料。

（4）分部分项工程费应根据招标文件中的分部分项工程量清单项目的特征描述及有关要求，按上述第（3）条的规定确定综合单价计算。

综合单价中应包括招标文件中要求投标人承担的风险费用。

招标文件提供了暂估单价的材料，按暂估的单价计入综合单价。

（5）措施项目费应根据招标文件中的措施项目清单按前文"1. 一般规定中的第（4）、（5）和2. 招标控制价中的第（3）条"的规定计价。

（6）其他项目费应按下列规定计价。

①暂列金额应根据工程特点，按有关计价规定估算。

②暂估价中的材料单价应根据工程造价信息或参照市场价格估算；暂估价中的专业工程金额应分不同专业，按有关计价规定估算。

③计日工应根据工程特点和有关计价依据计算。

④总承包服务费应根据招标文件列出的内容和要求估算。

（7）规费和税金应按前文"1. 一般规定中的第（8）条"的规定计算。

（8）招标控制价应在招标时公布，不应上调或下浮，招标人应将招标控制价及有关资料报送工程所在地工程造价管理机构备查。

（9）投标人经复核认为招标人公布的招标控制价未按照本规范的规定进行编制的，应在开标前5天向招投标监督机构或（和）工程造价管理机构投诉。

3. 投标价

(1)除《建设工程工程量清单计价规范》(GB 50500—2008)强制性规定外,投标价由投标人自主确定,但不得低于成本。

(2)投标人应按招标人提供的工程量清单填报价格。填写的项目编码、项目名称、项目特征、计量单位、工程量必须与招标人提供的一致。

(3)投标报价应根据下列依据编制。

①《建设工程工程量清单计价规范》(GB 50500—2008)。

②国家或省级、行业建设主管部门颁发的计价办法。

③企业定额,国家或省级、行业建设主管部门颁发的计价定额。

④招标文件、工程量清单及其补充通知、答疑纪要。

⑤建设工程设计文件及相关资料。

⑥施工现场情况、工程特点及拟定的投标施工组织设计或施工方案。

⑦与建设项目相关的标准、规范等技术资料。

⑧市场价格信息或工程造价管理机构发布的工程造价信息。

⑨其他的相关资料。

(4)分部分项工程费应依据《建设工程工程量清单计价规范》(GB 50500—2008)综合单价的组成内容,按招标文件中分部分项工程量清单项目的特征描述确定综合单价计算。

综合单价中应考虑招标文件中要求投标人承担的风险费用。

招标文件中提供了暂估单价的材料,按暂估的单价计入综合单价。

(5)投标人可根据工程实际情况结合施工组织设计,对招标人所列的措施项目进行增补。措施项目费应根据招标文件中的措施项目清单及投标时拟定的施工组织设计或施工方案按前文"1. 一般规定中的第(4)条"的规定自主确定,其中安全文明施工费应按照"1. 一般规定中的第(5)条"的规定确定。

(6)其他项目费应按下列规定报价。

①暂列金额应按招标人在其他项目清单中列出的金额填写。

②材料暂估价应按招标人在其他项目清单中列出的单价计入综合单价,专业工程暂估价应按招标人在其他项目清单中列出的金额填写。

③计日工按招标人在其他项目清单中列出的项目和数量,自主确定综合单价并计算计日工费用。

④总承包服务费根据招标文件中列出的内容和提出的要求自主确定。

(7)规费和税金应按前文"1. 一般规定中的第(8)条"的规定确定。

(8)投标总价应当与分部分项工程费、措施项目费、其他项目费和规费、税金的合计金额一致。

4. 工程合同价款的约定

(1)实行招标的工程合同价款应在中标通知书发出之日起 30 天内,由发、承包双方依据招标文件和中标人的投标文件在书面合同中约定。

不实行招标的工程合同价款,在发、承包双方认可的工程价款基础上,由发、承包双方在合同中约定。

(2)实行招标的工程,合同约定不得违背招、投标文件中关于工期、造价、质量等方面的实质性内容。招标文件与中标人投标文件不一致的地方,以投标文件为准。

(3)实行工程量清单计价的工程,宜采用单价合同。

(4)发、承包双方应在合同条款中对下列事项进行约定;合同中没有约定或约定不明的,由双方协商确定;协商不能达成一致的,按《建设工程工程量清单计价规范》(GB 50500—2008)执行。

①预付工程款的数额、支付时间及抵扣方式。

②工程计量与支付工程进度款的方式、数额及时间。

③工程价款的调整因素、方法、程序、支付及时间。

④索赔与现场签证的程序、金额确认与支付时间。

⑤发生工程价款争议的解决方法及时间。

⑥承担风险的内容、范围以及超出约定内容、范围的调整办法。

⑦工程竣工价款结算编制与核对、支付及时间。

⑧工程质量保证(保修)金的数额、预扣方式及时间。

⑨与履行合同、支付价款有关的其他事项等。

5. 工程计量与价款支付

(1)发包人应按照合同约定支付工程预付款。支付的工程预付款,按照合同约定在工程进度款中抵扣。

(2)发包人支付工程进度款,应按照合同约定计量和支付,支付周期同计量周期。

(3)工程计量时,若发现工程量清单中出现漏项、工程量计算偏差,以及工程变更引起工程量的增减,应按承包人在履行合同义务过程中实际完成的工程量计算。

(4)承包人应按照合同约定,向发包人递交已完工程量报告。发包人应在接到报告后按合同约定进行核对。

(5)承包人应在每个付款周期末,向发包人递交进度款支付申请,并附相应的证明文件。除合同另有约定外,进度款支付申请应包括下列内容:

①本周期已完成工程的价款。

②累计已完成的工程价款。

③累计已支付的工程价款。

④本周期已完成计日工金额。

⑤应增加和扣减的变更金额。

⑥应增加和扣减的索赔金额。

⑦应抵扣的工程预付款。

⑧应扣减的质量保证金。

⑨根据合同应增加和扣减的其他金额。

⑩本付款周期实际应支付的工程价款。

(6)发包人在收到承包人递交的工程进度款支付申请及相应的证明文件后,发包人应在合同约定时间内核对和支付工程进度款。发包人应扣回的工程预付款,与工程进度款同期结算抵扣。

（7）发包人未在合同约定时间内支付工程进度款,承包人应及时向发包人发出要求付款的通知。发包人收到承包人通知后仍不按要求付款,可与承包人协商签订延期付款协议,经承包人同意后延期支付。协议应明确延期支付的时间和从付款申请生效后按同期银行贷款利率计算应付款的利息。

（8）发包人不按合同约定支付工程进度款,双方又未达成延期付款协议,导致施工无法进行时,承包人可停止施工,由发包人承担违约责任。

6. 索赔与现场签证

（1）合同一方向另一方提出索赔时,应有正当的索赔理由和有效证据,并应符合合同的相关约定。

（2）若承包人认为非承包人原因发生的事件造成了承包人的经济损失,承包人应在确认该事件发生后,按合同约定向发包人发出索赔通知。

发包人在收到最终索赔报告后并在合同约定时间内,未向承包人做出答复的,视为该项索赔已经认可。

（3）承包人索赔按下列程序处理。

①承包人在合同约定的时间内向发包人递交费用索赔意向通知书。

②发包人指定专人收集与索赔有关的资料。

③承包人在合同约定的时间内向发包人递交费用索赔申请表。

④发包人指定的专人初步审查费用索赔申请表,符合上述"第（1）条"规定的条件时予以受理。

⑤发包人指定的专人进行费用索赔核对,经造价工程师复核索赔金额后,与承包人协商确定并由发包人批准。

⑥发包人指定的专人应在合同约定的时间内签署费用索赔审批表,或发出要求承包人提交有关索赔的进一步详细资料的通知,待收到承包人提交的详细资料后,按本条"第④、⑤款"的程序进行。

（4）若承包人的费用索赔与工程延期索赔要求相关联时,发包人在做出费用索赔的批准决定时,应结合工程延期的批准,综合做出费用索赔和工程延期的决定。

（5）若发包人认为由于承包人的原因造成额外损失,发包人应在确认引起索赔的事件后,按合同约定向承包人发出索赔通知。

承包人在收到发包人索赔通知后并在合同约定时间内,未向发包人作出答复,视为该项索赔已经认可。

（6）承包人应发包人要求完成合同以外的零星工作或非承包人责任事件发生时,承包人应按合同约定及时向发包人提出现场签证。

（7）发、承包双方确认的索赔与现场签证费用与工程进度款同期支付。

7. 工程价款调整

（1）招标工程以投标截止到日前28天,非招标工程以合同签订前28天为基准日,其后国家的法律、法规、规章和政策发生变化影响工程造价的,应按省级或行业建设主管部门或其授权的工程造价管理机构发布的规定调整合同价款。

（2）若施工中出现施工图样（含设计变更）与工程量清单项目特征描述不符的,发、承包双方应按新的项目特征确定相应工程量清单项目的综合单价。

（3）因分部分项工程量清单漏项或非承包人原因的工程变更，造成增加新的工程量清单项目，其对应的综合单价按下列方法确定。

①合同中已有适用的综合单价，按合同中已有的综合单价确定。

②合同中有类似的综合单价，参照类似的综合单价确定。

③合同中没有适用或类似的综合单价，由承包人提出综合单价，经发包人确认后执行。

（4）因分部分项工程量清单漏项或非承包人原因的工程变更，引起措施项目发生变化，造成施工组织设计或施工方案变更，原措施费中已有的措施项目，按原措施费的组价方法调整；原措施费中没有的措施项目，由承包人根据措施项目变更情况，提出适当的措施费变更，经发包人确认后调整。

（5）因非承包人原因引起的工程量增减，该项工程量变化在合同约定幅度以内的，应执行原有的综合单价；该项工程量变化在合同约定幅度以外的，其综合单价及措施项目费应予以调整。

（6）若施工期内市场价格波动超出一定幅度时，应按合同约定调整工程价款；合同没有约定或约定不明确的，应按省级或行业建设主管部门或其授权的工程造价管理机构的规定调整。

（7）因不可抗力事件导致的费用，发、承包双方应按以下原则分别承担并调整工程价款。

①工程本身的损害、因工程损害导致第三方人员伤亡和财产损失以及运至施工场地用于施工的材料和待安装的设备的损害，由发包人承担。

②发包人、承包人人员伤亡由其所在单位负责，并承担相应费用。

③承包人的施工机械设备损坏及停工损失，由承包人承担。

④停工期间，承包人应发包人要求留在施工场地的必要的管理人员及保卫人员的费用，由发包人承担。

⑤工程所需清理、修复费用，由发包人承担。

（8）工程价款调整报告应由受益方在合同约定时间内向合同的另一方提出，经对方确认后调整合同价款。受益方未在合同约定时间内提出工程价款调整报告的，视为不涉及合同价款的调整。

收到工程价款调整报告的一方应在合同约定时间内确认或提出协商意见，否则，视为工程价款调整报告已经确认。

（9）经发、承包双方确定调整的工程价款，作为追加（减）合同价款与工程进度款同期支付。

8．竣工结算

（1）工程完工后发、承包双方应在合同约定时间内办理工程竣工结算。

（2）工程竣工结算由承包人或受其委托具有相应资质的工程造价咨询人编制，由发包人或受其委托具有相应资质的工程造价咨询人核对。

（3）工程竣工结算的依据。

①《建设工程工程量清单计价规范》（GB 50500—2008）。

②施工合同。

③工程竣工图样及资料。

④双方确认的工程量。

⑤双方确认追加(减)的工程价款。

⑥双方确认的索赔、现场签证事项及价款。

⑦投标文件。

⑧招标文件。

⑨其他依据。

(4)分部分项工程费应依据双方确认的工程量、合同约定的综合单价计算;如发生调整的,以发、承包双方确认调整的综合单价计算。

(5)措施项目费应依据合同约定的项目和金额计算;如发生调整的,以发、承包双方确认调整的金额计算,其中安全文明施工费应按前文"1. 一般规定中的第(5)条"的规定计算。

(6)其他项目费用应按下列规定计算。

①计日工应按发包人实际签证确认的事项计算。

②暂估价中的材料单价应按发、承包双方最终确认价在综合单价中调整;专业工程暂估价应按中标价或发包人、承包人与分包人最终确认价计算。

③总承包服务费应依据合同约定金额计算,如发生调整的,以发、承包双方确认调整的金额计算。

④索赔费用应依据发、承包双方确认的索赔事项和金额计算。

⑤现场签证费用应依据发、承包双方签证资料确认的金额计算。

⑥暂列金额应减去工程价款调整与索赔、现场签证金额计算,如有余额归发包人。

(7)规费和税金应按前文"1. 一般规定中的第(8)条"的规定计算。

(8)承包人应在合同约定时间内编制完成竣工结算书,并在提交竣工验收报告的同时递交给发包人。承包人未在合同约定时间内递交竣工结算书,经发包人催促后仍未提供或没有明确答复的,发包人可以根据已有资料办理结算。

(9)发包人在收到承包人递交的竣工结算书后,应按合同约定时间核对。同一工程竣工结算核对完成,发、承包双方签字确认后,禁止发包人要求承包人与另一个或多个工程造价咨询人重复核对竣工结算。

(10)发包人或受其委托的工程造价咨询人收到承包人递交的竣工结算书后,在合同约定时间内,不核对竣工结算或未提出核对意见的,视为承包人递交的竣工结算书已经认可,发包人应向承包人支付工程结算价款。

承包人在接到发包人提出的核对意见后,在合同约定时间内,不确认也未提出异议的,视为发包人提出的核对意见已经认可,竣工结算办理完毕。

(11)发包人应对承包人递交的竣工结算书签收,拒不签收的,承包人可以不交付竣工工程。承包人未在合同约定时间内递交竣工结算书的,发包人要求交付竣工工程,承包人应当交付。

(12)竣工结算办理完毕,发包人应将竣工结算书报送工程所在地工程造价管理机构备案。竣工结算书作为工程竣工验收备案、交付使用的必备文件。

(13)竣工结算办理完毕,发包人应根据确认的竣工结算书在合同约定时间内向承包人支付工程竣工结算价款。

（14）发包人未在合同约定时间内向承包人支付工程结算价款的，承包人可催告发包人支付结算价款。如达成延期支付协议的，发包人应按同期银行同类贷款利率支付拖欠工程价款的利息。如未达成延期支付协议，承包人可以与发包人协商将该工程折价，或申请人民法院将该工程依法拍卖，承包人就该工程折价或者拍卖的价款优先受偿。

9. 工程计价争议处理

（1）在工程计价中，对工程造价计价依据、办法以及相关政策规定发生争议事项的，由工程造价管理机构负责解释。

（2）发包人以对工程质量有异议，拒绝办理工程竣工结算的，已竣工验收或已竣工未验收但实际投入使用的工程，其质量争议按该工程保修合同执行，竣工结算按合同约定办理；已竣工未验收且未实际投入使用的工程以及停工、停建工程的质量争议，双方应就有争议的部分委托有资质的检测鉴定机构进行检测，根据检测结果确定解决方案，或按工程质量监督机构的处理决定执行后办理竣工结算，无争议部分的竣工结算按合同约定办理。

（3）发、承包双方发生工程造价合同纠纷时，应通过下列办法解决。

①双方协商。

②提请调解，工程造价管理机构负责调解工程造价问题。

③按合同约定向仲裁机构申请仲裁或向人民法院起诉。

（4）在合同纠纷案件处理中，需作工程造价鉴定的，应委托具有相应资质的工程造价咨询人进行。

五、工程量清单计价格式

1. 封面

（1）工程量清单（表 8-2）。

表 8-2　工程量清单

_____工程

招 标 人：	_____	工程造价咨询人：	_____
	（单位盖章）		（单位资质专用章）
法定代表人		法定代表人	
或其授权人：	_____	或其授权人：	_____
	（签字或盖章）		（签字或盖章）
编 制 人：	_____	复 核 人：	_____
	（造价人员签字盖专用章）		（造价工程师签字盖专用章）

编制时间：　　年　　月　　日　　　　复核时间：　　年　　月　　日

(2)招标控制价(表8-3)。

表 8-3 招标控制价

_____工程

招标控制价(小写):_____

(大写):_____

工 程 造 价

招 标 人:_____   咨 询 人:_____

(单位盖章)   (单位资质专用章)

法定代表人   法定代表人

或其授权人:_____   或其授权人:_____

(签字或盖章)   (签字或盖章)

编 制 人:_____   复 核 人:_____

(造价人员签字盖专用章)   (造价工程师签字盖专用章)

编制时间: 年   月   日   复核时间: 年   月   日

(3)投标总价(表8-4)。

表 8-4 投标总价

招 标 人:_____

工 程 名 称:_____

投标总价(小写):_____

(大写):_____

投 标 人:_____

(单位盖章)

法定代表人

或其授权人:_____

(签字或盖章)

编 制 人:_____

(造价人员签字盖专用章)

编制时间: 年   月   日

（4）竣工结算总价（表 8-5）。

表 8-5　竣工结算总价

_____工程

中标价(小写):_____　　　　　(大写):_____
结算价(小写):_____　　　　　(大写):_____

发 包 人:_____　　承 包 人:_____　　工程造价
　　　　　　　(单位盖章)　　　　　　　　　　(单位盖章)　　　咨 询 人:_____
　　　　　　　　　　　　　　　　　　　　　　　　　　　　　　　　　(单位资质专用章)

法定代表人　　　　　　　　　法定代表人　　　　　　　　　法定代表人
或其授权人:_____　或其授权人:_____　或其授权人:_____
　　　　　　(签字或盖章)　　　　　　　(签字或盖章)　　　　　　　(签字或盖章)

编 制 人:_____　　核 对 人:_____
　　　(造价人员签字盖专用章)　　　　　(造价工程师签字盖专用章)

编制时间:　　年　　月　　日　　　　核对时间:　　年　　月　　日

2. 总说明

总说明见表 8-6。

表 8-6　总说明

工程名称:　　　　　　　　　　　　　　　　　　　　　　第 页 共 页

| |
| |

3. 汇总表

（1）工程项目招标控制价/投标报价汇总表（表 8-7）。

表 8-7　工程项目招标控制价/投标报价汇总表

工程名称:　　　　　　　　　　　　　　　　　　　第 页 共 页

序号	单项工程名称	金额/元	其 中		
			暂估价/元	安全文明施工费/元	规费/元
合　计					

注:本表适用于工程项目招标控制价或投标报价的汇总。

（2）单项工程招标控制价/投标报价汇总表（表8-8）。

表8-8　单项工程招标控制价/投标报价汇总表

工程名称：　　　　　　　　　　　　　　　　　　　　　　　　　　　第　页共　页

序号	单位工程名称	金额/元	其　中		
			暂估价/元	安全文明施工费/元	规费/元
	合　计				

注：本表适用于单项工程招标控制价或投标报价的汇总。暂估价包括分部分项工程中的暂估价和专业工程暂估价。

（3）单位工程招标控制价/投标报价汇总表（表8-9）。

表8-9　单位工程招标控制价/投标报价汇总表

工程名称：　　　　　　　　　　标段：　　　　　　　　　　　第　页共　页

序号	汇总内容	金额/元	其中：暂估价/元
1	分部分项工程		
1.1			
1.2			
1.3			
1.4			
2	措施项目		—
2.1	安全文明施工费		
3	其他项目		—
3.1	暂列金额		—
3.2	专业工程暂估价		
3.3	计日工		—
3.4	总承包服务费		—
4	规费		—
5	税金		—
	招标控制价合计＝1＋2＋3＋4＋5		

注：本表适用于单位工程招标控制价或投标报价的汇总。如无单位工程划分，单项工程也使用本表汇总。

（4）工程项目竣工结算汇总表（表8-10）。

表8-10　工程项目竣工结算汇总表

工程名称：　　　　　　　　　　　　　　　　　　　　　　　　　　　第　页共　页

序号	单项工程名称	金额/元	其　中	
			安全文明施工费/元	规费/元
	合　计			

（5）单项工程竣工结算汇总表（表8-11）。

表 8-11　单项工程竣工结算汇总表

工程名称：　　　　　　　　　　　　　　　　　　　　　　　　　　　　　　第　页　共　页

序号	单位工程名称	金额/元	其　　中	
			安全文明施工费/元	规费/元
	合　　计			

（6）单位工程竣工结算汇总表（表8-12）。

表 8-12　单位工程竣工结算汇总表

工程名称：　　　　　　　　标段：　　　　　　　　　　　　　　第　页　共　页

序　号	汇　总　内　容	金额/元
1	分部分项工程	
1.1		
1.2		
1.3		
1.4		
2	措施项目	
2.1	安全文明施工费	
3	其他项目	
3.1	专业工程结算价	
3.2	计日工	
3.3	总承包服务费	
3.4	索赔与现场签证	
4	规费	
5	税金	
竣工结算总价合计＝1＋2＋3＋4＋5		

注：如无单位工程划分，单项工程也使用本表汇总。

4. 分部分项工程量清单表

（1）分部分项工程量清单与计价表（表8-13）。

表 8-13　分部分项工程量清单与计价表

工程名称：　　　　　　　　标段：　　　　　　　　　　　　　　第　页　共　页

序号	项目编码	项目名称	项目特征描述	计量单位	工程量	金额/元		
						综合单价	合价	其中：暂估价

续表 8-13

序号	项目编码	项目名称	项目特征描述	计量单位	工程量	金额/元		
						综合单价	合价	其中:暂估价
本页小计								
合　计								

注:根据建设部、财政部发布的《建设安装工程费用组成》(建标〔2003〕206 号)的规定,为计取规费等的使用,可在表中增设:"直接费"、"人工费"或"人工费+机械费"。

(2)工程量清单综合单价分析表(表 8-14)。

表 8-14　工程量清单综合单价分析表

工程名称:　　　　　　　　　　　　　　标段:　　　　　　　　　　第　页共　页

项目编码		项目名称		计量单位	

清单综合单价组成明细

定额编号	定额名称	定额单位	数量	单　价				合　价			
				人工费	材料费	机械费	管理费和利润	人工费	材料费	机械费	管理费和利润

人工单价		小　计									
元/工日		未计价材料费									
清单项目综合单价											

材料费明细	主要材料名称、规格、型号		单位	数量	单价/元	合价/元	暂估单价/元	暂估合价/元
	其他材料费				—		—	
	材料费小计				—		—	

注:1. 如不使用省级或行业建设主管部门发布的计价依据,可不填定额项目、编号等。
　　2. 招标文件提供了暂估单价的材料,按暂估的单价填入表内"暂估单价"栏及"暂估合价"栏。

5. 措施项目清单表

(1)措施项目清单与计价表(一)(表8-15)。

(2)措施项目清单与计价表(二)(表8-16)。

表 8-15　措施项目清单与计价表(一)

工程名称:　　　　　　　　　　　　　标段:　　　　　　　　第　页　共　页

序　号	项 目 名 称	计 算 基 础	费 率(%)	金 额/元
1	安全文明施工费			
2	夜间施工费			
3	二次搬运费			
4	冬雨季施工			
5	大型机械设备 进出场及安拆费			
6	施工排水			
7	施工降水			
8	地上、地下设施、建筑物的 临时保护设施			
9	已完工程及设备保护			
10	各专业工程的措施项目			
11				
12				
	合　　计			

注:1. 本表适用于以"项"计价的措施项目。

　　2. 根据建设部、财政部发布的《建设安装工程费用组成》(建标[2003]206号)的规定,"计算基础"可为"直接费"或"人工费+机械费"。

表 8-16　措施项目清单与计价表(二)

工程名称:　　　　　　　　　　　　　标段:　　　　　　　　第　页　共　页

序号	项目编码	项目名称	项目特征 描述	计量单位	工程量	金 额/元	
						综合单价	合 价
	本页小计						
	合　计						

注:本表适用于以综合单价形式计价的措施项目。

6. 其他项目清单表

(1)其他项目清单与计价汇总表(表8-17)。

(2)暂列金额明细表(表 8-18)。

(3)材料暂估单价表(表 8-19)。

(4)专业工程暂估价表(表 8-20)。

(5)计日工表(表 8-21)。

(6)总承包服务费计价表(表 8-22)。

表 8-17 其他项目清单与计价汇总表

工程名称: 标段: 第 页共 页

序号	项目名称	计量单位	金额/元	备　注
1	暂列金额			明细详见表 8-18
2	暂估价			
2.1	材料暂估价		—	明细详见表 8-19
2.2	专业工程暂估价			明细详见表 8-20
3	计日工			明细详见表 8-21
4	总承包服务费			明细详见表 8-22
5				
合　　计				—

注:材料暂估单价进入清单项目综合单价,此处不汇总。

表 8-18 暂列金额明细表

工程名称: 标段: 第 页共 页

序号	项目名称	计量单位	暂定金额/元	备　注
1				
2				
3				
4				
5				
6				
7				
合　　计				—

注:此表由招标人填写,如不能详列,也可只列暂定金额总额,投标人应将上述暂列金额计入投标总价中。

表 8-19 材料暂估单价表

工程名称: 标段: 第 页共 页

序号	材料名称、规格、型号	计量单位	单价/元	备　注

续表 8-19

序号	材料名称、规格、型号	计量单位	单价/元	备　注

注：1. 此表由招标人填写，并在备注栏说明暂估价的材料拟用在哪些清单项目上，投标人应将上述材料暂估单价计入工程量清单综合单价报价中。

　　2. 材料包括原材料、燃料、构配件以及按规定应计入建筑安装工程造价的设备。

表 8-20　专业工程暂估价表

工程名称：　　　　　　　　　　标段：　　　　　　　　　　　第　页共　页

序号	工程名称	工程内容	金额/元	备　注
合　计				—

注：此表由招标人填写，投标人应将上述专业工程暂估价计入投标总价中。

表 8-21　计日工表

工程名称：　　　　　　　　　　标段：　　　　　　　　　　　第　页共　页

编号	项目名称	单位	暂定数量	综合单价	合　价
一	人工				
1					
2					
3					
4					
人工小计					
二	材料				
1					
2					
3					
4					
5					
6					
材料小计					
三	施工机械				
1					

续表 8-21

编 号	项目名称	单 位	暂定数量	综合单价	合　价
三					
2					
3					
4					
施工机械小计					
总　　计					

注:此表项目名称、数量由招标人填写,编制招标控制价时,单价由招标人按有关计价规定确定;投标时,单价由投标人自主报价,计入投标总价中。

表 8-22　总承包服务费计价表

工程名称:　　　　　　　　标段:　　　　　　　第　页共　页

序　　号	工　程　名　称	项目价值/元	服务内容	费率(%)	金额/元
1	发包人发包专业工程				
2	发包人供应材料				
合　　计					

(7)索赔与现场签证计价汇总表(表 8-23)。

表 8-23　索赔与现场签证计价汇总表

工程名称:　　　　　　　　标段:　　　　　　　第　页共　页

序　　号	签证及索赔项目名称	计量单位	数量	单价/元	合价/元	索赔及签证依据
本页小计						
合　　计						

注:签证及索赔依据是指经双方认可的签证单和索赔依据的编号。

(8)费用索赔申请(核准)表(表8-24)。

表8-24 费用索赔申请(核准)表

工程名称: 标段: 编号:

致:_____(发包人全称) 　　根据施工合同条款第_____条的约定,由于_____原因,我方要求索赔金额(大写)_____元,(小写)_____元,请予核准。 附:1. 费用索赔的详细理由和依据: 　2. 索赔金额的计算: 　3. 证明材料: 　　　　　　　　　　　　　　　　　　　　　　　　　　　承包人(章) 　　　　　　　　　　　　　　　　　　　　　　　　　　承包人代表_____ 　　　　　　　　　　　　　　　　　　　　　　　　　　日　　期_____

复核意见: 　　根据施工合同条款第_____条的约定,你方提出的费用索赔申请经复核: □不同意此项索赔,具体意见见附件。 □同意此项索赔,索赔金额的计算,由造价工程师复核。 　　　　　　　监理工程师_____ 　　　　　　　日　　期_____	复核意见: 　　根据施工合同条款第_____条的约定,你方提出的费用索赔申请经复核,索赔金额为(大写)_____元,(小写)_____元。 　　　　　　　造价工程师_____ 　　　　　　　日　　期_____

审核意见: □不同意此项索赔。 □同意此项索赔,与本期进度款同期支付。   　　　　　　　　　　　　　　　　　　　　　　　　　　　发包人(章) 　　　　　　　　　　　　　　　　　　　　　　　　　　发包人代表_____ 　　　　　　　　　　　　　　　　　　　　　　　　　　日　　期_____

注:1. 在选择栏中的"□"内做标识"√"。

　　2. 本表一式四份,由承包人填报,发包人、监理人、造价咨询人、承包人各存一份。

(9)现场签证表(表8-25)。

7. 规费、税金项目清单与计价表

规费、税金项目清单与计价表见表8-26。

表 8-25　现场签证表

工程名称：　　　　　　　　　　　标段：　　　　　　　　　　　编号：

施工部位		日期	

致：_____（发包人全称）

　　根据_____（指令人姓名）　年　月　日的口头指令或你方_____（或监理人）　年　月　日的书面通知，我方要求完成此项工作应支付价款金额为（大写）_____元，（小写）_____元，请予核准。

附：1. 签证事由及原因：

　　2. 附图及计算式：

承包人（章）

承包人代表_____

日　　期_____

复核意见： 　　你方提出的此项签证申请经复核： □不同意此项签证，具体意见见附件。 □同意此项签证，签证金额的计算，由造价工程师复核。 <div align="center">监理工程师_____ 日　期_____</div>	复核意见： 　　□此项签证按承包人中标的计日工单价计算，金额为（大写）_____元，（小写）_____元。 　　□此项签证因无计日工单价，金额为（大写）_____元，（小写）_____元。 <div align="center">造价工程师_____ 日　期_____</div>

审核意见：

□不同意此项签证。

□同意此项签证，价款与本期进度款同期支付。

发包人（章）

发包人代表_____

日　　期_____

注：1. 在选择栏中的"□"内做标识"√"。

　　2. 本表一式四份，由承包人在收到发包人（监理人）的口头或书面通知后填写，发包人、监理人、造价咨询人、承包人各存一份。

表 8-26　规费、税金项目清单与计价表

工程名称：　　　　　　　　　　　标段：　　　　　　　　　　　第　页共　页

序号	项目名称	计算基础	费率（%）	金额/元
1	规费			
1.1	工程排污费			
1.2	社会保障费			
(1)	养老保险费			
(2)	失业保险费			
(3)	医疗保险费			
1.3	住房公积金			
1.4	危险作业意外伤害保险			
1.5	工程定额测定费			
2	税金	分部分项工程费＋措施项目费＋其他项目费＋规费		
	合　　计			

注：根据建设部、财政部发布的《建筑安装工程费用组成》（建标〔2003〕206号）的规定，"计算基础"可为"直接费"、"人工费"或"人工费＋机械费"。

8. 工程款支付申请(核准)表

工程款支付申请(核准)表(表8-27)。

表 8-27　工程款支付申请(核准)表

工程名称：　　　　　　　　　标段：　　　　　　　　　编号：

致：_____（发包人全称）

我方于_____至_____期间已完成了_____工作，根据施工合同的约定，现申请支付本期的工程款额为(大写)_____元，(小写)_____元，请予核准。

序号	名　称	金额/元	备注
1	累计已完成的工程价款		
2	累计已实际支付的工程价款		
3	本周期已完成的工程价款		
4	本周期完成的计日工金额		
5	本周期应增加和扣减的变更金额		
6	本周期应增加和扣减的索赔金额		
7	本周期应抵扣的预付款		
8	本周期应扣减的质保金		
9	本周期应增加或扣减的其他金额		
10	本周期实际应支付的工程价款		

承包人(章)

承包人代表_____

日　期_____

复核意见：

□与实际施工情况不相符，修改意见见附件。

□与实际施工情况相符，具体金额由造价工程师复核。

监理工程师_____

日　期_____

复核意见：

你方提出的支付申请经复核，本期间已完成工程款额为(大写)_____元，(小写)_____元，本期间应支付金额为(大写)_____元，(小写)_____元。

造价工程师_____

日　期_____

审核意见：

□不同意。

□同意，支付时间为本表签发后的15天内。

发包人(章)

发包人代表_____

日　期_____

注：1. 在选择栏中的"□"内做标识"√"。

　　2. 本表一式四份，由承包人填报，发包人、监理人、造价咨询人、承包人各存一份。

第三部分 土石方及桩基础 工程计价方法及应用

第九章 土石方工程计量与计价

内容提要：

1. 熟悉土石方工程定额说明。
2. 了解土石方工程定额计算规则。
3. 掌握工程量清单项目设置与工程量计算规则。
4. 了解土石方工程工程量计算主要技术资料。
5. 掌握土石方工程工程量计算在实际工程中的应用。

第一节 土石方工程基础定额工程量计算规则

一、基础定额说明

1. 人工土石方

(1)土壤分类。土壤分类见表 9-1，表中Ⅰ、Ⅱ类为定额中一、二类土壤(普通土)，Ⅲ类为定额中三类土壤(坚土)，Ⅳ类为定额中四类土壤(砂砾坚土)。人工挖地槽、地坑定额深度最深为 6m，超过 6m 时，可另作补充定额。

表 9-1 土壤及岩石(普氏)分类表

定额分类	普氏分类	土壤及岩石名称	天然湿度下平均容重 /(kg/m³)	极限压碎强度 /(kg/cm²)	用轻钻孔机钻进 1m 耗时/min	开挖工具及方法	紧固系数 (f)
一、二类土壤	Ⅰ	砂 砂壤土 腐殖土 泥炭	1500 1600 1200 600			用尖锹开挖	0.5~0.6
	Ⅱ	轻壤土和黄土类土 潮湿而松散的黄土，软的盐渍土和碱土 平均 15mm 以内的松散而软的砾石 含有草根的密实腐殖土 含有直径在 30mm 以内根类的泥炭和腐殖土 掺有卵石、碎石和石屑的砂和腐殖土 含有卵石或碎石杂质的胶结成块的填土 含有卵石、碎石和建筑料杂质的砂壤土	1600 1600 1700 1400 1100 1650 1750 1900			用锹开挖并少数用镐开挖	0.6~0.8

续表 9-1

定额分类	普氏分类	土壤及岩石名称	天然湿度下平均容重/(kg/m³)	极限压碎强度/(kg/cm²)	用轻钻孔机钻进 1m 耗时/min	开挖工具及方法	紧固系数(f)
三类土壤	Ⅲ	肥黏土其中包括石炭纪,侏罗纪的黏土和冰黏土	1800			用尖锹并同时用镐开挖(30%)	0.81～1.0
		重壤土、粗砾石、粒径为 15～40mm 的碎石和卵石	1750				
		干黄土和掺有碎石或卵石的自然含水量黄土	1790				
		含有直径大于 30mm 根类的腐殖土或泥炭	1400				
		掺有碎石或卵石和建筑碎料的土壤	1900				
四类土壤	Ⅳ	土含碎石重黏土,其中包括侏罗纪和石炭的硬黏土	1950			用尖锹并同时用镐和撬棍开挖(30%)	1.0～1.5
		含有碎石、卵石、建筑碎料和重达 25kg 的顽石(总体积 10%以内)等杂质的肥黏土和重壤土	1950				
		冰碛黏土,含有重量在 50kg 以内的巨砾,其含量为总体积 10%以内	2000				
		泥板岩	2000				
		不含或含有重量达 10kg 的顽石	1950				
松石	Ⅴ	含有重量在 50kg 以内的巨砾(占体积 10%以上)的冰碛石	2100	<200	<3.5	部分用手凿工具,部分用爆破来开挖	1.5～2.0
		砂藻岩和软白垩岩	1800				
		胶结力弱的砾岩	1900				
		各种不坚实的片岩	2600				
		石膏	2200				
次坚石	Ⅵ	凝灰岩和浮石	1100	200～400	3.5	用风镐的爆破法来开挖	2～4
		松软多孔和裂隙严重的石灰岩和介质石灰岩	1200				
		中等硬变的片岩	2700				
		中等硬变的泥灰岩	2300				
	Ⅶ	石灰石胶结的带有卵石和沉积岩和砾石	2200	400～600	6.0	用爆破方法开挖	4～6
		风化的和有大裂缝的黏土质砂岩	2000				
		坚实的泥板岩	2800				
		坚实泥灰岩	2500				
	Ⅷ	砾质花岗岩	2300	600～800	8.5	用爆破方法开挖	6～8
		泥灰质石灰岩	2300				
		黏土质砂岩	2200				
		砂质云片岩	2300				
		硬石膏	2900				
普坚石	Ⅸ	严重风化的软弱的花岗石、片麻岩和正长岩	2500	800～1000	11.5	用爆破方法开挖	8～10
		滑石化的蛇纹岩	2400				
		致密的石灰岩	2500				
		含有卵石、沉积岩的硅质胶结的砾岩	2500				
		砂岩	2500				
		砂质石灰质片岩	2500				
		镂镁矿	3000				

续表 9-1

定额分类	普氏分类	土壤及岩石名称	天然湿度下平均容重/(kg/m³)	极限压碎强度/(kg/cm²)	用轻钻孔机钻进 1m 耗时/min	开挖工具及方法	紧固系数(f)
普坚石	X	白云石	2700	1000~1200	15.0	用爆破方法开挖	10~12
		坚固的石灰岩	2700				
		大理岩	2700				
		石灰岩质胶结的致密砾石	2600				
		坚固砂质片岩	2600				
	XI	粗花岗岩	2800	1200~1400	18.5	用爆破方法开挖	12~14
		非常坚硬的白云岩	2900				
		蛇纹岩	2600				
		石灰质胶结的含有火成岩之卵石的砾石	2800				
		石英胶结的坚固砂岩	2700				
		粗粒正长岩	2700				
	XII	具有风化痕迹的安山岩和玄武岩	2700	1400~1600	22.0	用爆破方法开挖	14~16
		片麻岩	2600				
		非常坚固的石灰岩	2900				
		硅质胶结的含有火成岩之卵石的砾岩	2900				
		粗石岩	2600				
特坚石	XIII	中粒花岗岩	3100	1600~1800	27.5	用爆破方法开挖	16~18
		坚固的片麻岩	2800				
		辉绿岩	2700				
		玢岩	2500				
		坚固的粗面岩	2800				
		中粒正长岩	2800				
	XIV	非常坚硬的细粒花岗岩	3300	1800~2000	32.5	用爆破方法开挖	18~20
		花岗岩麻岩	2900				
		闪长岩	2900				
		高硬度的石灰岩	3100				
		坚固的玢岩	2700				
	XV	安山岩、玄武岩、坚固的角页岩	3100	2000~2500	46.0	用爆破方法开挖	20~25
		高硬度的辉煌绿岩和闪长岩	2900				
		坚固的辉长岩和石英岩	2800				
	XVI	拉长玄武岩和橄榄玄武岩	3300	>2500	>60	用爆破方法开挖	>25
		特别坚固的辉长辉绿岩、石英石和玢岩	3000				

　　(2)人工土方定额。人工土方定额是按干土编制的,例如挖湿土时,人工乘以系数 1.18。干湿的划分应根据地质勘测资料以地下常水位为准,地下常水位以上为干土,以下为湿土。

　　(3)人工挖孔桩定额。人工挖孔桩定额适用于在有安全防护措施的条件下施工。

　　(4)有地下水或地表水时的定额。定额未包括地下水位以下施工的排水费用,发生时另行计算。挖土方时若有地表水需要排除,亦应另行计算。

　　(5)支挡土板定额。支挡土板定额项目分为密撑和疏撑:密撑是指满支挡土板,疏撑是指间隔支挡土板。实际间距不同时,定额不作调整。

(6)有挡土板时的定额按实挖体积,人工乘系数 1.43。

(7)桩间土方定额。挖桩间土方时按实挖体积(扣除桩体占用体积),人工乘以系数 1.5。

(8)桩内垂直运输方式按人工考虑的定额。深度超过 12m 时,16m 以内按 12m 项目人工用量乘以系数 1.3;20m 以内乘以系数 1.5 计算。同一孔内土壤类别不同时,按定额加权计算,若遇有流沙、流泥,另行处理。

(9)石方爆破定额。石方爆破定额是按炮眼法松动爆破编制的,不分明炮、闷炮,但是闷炮的覆盖材料应另行计算:石方爆破定额是按电雷管导电起爆编制的,若采用火雷管爆破时,雷管应换算,数量不变。扣除定额中的胶质导线,换为导火索,导火索的长度按每个雷管 2.12m计算。

2. 机械土石方

(1)岩石分类。岩石分类见表 9-1。

(2)推土机推土、推土碴,铲运机铲运土重车上坡时,若坡度大于 5%,其运距按坡度区段斜长乘以表 9-2 中所列系数计算。

表 9-2 系数

坡度(%)	5～10	15 以内	20 以内	25 以内
系数	1.75	2.0	2.25	2.50

(3)汽车、人力车,重车上坡降效因素,已综合在相应的运输定额项目中,不再另行计算。

(4)机械挖土方工程量,按机械挖土方 90%,人工挖土方 10%计算,人工挖土部分按相应定额项目人工乘以系数 2。

(5)土壤含水率定额按天然含水率为准制定,含水率大于 25%时,定额人工、机械乘以系数1.15,若含水率大于 40%时另行计算。

(6)推土机推土或铲运机铲土土层平均厚度小于 300mm 时,推土机台班用量乘以系数1.25;铲运机台班用量乘以系数 1.17。

(7)挖掘机在垫板上进行作业时,人工、机械乘以系数 1.25,定额内不包括垫板铺设所需的工料、机械消耗。

(8)推土机、铲运机,推、铲未经压实的积土时,按定额项目乘以系数 0.73。

(9)机械土方定额是按三类土编制的,若实际土壤类别不同,定额中机械台班量乘以表 9-3中所列系数。

表 9-3 机械台班调整系数

项 目	一、二类土壤	三类土壤
推土机推土方	0.84	1.18
铲运机铲运土方	0.84	1.26
自行铲运机铲运土方	0.86	1.09
挖掘机挖土方	0.84	1.14

(10)定额中的爆破材料是按炮孔中无地下渗水、积水编制的,炮孔中若出现地下渗水、积水时,处理渗水或积水发生的费用另行计算。定额内未计爆破时所需覆盖的安全网、草袋、架设安

全屏障等设施,发生时另行计算。

(11)机械上下行驶坡道土方,合并在土方工程量内计算。

(12)汽车运土运输道路是按一、二、三类道路综合确定的,已考虑了运输过程中,道路清理的人工,若需要铺筑材料,则另行计算。

二、土方工程基础定额工程量计算规则

1. 一般规定

(1)土方体积均以挖掘前的天然密实体积为准计算。若遇有必须以天然密实体积折算,可按表9-4所列数值换算。

表 9-4　土方体积折算表

虚方体积	天然密实度体积	夯实后体积	松填体积
1.00	0.77	0.67	0.83
1.30	1.00	0.87	1.08
1.50	1.15	1.00	1.25
1.20	0.92	0.80	1.00

(2)挖土一律以设计室外地坪标高为准计算。

2. 平整场地及碾压工程量计算

(1)人工平整场地是指建筑场地挖、填土方厚度在±30cm以内及找平。挖、填土方厚度超过±30cm以外时,按场地土方平衡竖向布置图另行计算。

(2)平整场地工程量按建筑物外墙外边线每边各加2m,以 m² 计算。

(3)建筑场地原土碾压以 m² 计算,填土碾压按图示填土厚度以 m³ 计算。

3. 挖掘沟槽、基坑土方工程量计算

(1)沟槽、基坑划分。凡图示沟槽底宽在3m以内,且沟槽长大于槽宽3倍以上的,为沟槽。凡图示基坑底面积在20m²以内的为基坑。凡图示沟槽底宽3m以外,坑底面积20m²以外,平整场地挖土方厚度在30cm以外,均按挖土方计算。

(2)计算挖沟槽、基坑、土方工程量需放坡时,放坡系数按表9-5规定计算。

表 9-5　放坡系数表

土壤类别	放坡起点 /m	人工挖土	机械挖土	
			在坑内作业	在坑上作业
一、二类土	1.20	1：0.5	1：0.33	1：0.75
三类土	1.50	1：0.33	1：0.25	1：0.67
四类土	2.00	1：0.25	1：0.10	1：0.33

　　注:1. 沟槽、基坑中土的类别不同时,分别按其放坡起点、放坡系数、依不同土的厚度加权平均计算。

　　2. 计算放坡时,在交接处的重复工程量不予扣除,原槽、坑作基础垫层时,放坡自垫层上表面开始计算。

(3)挖沟槽、基坑需支挡土板时,其宽度按图示沟槽、基坑底宽,单面加10cm,双面加20cm计算。挡土板面积,按槽、坑垂直支撑面积计算,支挡土板后,不得再计算放坡。

（4）基础施工所需工作面，按表 9-6 规定计算。

表 9-6　基础施工所需工作面宽度计算表

基 础 材 料	每边各增加工作面宽度/mm
砖基础	200
浆砌毛石、条石基础	150
混凝土基础垫层支模板	300
混凝土基础支模板	300
基础垂直面做防水层	800（防水层面）

（5）挖沟槽长度，外墙按图示中心线长度计算，内墙按图示基础底面之间净长线长度计算，内外突出部分（垛、附墙烟囱等）体积并入沟槽土方工程量内计算。

（6）人工挖土方深度超过 1.5m 时，按表 9-7 增加工日。

表 9-7　人工挖土方超深增加工日表　　　　　　（单位：100m³）

深 2m 以内	深 4m 以内	深 6m 以内
5.55 工日	17.60 工日	26.16 工日

（7）挖管道沟槽按图示中心线长度计算，沟底宽度，设计有规定的，按设计规定尺寸计算，设计无规定的，可按表 9-8 规定宽度计算。

表 9-8　管道地沟沟底宽度计算表

管 径 /mm	铸铁管、钢管 石棉水泥管	混凝土、钢筋混凝土、 预应力混凝土管	陶土管	管 径 /mm	铸铁管、钢管 石棉水泥管	混凝土、钢筋混凝土、 预应力混凝土管	陶土管
50～70	0.60	0.80	0.70	700～800	1.60	1.80	
100～200	0.70	0.90	0.80	900～1000	1.80	2.00	
250～350	0.80	1.00	0.90	1100～1200	2.00	2.30	
400～450	1.00	1.30	1.10	1300～1400	2.20	2.60	—
500～600	1.30	1.50	1.40				

注：1. 按上表计算管道沟土方工程量时，各种井类及管道（不含铸铁给排水管）接口等处需加宽增加的土方量不另行计算，底面积大于 20m² 的井类，其增加工程量并入管沟土方内计算。

　　2. 铺设铸铁给排水管道时其接口等处土方增加量，可按铸铁给排水管道地沟土方总量的 2.5% 计算。

（8）沟槽、基坑深度，按图示槽、坑底面至室外地坪深度计算；管道地沟按图示沟底至室外地坪深度计算。

4. 人工挖孔桩土方工程量计算

按图示桩断面积乘以设计桩孔中心线深度计算。

5. 井点降水工程量计算

井点降水区别轻型井点、喷射井点、大口径井点、电渗井点、水平井点，按不同井管深度的井管安装、拆除，以根为单位计算，使用按套、天计算。

井点套组成：轻型井点 50 根为 1 套，喷射井点 30 根为 1 套，大口径井点 45 根为 1 套，电渗井点阳极 30 根为 1 套,水平井点 10 根为 1 套。

井管间距应根据地质条件和施工降水要求,依施工组织设计确定,施工组织设计没有规定时,可按轻型井点管距 0.8～1.6m,喷射井点管距 2～3m 确定。

使用天应以每昼夜 24h 为一天,使用天数应按施工组织设计规定的使用天数计算。

三、石方工程基础定额工程量计算规则

以岩石开凿及爆破工程量区别石质,按下列规定计算。

(1)人工凿岩石,按图示尺寸以 m³ 计算。

(2)爆破岩石按图示尺寸以 m³ 计算,其沟槽、基坑深度、宽允许超挖量次坚石为 200mm,特坚石为 150mm,超挖部分岩石并入岩石挖方量之内计算。

四、土石方运输与回填工程基础定额工程量计算规则

1. 土石方回填

回填土区分夯填、松填,按图示回填体积并依下列规定,以 m³ 计算。

(1)沟槽、基坑回填土,沟槽、基坑回填体积以挖方体积减去设计室外地坪以下埋设砌筑物(基础垫层、基础等)体积计算。

(2)管道沟槽回填,以挖方体积减去管径所占体积计算。管径在 500mm 以下的不扣除管道所占体积;管径超过 500mm 以上时,按表 9-9 规定扣除管道所占体积计算。

表 9-9　管道扣除土方体积表

管道名称	管道直径/mm					
	501～600	601～800	801～1000	1001～1200	1201～1400	1401～1600
钢管	0.21	0.44	0.71			
铸铁管	0.24	0.49	0.77			
混凝土管	0.33	0.60	0.92	1.15	1.35	1.55

(3)房心回填土,按主墙之间的面积乘以回填土厚度计算。

(4)余土或取土工程量,可按下式计算:

$$余土外运体积 = 挖土总体积 - 回填土总体积 \qquad (9\text{-}1)$$

式中计算结果为正值时,为余土外运体积,负值时为取土体积。

(5)地基强夯按设计图示强夯面积,区分夯击能量,夯击遍数以 m² 计算。

2. 土方运距计算规则

(1)推土机推土运距。按挖方区重心至回填区重心之间的直线距离计算。

(2)铲运机运土运距。按挖方区重心至卸土区重心加转向距离 45m 计算。

(3)自卸汽车运土运距。按挖方区重心至填土区(或堆放地点)重心的最短距离计算。

第二节　工程量清单项目设置与工程量计算规则

一、土方工程

土方工程(编码:010101)的工程量清单项目设置及工程量计算规则,应按表 9-10 的规定执行。

表 9-10　土方工程的工程量清单项目设置及工程量计算规则

项目编码	项目名称	项目特征	计量单位	工程量计算规则	工程内容
010101001	平整场地	(1)土壤类别 (2)弃土运距 (3)取土运距	m²	按设计图示尺寸以建筑物首层面积计算	(1)土方挖填 (2)场地找平 (3)运输
010101002	挖土方	(1)土壤类别 (2)挖土平均厚度 (3)弃土运距	m³	按设计图示尺寸以体积计算	(1)排地表水 (2)土方开挖 (3)挡土板支拆 (4)截桩头 (5)基底钎探 (6)运输
010101003	挖基础土方	(1)土壤类别 (2)基础类别 (3)垫层底宽、底面积 (4)挖土深度 (5)弃土运距		按设计图示尺寸以基础垫层底面积乘以挖土深度计算	
010101004	冻土开挖	(1)冻土厚度 (2)弃土运距		按设计图示尺寸开挖面积乘以厚度以体积计算	(1)打眼、装药、爆破 (2)开挖 (3)清理 (4)运输
010101005	挖淤泥、流沙	(1)挖掘深度 (2)弃淤泥、流沙距离		按设计图示位置、界限以体积计算	(1)挖淤泥、流沙 (2)弃淤泥、流沙
010101006	管沟土方	(1)土壤类别 (2)管外径 (3)挖沟平均深度 (4)弃土运距 (5)回填要求	m	按设计图示以管道中心线长度计算	(1)排地表水 (2)土方开挖 (3)挡土板支拆 (4)运输 (5)回填

二、石方工程

石方工程(编码:010102)的工程量清单项目设置及工程量计算规则,应按表 9-11 的规定执行。

表 9-11　石方工程的工程量清单项目设置及工程量计算规则

项目编码	项目名称	项目特征	计量单位	工程量计算规则	工程内容
010102001	预裂爆破	(1)岩石类别 (2)单孔深度 (3)单孔装药量 (4)炸药品种、规格 (5)雷管品种、规格	m	按设计图示以钻孔总长度计算	(1)打眼、装药、放炮 (2)处理渗水、积水 (3)安全防护、警卫

续表 9-11

项目编码	项目名称	项目特征	计量单位	工程量 计算规则	工程内容
010102002	石方开挖	(1)岩石类别 (2)开凿深度 (3)弃渣运距 (4)光面爆破要求 (5)基底摊座要求 (6)爆破石块直径 要求	m³	按设计图示尺寸以 体积计算	(1)打眼、装药、放炮 (2)处理渗水、积水 (3)解小 (4)岩石开凿 (5)摊座 (6)清理 (7)运输 (8)安全防护、警卫
010102003	管沟石方	(1)岩石类别 (2)管外径 (3)开凿深度 (4)弃渣运距 (5)基底摊座要求 (6)爆破石块直径 要求	m	按设计图示以管道 中心线长度计算	(1)石方开凿、爆破 (2)处理渗水、积水 (3)解小 (4)摊座 (5)清理、运输、回填 (6)安全防护、警卫

三、土石方回填

土石方回填(编码:010103)工程的工程量清单项目设置及工程量计算规则,应按表 9-12 的规定执行。

表 9-12　土石方回填工程的工程量清单项目设置及工程量计算规则

项目编码	项目名称	项目特征	计量单位	工程量 计算规则	工程内容
010103001	土(石)方 回填	(1)土质要求 (2)密实度要求 (3)粒径要求 (4)夯填(碾压) (5)松填 (6)运输距离	m³	按设计图示尺寸以体积 计算 　①场地回填:回填面积乘 以平均回填厚度 　②室内回填:主墙间净面 积乘以回填厚度 　③基础回填:挖方体积减 去设计室外地坪以下埋设的 基础体积(包括基础垫层及 其他构筑物)	(1)挖土(石)方 (2)装卸、运输 (3)回填 (4)分层碾压、夯实

第三节　土石方工程工程量计算主要技术资料

一、大型土石方工程工程量计算

1. 大型土石方工程工程量横截面计算法

横截面计算方法适用于地形起伏变化较大或形状狭长地带,其方法是:首先,根据地形图及总平面图,将要计算的场地划分成若干个横截面,相邻两个横截面距离视地形变化而定。线路横断面在平坦地区,可取 50m 一个,山坡地区可取 20m 一个,遇到变化大的地段再加测断面。然后,实测每个横截面特征点的标高,量出各点之间距离(若测区已有比较精确的大比例尺地形图,也可在图上设置横截面,用比例尺直接量取距离,按等高线求算高程,方法简捷,但就其精度没有实测的高),按比例尺把每个横截面绘制到厘米方格纸上,并套上相应的设计断面,则自然地面和设计地面两轮廓线之间的部分,即需要计算的施工部分。

具体计算步骤如下:

(1)划分横截面。根据地形图(或直接测量)及竖向布置图,将要计算的场地划分横截面 $A-A'$,$B-B'$,$C-C'$ 等。划分原则为取垂直等高线或垂直主要建筑物边长,横截面之间的间距可不等,地形变化复杂的间距宜小,反之宜大一些,但不宜超过 100m。

(2)划截面图形。按比例划制每个横截面自然地面和设计地面的轮廓线。设计地面轮廓线之间的部分,即为填方和挖方的截面。

(3)计算横截面面积。按表 9-13 的面积计算公式,计算每个截面的填方或挖方截面积。

表 9-13　常用横截面计算公式

图　示	面积计算公式	图　示	面积计算公式
	$F=h(b+nh)$		$F=h_1\dfrac{a_1+a_2}{2}+h_2\dfrac{a_2+a_3}{2}$ $+h_3\dfrac{a_3+a_4}{2}+h_4\dfrac{a_4+a_5}{2}$
	$F=h\left[b+\dfrac{h(m+n)}{2}\right]$		
	$F=b\dfrac{h_1+h_2}{2}+nh_1h_2$		$F=\dfrac{1}{2}a(h_0+2h+h_n)$ $h=h_1+h_2+h_3+\cdots+h_n$

(4)根据截面面积计算土方量。

$$V=\frac{1}{2}(F_1+F_2)L \qquad (9\text{-}2)$$

式中　V——相邻两截面间的土方量(m^3);

　F_1、F_2——相邻两截面的挖(填)方截面面积(m^2);

　L——相邻两截面间的间距(m)。

(5)按土方量汇总(表 9-14)。图 9-1 中截面 $A-A'$ 所示,设桩号 0+0.00 的填方横截面面积为 2.70m^2,挖方横截面面积为 3.80m^2;图 9-1 中截面 $B-B'$,桩号 0+0.20 的填方横断面面积为

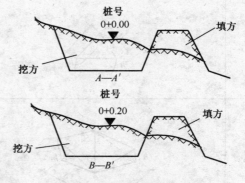

图 9-1　相邻两截面示意图

2.25m³,挖方横截面面积为 6.65m²,两桩间的距离为 30m,则其挖填方量如下:

$$V_{挖方}=\frac{1}{2}\times(3.80+6.65)\times30=156.75(\text{m}^3)$$

$$V_{填方}=\frac{1}{2}\times(2.70+2.25)\times30=74.25(\text{m}^3)$$

表 9-14　土方量汇总

断面	填方面积/m²	挖方面积/m²	截面间距/m	填方体积/m³	挖方体积/m³
A—A′	2.70	3.80	30	40.5	57
B—B′	2.25	6.65	30	33.75	99.75
合　计				74.25	156.75

2. 大型土(石)方工程工程量方格网计算法

(1)根据需要平整区域的地形图(或直接测量地形)划分方格网。方格的大小视地形变化的复杂程度及计算要求的精度不同而异,一般方格的大小为 20m×20m。然后按设计(总图或竖向布置图),在方格网上套划出方格角点的设计标高(即施工后需达到的高度)和自然标高(原地形高度)。设计标高与自然标高之差即为施工高度,"一"表示挖方,"十"表示填方。

(2)当方格内相邻两角一个为填方、一个为挖方时,则按比例分配计算出两角之间不挖不填的"零"点位置,并标于方格边上。再将各"零"点用直线连起来,就可将建筑场地划分为填方、挖方区。

(3)土石方工程量的计算公式可参照表 9-15 进行。如遇陡坡等突然变化起伏地段,由于高低悬殊,需视具体情况另行补充计算。

表 9-15　方格网点常用计算公式

序号	图　示	计算方式
1	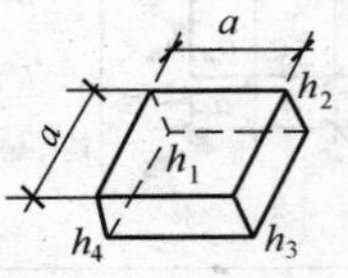	方格内四角全为挖方或填方 $$V=\frac{a^2}{4}(h_1+h_2+h_3+h_4)$$
2	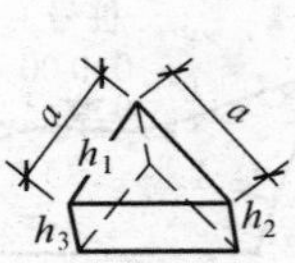	三角锥体,当三角锥体全为挖方或填方 $$F=\frac{a^2}{2}$$ $$V=\frac{a^2}{6}(h_1+h_2+h_3)$$
3	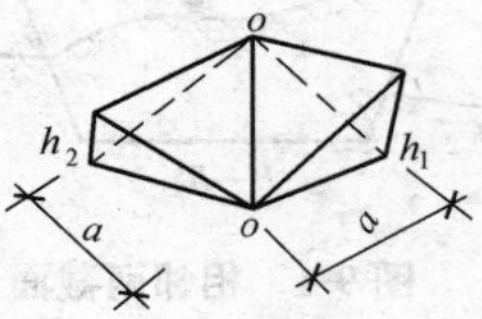	方格网内,一对角线为零线,另两角点一个为挖方一个为填方 $$F_{挖}=F_{填}=\frac{a^2}{2}$$ $$V_{挖}=\frac{a^2}{6}h_1 \quad V_{填}=\frac{a^2}{6}h_2$$

续表 9-15

序号	图 示	计算方式
4		方格网内,三角为挖(填)方,一角为填(挖)方 $b=\dfrac{ah_4}{h_1+h_4},c=\dfrac{ah_4}{h_3+h_4}$ $F_填=\dfrac{1}{2}bc,F_挖=a^2-\dfrac{1}{2}bc$ $V_填=\dfrac{h_4}{6}bc=\dfrac{a^2h_4^3}{6(h_1+h_4)(h_3+h_4)}$ $V_挖=\dfrac{a^2}{6}(2h_1+h_2+2h_3-h_4)+V_填$
5		方格网内,两角为挖,两角为填 $b=\dfrac{ah_1}{h_1+h_4},c=\dfrac{ah_2}{h_2+hS_3}\quad d=a-b,e=a-c$ $F_挖=\dfrac{1}{2}(b+c)a,F_填=\dfrac{1}{2}(d+e)a;$ $V_挖=\dfrac{a}{4}(h_1+h_2)\dfrac{b+c}{2}$ $\quad=\dfrac{a}{8}(b+c)(h_1+h_2)$ $V_填=\dfrac{a}{4}(h_3+h_4)\dfrac{d+e}{2}$ $\quad=\dfrac{a}{8}(d+e)(h_3+h_4)$

(4)将挖方区、填方区所有方格计算出的工程量列表汇总,即得建筑场地的土石挖、填方工程总量。

二、挖沟槽土石方工程量计算

外墙沟槽:$V_挖=S_断\times L_{外中}$

内墙沟槽:$V_挖=S_断\times L_{基底净长}$

管道沟槽:$V_挖=S_断\times L_中$

(1)钢筋混凝土基础有垫层时。

①两面放坡(图 9-2a):
$$S_断=(b+2c+mh)\times h+(b'+2\times0.1)\times h' \tag{9-3}$$

②不放坡无挡土板(图 9-2b):
$$S_断=(b+2c)\times h+(b'+2\times0.1)\times h' \tag{9-4}$$

③不放坡加两面挡土板(图 9-2c):
$$S_断=(b+2c+2\times0.1)\times h+(b'+2\times0.1)\times h' \tag{9-5}$$

④一面放坡一面挡土板(图 9-2d):
$$S_断=(b+2c+0.1+0.5mh)\times h+(b'+2\times0.1)\times h' \tag{9-6}$$

(2)基础有其他垫层时。

①两面放坡(图 9-2e):
$$S_断=(b'+mh)\times h+b'\times h' \tag{9-7}$$

②不放坡无挡土板(图 9-2f):

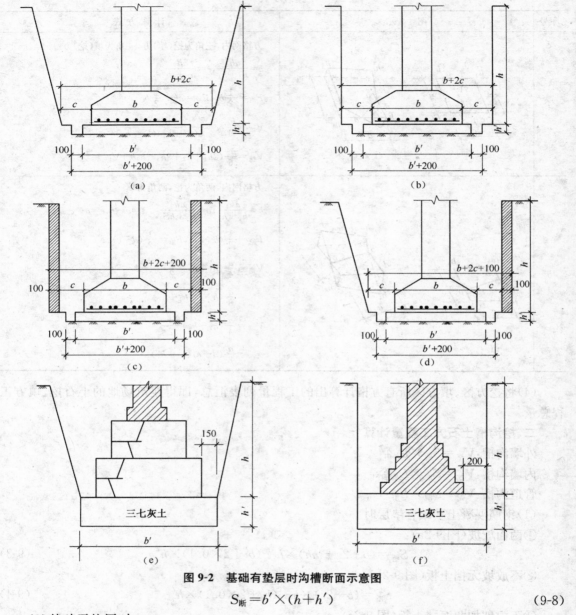

图 9-2   基础有垫层时沟槽断面示意图

$$S_{断} = b' \times (h + h') \tag{9-8}$$

（3）基础无垫层时。

① 两面放坡（图 9-3a）：

$$S_{断} = [(b + 2c) + mh] \times h \tag{9-9}$$

式中　$S_{断}$——沟槽断面面积；

　　　　m——放坡系数；

　　　　c——工作面宽度；

　　　　h——从室外设计地面至基底深度，即垫层上基槽开挖深度；

　　　　h'——基础垫层高度；

b——基础底面宽度；

b'——垫层宽度。

②不放坡无挡土板(图 9-3b)。

③不放坡加两面挡土板(图 9-3c)。

④一面放坡一面挡土板(图 9-3d)。

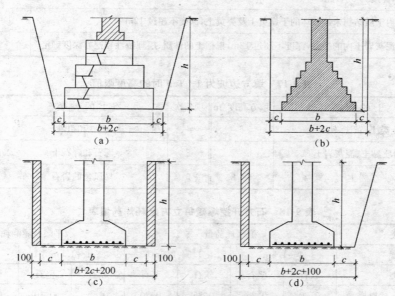

图 9-3　基础无垫层时沟槽断面示意图

三、边坡土方工程量计算

为了保持土体的稳定和施工安全,挖方和填方周边都应修筑适当的边坡。当边坡高度 h 为已知时,所需边坡底宽 b 等于 mh(m 为坡度系数)。若边坡高度较大,可在满足土体稳定的条件下,根据不同的土层及其所受的压力,将边坡修成折线形,如图 9-4 所示,以减小土方工程量。

边坡的坡度系数(边坡宽度：边坡高度)根据不同的填挖高度(深度)、土的物理性质和工程重要

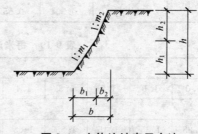

图 9-4　土体边坡表示方法

性,在设计文件中应有明确的规定。常用的挖方边坡坡度和填方高度限值,见表 9-16 和表9-17。

四、石方开挖爆破每立方米耗炸药量

石方开挖爆破每立方米耗炸药量见表 9-18。

五、每米沟槽土方数量

(1)每米沟槽坡度 1：0.25 的土方数量见表 9-19。

(2)每米沟槽坡度 1：0.33 的土方数量见表 9-20。

(3)每米沟槽坡度 1：0.50 的土方数量见表 9-21。

表 9-16　水文地质条件良好时永久性土工构筑物挖方的边坡坡度

项次	挖方性质	边坡坡度
1	在天然湿度、层理均匀、不易膨胀的黏土、粉质黏土、粉土和砂土(不包括细砂、粉砂)内挖方,深度不超过 3m	1：(1～1.25)
2	土质同上,深度为 3～12m	1：(1.25～1.50)
3	干燥地区内土质结构未经破坏的干燥黄土及类黄土,深度不超过 12m	1：(0.1～1.25)
4	在碎石和泥灰岩土内的挖方,深度不超过 12m,根据土的性质、层理特性和挖方深度确定	1：(0.5～1.5)

表 9-17　填方边坡为 1：1.5 时的高度限值

项次	土的种类	填方高度/m	项次	土的种类	填方高度/m
1	黏土类土、黄土、类黄土	6	4	中砂和粗砂	10
2	粉质黏土、泥灰岩土	6～7	5	砾石和碎石土	10～12
3	粉土	6～8	6	易风化的岩石	12

表 9-18　石方开挖爆破每立方米耗炸药量表　　　（单位：kg）

炮眼种类		炮眼耗药量				平眼及隧洞耗药量			
炮眼深度		1～1.5m		1.5～2.5m		1～1.5m		1.5～2.5m	
岩石种类		软石	坚石	软石	坚石	软石	坚石	软石	坚石
炸药种类	梯恩梯	0.30	0.25	0.35	0.30	0.35	0.30	0.40	0.35
	露天铵梯	0.40	0.35	0.45	0.40	0.45	0.40	0.50	0.45
	岩石铵梯	0.45	0.40	0.48	0.45	0.50	0.48	0.53	0.50
	黑炸药	0.50	0.55	0.55	0.60	0.55	0.60	0.65	0.68

表 9-19　每米沟槽(坡度 1：0.25)土方数量表

槽深/m	底宽/m												
	1.0	1.1	1.2	1.3	1.4	1.5	1.6	1.7	1.8	1.9	2.0	2.1	2.2
	土方量/m³												
1.0	1.25	1.35	1.45	1.55	1.65	1.75	1.85	1.95	2.05	2.15	2.25	2.35	2.45
1.1	1.40	1.51	1.62	1.73	1.84	1.95	2.06	2.17	2.28	2.39	2.50	2.61	2.72
1.2	1.56	1.68	1.80	1.92	2.04	2.16	2.28	2.40	2.52	2.64	2.76	2.88	3.00
1.3	1.72	1.83	1.98	2.11	2.24	2.37	2.50	2.63	2.76	2.89	3.02	3.15	3.28
1.4	1.89	2.03	2.17	2.31	2.45	2.59	2.73	2.87	3.01	3.15	3.29	3.43	3.57
1.5	2.06	2.21	2.36	2.51	2.66	2.81	2.96	3.11	3.26	3.41	3.56	—	—
1.6	2.24	2.40	2.56	2.72	2.88	3.04	3.20	3.36	3.52	3.68	3.84	3.71	3.86
1.7	2.42	2.59	2.76	2.93	3.10	3.27	3.44	3.61	3.78	3.95	4.12	4.00	4.16
1.8	2.61	2.79	2.97	3.15	3.33	3.51	3.69	3.87	4.05	4.23	4.41	4.29	4.46

续表 9-19

槽深 /m	底宽/m												
	1.0	1.1	1.2	1.3	1.4	1.5	1.6	1.7	1.8	1.9	2.0	2.1	2.2
	土方量/m³												
1.9	2.80	2.99	3.18	3.37	3.56	3.75	3.94	4.13	4.32	4.51	4.70	4.59	4.77
2.0	3.00	3.20	3.40	3.60	3.80	4.00	4.20	4.40	4.60	4.80	5.00	4.89	5.08
2.1	3.20	3.41	3.62	3.83	4.04	4.25	4.46	4.67	4.88	5.09	5.30	5.20	5.40
2.2	3.41	3.63	3.85	4.07	4.29	4.51	4.73	4.95	5.17	5.39	5.61	5.51	5.72
2.3	3.62	3.85	4.08	4.31	4.54	4.77	5.00	5.23	5.46	5.69	5.92	5.83	6.05
2.4	3.84	4.08	4.32	4.56	4.80	5.04	5.26	5.52	5.76	6.00	6.24	6.15	6.38
2.5	4.06	4.31	4.56	4.81	5.06	5.31	5.56	5.81	6.06	6.31	6.56	6.48	6.72
2.6	4.29	4.55	4.81	5.07	5.33	5.59	5.85	6.11	6.37	6.63	6.89	6.81	7.06
2.7	4.52	4.79	5.06	5.33	5.60	5.87	6.14	6.41	6.68	6.95	7.22	7.15	7.41
2.8	4.76	5.04	5.32	5.60	5.88	6.16	6.44	6.72	7.00	7.28	7.56	7.49	7.76
2.9	5.00	5.29	5.58	5.87	6.16	6.45	6.74	7.03	7.32	7.61	7.90	7.84	8.12
3.0	5.25	5.55	5.85	6.15	6.45	6.75	7.05	7.35	7.65	7.95	8.25	8.19	8.48
3.1	5.50	5.81	6.12	6.43	6.74	7.05	7.36	7.67	7.98	8.29	8.60	8.55	8.85
3.2	5.76	6.08	6.40	6.72	7.04	7.36	7.68	8.00	8.32	8.64	8.96	8.91	9.22
3.3	6.02	6.35	6.68	7.01	7.34	7.67	8.00	8.33	8.66	8.99	9.32	9.28	9.60
3.4	6.29	6.63	6.97	7.31	7.65	7.99	8.33	8.67	9.01	9.35	9.69	9.65	9.98
3.5	6.56	6.91	7.26	7.61	7.96	8.31	8.66	9.01	9.36	9.71	10.06	10.03	10.37
3.6	6.84	7.20	7.56	7.92	8.28	8.64	9.00	9.36	9.72	10.08	10.44	10.41	10.76
3.7	7.12	7.49	7.86	8.23	8.60	8.97	9.34	9.71	10.08	10.45	10.82	10.80	11.16
3.8	7.41	7.79	8.17	8.55	8.93	9.31	9.69	10.07	10.45	10.83	11.21	11.19	11.56
3.9	7.70	8.09	8.48	8.87	9.26	9.65	10.04	10.43	10.82	11.21	11.60	11.59	11.97
4.0	8.00	8.40	8.80	9.20	9.60	10.00	10.40	10.80	11.20	11.60	12.00	11.99	12.38
4.1	8.30	8.71	9.12	9.53	9.94	10.35	10.76	11.17	11.58	11.99	12.40	12.40	12.80
4.2	8.61	9.03	9.45	9.87	10.29	10.71	11.13	11.55	11.97	12.39	12.81	12.81	13.22
4.3	8.92	9.35	9.78	10.21	10.64	11.07	11.50	11.93	12.36	12.79	13.22	13.23	13.65
4.4	9.24	9.68	10.12	10.56	11.00	11.44	11.88	12.32	12.76	13.20	13.64	13.65	14.08
4.5	9.56	10.01	10.46	10.91	11.36	11.81	12.26	12.71	13.16	13.61	14.06	14.08	14.52
4.6	9.89	10.35	10.81	11.27	11.73	12.10	12.65	13.11	13.57	14.00	14.49	14.51	14.96
4.7	10.22	10.69	11.16	11.63	12.10	12.57	13.04	13.51	13.98	14.45	14.92	14.95	15.41
4.8	10.56	11.04	11.52	12.00	12.48	12.96	13.44	13.92	14.40	14.88	15.36	15.39	15.86
4.9	10.90	11.39	11.88	12.37	12.86	13.35	13.84	14.33	14.82	15.31	15.80	15.84	16.32
5.0	11.25	11.75	12.25	12.75	13.25	13.75	14.25	14.75	15.25	15.75	16.25	16.29	16.78

续表 9-19

槽深 /m	底宽/m													
	2.3	2.4	2.5	2.6	2.7	2.8	2.9	3.0	3.1	3.2	3.3	3.4	3.5	3.6
	土方量/m³													
1.0	2.55	2.65	2.75	2.85	2.95	3.05	3.15	3.25	3.35	3.45	3.55	3.65	3.75	3.85
1.1	2.83	2.94	3.05	3.16	3.27	3.38	3.49	3.60	3.71	3.32	3.93	4.04	4.15	4.26
1.2	3.12	3.24	3.36	3.48	3.60	3.72	3.84	3.96	4.08	4.20	4.32	4.44	4.56	4.68
1.3	3.41	3.54	3.67	3.80	3.93	4.06	4.19	4.32	4.45	4.58	4.71	4.84	4.97	5.10
1.4	3.71	3.85	3.99	4.13	4.27	4.41	4.55	4.69	4.83	4.97	5.11	5.25	5.39	5.53
1.5	4.01	4.16	4.31	4.46	4.61	4.76	4.91	5.06	5.21	5.36	5.51	5.66	5.41	5.96
1.6	4.32	4.48	4.64	4.80	4.96	5.12	5.28	5.44	5.60	5.76	5.92	6.08	6.24	6.40
1.7	4.63	4.80	4.97	5.14	5.31	5.48	5.85	5.82	5.99	6.16	6.33	6.50	6.67	6.84
1.8	4.95	5.13	5.31	5.49	5.67	5.85	6.03	6.21	6.39	6.57	6.75	5.93	7.11	7.29
1.9	5.27	5.46	5.65	5.84	6.03	6.22	6.41	6.60	6.79	6.98	7.17	7.36	7.55	7.74
2.0	5.60	5.80	6.00	6.20	6.40	6.60	6.80	7.00	7.20	7.40	7.60	7.80	8.00	8.20
2.1	5.93	6.14	6.35	6.56	6.77	6.98	7.19	7.40	7.61	7.82	8.03	8.24	8.45	8.66
2.2	6.27	6.49	6.71	6.93	7.15	7.37	7.59	7.81	8.03	8.25	8.47	8.69	8.91	9.13
2.3	6.61	6.84	7.07	7.30	7.53	7.76	7.99	8.22	8.45	8.68	8.91	9.14	9.37	9.60
2.4	6.96	7.20	7.44	7.68	7.92	8.16	8.40	8.64	8.88	9.12	9.36	9.60	9.84	10.08
2.5	7.31	7.56	7.81	8.06	8.31	8.56	8.81	9.06	9.31	9.56	9.81	10.06	10.31	10.56
2.6	7.67	7.93	8.19	8.45	8.71	8.97	9.23	9.49	9.75	10.01	10.27	10.53	10.79	11.05
2.7	8.03	8.30	8.57	8.84	9.11	9.33	9.65	9.02	10.64	10.46	10.73	11.00	11.27	11.54
2.8	8.40	8.68	8.96	9.24	9.52	9.80	10.08	10.36	10.64	10.92	11.20	11.48	11.76	12.04
2.9	8.77	9.06	9.35	9.64	9.93	10.22	10.51	10.80	11.00	11.38	11.67	11.96	12.25	12.54
3.0	9.15	9.45	9.75	10.05	10.35	10.65	10.95	11.25	11.55	11.85	12.15	12.45	12.75	13.05
3.1	9.53	9.84	10.15	10.46	10.77	11.08	11.39	11.70	12.01	12.32	12.63	12.94	13.25	13.56
3.2	9.92	10.24	10.56	10.88	11.20	11.52	11.34	12.16	12.48	12.30	13.12	13.44	13.76	14.08
3.3	10.31	10.64	10.97	11.30	11.63	11.96	12.29	12.62	12.95	13.28	13.61	13.94	14.27	14.30
3.4	10.71	11.05	11.39	11.73	12.07	12.41	12.75	13.09	13.43	13.77	14.11	14.45	14.79	15.13
3.5	11.11	11.46	11.81	12.16	12.51	12.86	13.21	13.56	13.91	14.26	14.61	14.96	15.31	15.66
3.6	11.52	11.88	12.24	12.60	12.96	13.32	13.68	14.04	14.40	14.76	15.12	15.48	15.84	16.20
3.7	11.03	12.30	12.67	13.04	13.41	13.78	14.15	14.52	14.89	15.26	15.63	16.00	16.37	16.74
3.8	12.35	12.73	13.11	13.49	13.87	14.25	14.63	15.01	15.39	15.77	16.15	16.63	16.91	17.29
3.9	12.77	13.16	13.55	13.94	14.33	14.72	15.11	15.90	15.89	16.28	16.67	17.06	17.45	17.84
4.0	13.20	13.60	14.00	14.40	14.80	15.20	15.60	16.00	16.40	16.80	17.20	17.60	18.00	18.40
4.1	13.63	14.04	14.45	14.86	15.27	15.68	16.09	16.50	16.91	17.32	17.73	18.14	18.55	18.96
4.2	14.07	14.49	14.91	15.33	15.75	16.17	16.59	17.01	17.43	17.85	18.28	18.70	19.12	19.54
4.3	14.51	14.94	15.37	15.80	16.23	16.66	17.09	17.52	17.95	18.38	18.81	19.24	19.67	20.10

续表 9-19

槽深/m	底宽/m													
	2.3	2.4	2.5	2.6	2.7	2.8	2.9	3.0	3.1	3.2	3.3	3.4	3.5	3.6
	土方量/m³													
4.4	14.96	15.40	15.84	15.28	16.72	17.16	17.60	18.04	18.48	18.92	19.36	19.80	20.44	20.68
4.5	15.41	15.86	16.31	16.76	17.21	17.66	18.11	18.56	19.01	19.46	19.91	20.36	20.81	21.26
4.6	15.87	16.33	16.79	17.25	17.71	18.17	18.63	19.09	19.55	20.01	20.47	20.93	21.39	21.85
4.7	16.33	16.80	17.27	17.74	18.21	18.68	19.15	19.62	20.09	20.56	21.03	21.50	21.97	22.44
4.8	16.80	17.28	17.76	18.24	18.72	19.20	19.68	20.16	20.64	21.12	21.60	22.08	22.56	23.04
4.9	17.27	17.76	18.25	18.74	19.23	19.72	20.21	20.70	21.19	21.18	22.17	22.66	23.15	23.61
5.0	17.75	18.25	18.75	19.25	19.75	20.25	20.75	21.25	21.75	22.25	22.75	23.25	23.75	24.25

表 9-20 每米沟槽(坡度 1∶0.33)土方数量表

槽深/m	底宽/m												
	1.0	1.1	1.2	1.3	1.4	1.5	1.6	1.7	1.8	1.9	2.0	2.1	2.2
	土方量/m³												
1.0	1.33	1.43	1.53	1.63	1.73	1.83	1.93	2.03	2.13	2.23	2.33	2.43	2.53
1.1	1.50	1.61	1.72	1.83	1.94	2.05	2.16	2.27	2.38	2.49	2.60	2.71	2.82
1.2	1.67	1.79	1.91	2.03	2.15	2.27	2.39	2.51	2.63	2.75	2.87	2.99	3.11
1.3	1.86	1.99	2.12	2.25	2.38	2.51	2.64	2.77	2.90	3.03	3.16	3.29	3.42
1.4	2.04	2.18	2.32	2.46	2.60	2.74	2.88	3.02	3.16	3.30	3.44	3.58	3.72
1.5	2.24	2.39	2.54	2.69	2.84	2.99	3.14	3.29	3.44	3.59	3.74	3.89	4.04
1.6	2.45	2.61	2.77	2.93	3.09	3.25	3.41	3.57	3.73	3.89	4.05	4.21	4.37
1.7	2.65	2.82	2.44	3.16	3.33	3.50	3.67	3.84	4.01	4.18	4.35	4.52	4.69
1.8	2.87	3.05	3.23	3.41	3.59	3.77	3.95	4.13	4.31	4.49	4.67	4.85	5.03
1.9	3.09	3.28	3.47	3.66	3.85	4.04	4.23	4.42	4.61	4.80	4.99	5.18	5.37
2.0	3.32	3.52	3.72	3.92	4.12	4.32	4.52	4.72	4.92	5.12	5.32	5.52	5.72
2.1	3.56	3.77	3.98	4.19	4.40	4.61	4.82	5.03	5.24	5.45	5.66	5.87	6.08
2.2	3.80	4.02	4.24	4.46	4.68	4.90	5.12	5.34	5.56	5.78	6.00	6.22	6.44
2.3	4.05	4.28	4.51	4.74	4.94	5.20	5.43	5.66	5.89	6.12	6.35	6.58	6.81
2.4	4.30	4.54	4.78	5.02	5.26	5.50	5.74	5.98	6.22	6.46	6.70	6.94	7.18
2.5	4.56	4.81	5.06	5.31	5.56	5.81	6.06	6.31	6.56	6.81	7.06	7.31	7.56
2.6	4.84	5.10	5.36	5.62	5.88	6.14	6.40	6.66	6.92	7.18	7.44	7.70	7.96
2.7	5.10	5.37	5.64	5.91	6.18	6.45	6.72	6.99	7.26	7.53	7.80	8.07	8.34
2.8	5.39	5.67	5.95	6.23	6.51	6.79	7.07	7.35	7.63	7.91	8.10	5.39	5.67
2.9	5.67	5.96	6.25	6.54	6.83	7.12	7.41	7.70	7.99	8.28	8.57	5.67	5.96
3.0	5.97	6.27	6.57	6.87	7.17	7.47	7.77	8.07	8.37	8.67	8.97	9.29	9.57
3.1	6.27	6.58	6.89	7.20	7.51	7.82	8.13	8.44	8.75	9.06	9.37	9.68	9.99

续表 9-20

槽深 /m	底宽/m												
	1.0	1.1	1.2	1.3	1.4	1.5	1.6	1.7	1.8	1.9	2.0	2.1	2.2
	土方量/m³												
3.2	6.58	6.90	7.22	7.54	7.86	8.18	8.50	8.82	9.14	9.46	9.78	10.10	10.42
3.3	6.89	7.22	7.55	7.88	8.21	8.54	8.87	9.20	9.53	9.86	10.19	10.52	10.85
3.4	7.21	7.55	7.89	8.23	8.57	8.91	9.25	9.59	9.93	10.29	10.61	10.95	11.29
3.5	7.54	7.89	8.24	8.59	8.94	9.29	9.64	9.99	10.34	10.69	11.04	11.39	11.74
3.6	7.88	8.24	8.60	8.96	9.32	9.68	10.04	10.40	10.76	11.12	11.48	11.84	12.20
3.7	8.22	8.59	8.96	9.33	9.70	10.07	10.44	10.81	11.18	11.55	11.92	12.29	12.66
3.8	8.57	8.95	9.33	9.71	10.09	10.47	10.85	11.23	11.61	11.99	12.37	12.75	13.13
3.9	8.92	9.31	9.70	10.09	10.48	10.87	11.26	11.65	12.04	12.43	12.82	13.21	13.60
4.0	9.28	9.68	10.08	10.48	10.88	11.28	11.68	12.08	12.48	12.88	13.28	13.68	14.08
4.1	9.65	10.06	10.47	10.88	11.29	11.70	12.11	12.52	12.93	13.34	13.75	14.16	14.57
4.2	10.02	10.44	10.86	11.28	11.70	12.12	12.54	12.96	13.38	13.80	14.22	14.64	15.06
4.3	10.40	10.83	11.26	11.69	12.12	12.55	12.98	13.41	13.84	14.27	14.70	15.13	15.56
4.4	10.79	11.23	11.67	12.11	12.55	12.99	13.43	13.87	14.31	14.75	15.19	15.63	16.07
4.5	11.18	11.63	12.08	12.53	12.98	13.43	13.88	14.33	14.78	15.23	15.68	16.13	16.58
4.6	11.58	12.04	12.50	12.96	13.42	13.88	14.34	14.80	15.26	15.72	16.18	16.64	17.10
4.7	11.99	12.46	12.93	13.40	13.87	14.34	14.81	15.28	15.75	16.22	16.69	17.16	17.63
4.8	12.40	12.88	13.36	13.84	14.32	14.80	15.28	15.76	16.24	16.72	17.30	17.68	18.16
4.9	12.82	13.31	13.80	14.29	14.78	15.27	15.76	16.25	16.74	17.23	17.72	18.21	18.70
5.0	13.25	13.75	14.25	14.75	15.25	15.75	16.25	16.75	17.25	17.75	18.25	18.75	19.25

槽深 /m	底宽/m											
	2.3	2.4	2.5	2.6	2.7	2.8	2.9	3.0	3.1	3.2	3.3	3.4
	土方量/m³											
1.0	2.63	2.73	2.83	2.93	3.03	3.13	3.23	3.33	3.43	3.53	3.63	3.73
1.1	2.93	3.04	3.15	3.26	3.37	3.48	3.59	3.70	3.81	3.92	4.03	4.14
1.2	3.23	3.35	3.47	3.59	3.71	3.83	3.95	4.07	4.19	4.31	4.43	4.55
1.3	3.55	3.68	3.81	3.44	4.07	4.20	4.33	4.46	4.59	4.72	4.85	4.98
1.4	3.86	4.00	4.14	4.28	4.42	4.56	4.70	4.84	4.98	5.12	5.26	5.40
1.5	4.19	4.34	4.49	4.64	4.79	4.94	5.09	5.24	5.39	5.54	5.69	5.84
1.6	4.53	4.69	4.85	5.01	5.17	5.33	5.49	5.69	5.81	5.97	6.13	6.29
1.7	4.86	5.03	5.20	5.37	5.54	5.71	5.88	6.05	6.22	6.39	6.66	6.73
1.8	5.21	5.39	5.57	5.75	5.93	6.11	6.29	6.47	6.65	6.83	7.01	7.19
1.9	5.56	5.75	5.94	6.13	6.32	6.51	6.70	6.89	7.08	7.27	7.46	7.65
2.0	5.92	6.12	6.32	6.52	6.72	6.92	7.12	7.32	7.52	7.72	7.92	8.12
2.1	6.29	6.50	6.71	6.92	7.13	7.34	7.55	7.76	7.97	8.18	8.39	8.60

续表 9-20

槽深/m	底宽/m											
	2.3	2.4	2.5	2.6	2.7	2.8	2.9	3.0	3.1	3.2	3.3	3.4
	土方量/m³											
2.2	6.66	6.88	7.10	7.32	7.54	7.76	7.98	8.20	8.42	8.64	8.36	9.08
2.3	7.04	7.27	7.50	7.73	7.06	8.19	8.42	8.65	8.88	9.11	9.34	9.57
2.4	7.42	7.66	7.90	8.14	8.33	8.62	8.86	9.10	9.34	9.58	9.82	10.06
2.5	7.81	8.06	8.31	8.56	8.81	9.06	9.31	9.56	9.81	10.06	10.31	10.56
2.6	8.22	8.48	8.74	9.00	9.26	9.52	9.78	10.04	10.30	10.56	10.32	11.08
2.7	8.61	8.88	9.15	9.42	9.60	9.96	10.23	10.50	10.77	11.04	11.31	11.58
2.8	5.95	6.23	6.51	6.79	7.07	7.35	7.63	7.91	8.19	11.55	11.33	12.11
2.9	6.25	6.54	6.83	7.12	7.41	7.70	7.99	8.28	8.57	12.05	12.54	12.63
3.0	9.87	10.17	10.47	10.77	11.07	11.37	11.67	11.97	12.27	12.57	12.87	13.17
3.1	10.30	10.61	10.92	11.23	11.54	11.85	12.16	12.47	12.78	13.09	13.40	13.71
3.2	10.74	11.06	11.38	11.70	12.02	12.34	12.66	12.98	13.30	13.62	13.94	14.26
3.3	11.18	11.51	11.84	12.17	12.50	12.83	13.16	13.49	13.82	14.15	14.48	14.81
3.4	11.03	11.97	12.31	12.65	12.99	13.33	13.67	14.01	14.35	14.69	15.03	15.37
3.5	12.09	12.44	12.79	13.14	13.49	13.84	14.19	14.54	14.89	15.24	15.59	15.94
3.6	12.56	12.92	13.28	13.64	14.00	14.36	14.72	15.08	15.44	15.30	16.16	16.52
3.7	13.03	13.40	13.77	14.14	14.51	14.88	15.25	15.62	15.99	16.36	16.73	17.10
3.8	13.51	13.89	14.27	14.65	15.03	15.41	15.79	18.17	16.55	16.93	17.31	17.69
3.9	13.99	14.38	14.77	15.16	15.55	15.94	16.33	16.72	17.11	17.50	17.89	18.28
4.0	14.48	14.88	15.28	15.68	16.08	16.48	16.88	17.28	17.68	18.08	18.48	18.88
4.1	14.98	15.39	15.80	16.21	16.62	17.03	17.44	17.85	18.26	18.67	19.08	19.49
4.2	15.48	15.90	16.32	16.74	17.16	17.58	18.00	18.42	18.84	19.26	19.68	20.10
4.3	15.99	16.42	16.85	17.28	17.71	18.14	18.57	19.00	19.43	19.86	20.29	20.72
4.4	16.51	16.95	17.39	17.83	18.27	18.71	19.15	19.59	20.03	20.47	20.91	21.35
4.5	17.03	17.48	17.93	18.38	18.83	19.28	19.73	20.18	20.63	21.08	21.53	21.98
4.6	17.56	18.02	18.48	18.94	19.40	19.86	20.32	20.78	21.24	21.70	22.16	22.62
4.7	18.10	18.57	19.04	19.51	19.98	20.45	20.92	21.39	21.86	22.33	22.80	23.27
4.8	18.64	19.12	19.60	20.08	20.56	21.04	21.52	22.00	22.48	22.96	23.44	23.92
4.9	19.19	19.68	20.17	20.66	21.15	21.64	22.13	22.62	23.11	23.66	24.09	24.58
5.0	19.75	20.25	20.75	21.25	21.75	22.25	22.75	23.25	23.75	24.25	24.75	25.25

表 9-21　每米沟槽(坡度 1 : 0.50)土方数量表

槽深/m	底宽/m												
	1.0	1.1	1.2	1.3	1.4	1.5	1.6	1.7	1.8	1.9	2.0	2.1	2.2
	土方量/m³												
1.0	1.50	1.60	1.70	1.80	1.90	2.00	2.10	2.20	2.30	2.40	2.50	2.60	2.70
1.1	1.71	1.82	1.93	2.04	2.15	2.26	2.37	2.48	2.59	2.70	2.81	2.92	3.03
1.2	1.92	2.04	2.16	2.28	2.40	2.52	2.64	2.76	2.88	3.00	3.12	3.24	3.36
1.3	2.15	2.28	2.41	2.54	2.67	2.80	2.93	3.06	3.19	3.32	3.45	3.58	3.71
1.4	2.38	2.52	2.66	2.80	2.94	3.08	3.22	3.36	3.50	3.64	3.78	3.92	4.06
1.5	2.63	2.78	2.93	3.08	3.23	3.38	3.53	3.68	3.83	3.98	4.13	4.28	4.43
1.6	2.88	3.04	3.20	3.36	3.52	3.68	3.84	4.00	4.16	4.32	4.48	4.64	4.80
1.7	3.15	3.32	3.49	3.66	3.83	4.00	4.17	4.34	4.51	4.68	4.85	5.02	5.19
1.8	3.42	3.60	3.78	3.96	4.14	4.32	4.50	4.68	4.86	5.04	5.22	5.40	5.58
1.9	3.71	3.90	4.09	4.28	4.47	4.66	4.85	5.04	5.23	5.42	5.61	5.80	5.99
2.0	4.00	4.20	4.40	4.60	4.80	5.00	5.20	5.40	5.60	5.80	6.00	6.20	6.40
2.1	4.31	4.52	4.73	4.94	5.15	5.36	5.57	5.78	5.99	6.20	6.41	6.62	6.83
2.2	4.62	4.84	5.06	5.28	5.50	5.72	5.94	6.16	6.38	6.60	6.82	7.04	7.26
2.3	4.95	5.18	5.41	5.64	5.87	6.10	6.33	6.56	6.79	7.02	7.25	7.48	7.71
2.4	5.28	5.52	5.76	6.00	6.24	6.48	6.72	6.96	7.20	7.44	7.68	7.92	8.16
2.5	5.63	5.88	6.13	6.38	6.63	6.88	7.13	7.38	7.63	7.88	8.13	8.38	8.63
2.6	5.98	6.24	6.50	6.76	7.02	7.28	7.54	7.80	8.06	8.32	8.58	8.84	9.10
2.7	6.35	6.62	6.89	7.16	7.43	7.70	7.97	8.24	8.51	8.78	9.50	9.32	9.59
2.8	6.72	7.00	7.28	7.56	7.84	8.12	8.40	8.68	8.96	9.24	9.52	9.80	10.08
2.9	7.11	7.40	7.69	7.98	8.27	8.56	8.85	9.14	9.43	9.72	10.01	10.30	10.59
3.0	7.50	7.80	8.10	8.40	8.70	9.00	9.30	9.60	9.90	10.20	10.50	10.80	11.10
3.1	7.91	8.22	8.53	8.84	9.15	9.46	9.77	10.08	10.39	10.70	11.01	11.32	11.63
3.2	8.32	8.64	8.92	9.28	9.60	9.92	10.24	10.56	11.88	11.20	11.52	11.84	12.16
3.3	8.75	9.08	9.41	9.74	10.07	10.40	10.73	11.06	11.39	11.72	12.05	12.38	12.71
3.4	9.18	9.52	9.86	10.20	10.54	10.88	11.22	11.56	11.90	12.24	12.58	12.92	13.26
3.5	9.63	9.98	10.33	10.68	11.03	11.38	11.73	12.08	12.43	12.78	13.13	13.48	13.83
3.6	10.08	10.44	10.80	11.16	11.52	11.88	12.24	12.60	12.96	13.32	13.68	14.04	14.40
3.7	10.56	10.92	11.29	11.66	12.03	12.40	12.77	13.14	13.51	13.88	14.25	14.62	14.99
3.8	11.02	11.40	11.78	12.16	12.54	12.92	13.30	13.68	14.06	14.44	14.82	15.20	15.58
3.9	11.51	11.90	12.29	12.68	13.07	13.46	13.85	14.24	14.63	15.02	15.41	15.80	16.19
4.0	12.00	12.40	12.80	13.20	13.60	14.00	14.40	14.80	15.20	15.60	16.00	16.40	16.80
4.1	12.51	12.92	13.33	13.74	14.15	14.56	14.97	15.38	15.79	16.20	16.61	17.02	17.43
4.2	13.02	13.44	13.86	14.28	14.70	15.12	15.54	15.96	16.38	16.80	17.22	17.64	18.06
4.3	13.55	13.98	14.41	14.84	15.27	15.70	16.13	16.56	16.99	17.42	17.85	18.28	18.71

续表 9-21

槽深/m	底宽/m												
	1.0	1.1	1.2	1.3	1.4	1.5	1.6	1.7	1.8	1.9	2.0	2.1	2.2
	土方量/m³												
4.4	14.08	14.52	14.96	15.40	15.84	16.28	16.72	17.16	17.60	18.04	18.48	18.92	19.36
4.5	14.63	15.08	15.53	15.98	16.43	16.88	17.33	17.78	18.23	18.68	19.13	19.58	20.03
4.6	15.18	15.64	16.10	16.56	17.02	17.48	17.94	18.40	18.86	19.32	19.78	20.24	20.70
4.7	15.75	16.22	16.69	17.16	17.63	18.10	18.57	19.04	19.51	19.98	20.45	20.92	21.39
4.8	16.32	16.80	17.28	17.76	18.24	18.72	19.20	19.68	20.16	20.64	21.12	21.60	22.08
4.9	16.91	17.40	17.89	18.38	18.87	19.36	19.85	20.34	20.83	21.32	21.81	22.30	22.79
5.0	17.50	18.00	18.50	19.00	19.50	20.00	20.50	21.00	21.50	22.00	22.50	23.00	23.50

槽深/m	底宽/m											
	2.3	2.4	2.5	2.6	2.7	2.8	2.9	3.0	3.1	3.2	3.3	3.4
	土方量/m³											
1.0	2.80	2.90	3.00	3.10	3.20	3.30	3.40	3.50	3.60	3.70	3.80	3.90
1.1	3.14	3.25	3.36	3.47	3.58	3.69	3.80	3.91	4.02	4.13	4.24	4.35
1.2	3.48	3.60	3.72	3.84	3.96	4.08	4.20	4.32	4.44	4.56	4.68	4.80
1.3	3.84	3.97	4.10	4.23	4.36	4.49	4.62	4.75	4.88	5.01	5.14	5.27
1.4	4.20	4.34	4.48	4.62	4.76	4.90	5.04	5.18	5.32	5.46	5.60	5.74
1.5	4.58	4.73	4.88	5.03	5.18	5.33	5.48	5.63	5.78	5.93	6.08	6.23
1.6	4.96	5.12	5.28	5.44	5.60	5.76	5.92	6.08	6.24	6.40	6.56	6.72
1.7	5.36	5.53	5.70	5.87	6.04	6.21	6.38	6.55	6.72	6.89	7.06	7.23
1.8	5.76	5.94	6.12	6.30	6.48	6.66	6.84	7.02	7.20	7.38	7.56	7.74
1.9	6.18	6.37	6.56	6.75	6.94	7.13	7.32	7.51	7.70	7.89	8.08	8.27
2.0	6.60	6.80	7.00	7.20	7.40	7.60	7.80	8.00	8.20	8.40	8.60	8.80
2.1	7.04	7.25	7.46	7.67	7.88	8.09	8.30	8.51	8.72	8.93	9.14	9.35
2.2	7.48	7.70	7.92	8.14	8.36	8.58	8.80	9.02	9.24	9.46	9.68	9.90
2.3	7.94	8.17	8.40	8.63	8.86	9.09	9.32	9.55	9.78	10.01	10.24	10.47
2.4	8.40	8.64	8.88	9.12	9.36	9.60	9.84	10.08	10.32	10.56	10.80	10.04
2.5	8.88	9.13	9.38	9.63	9.88	10.13	10.38	10.63	10.88	11.13	11.38	11.63
2.6	9.36	9.62	9.88	10.14	10.40	10.66	10.92	11.18	11.44	11.70	11.96	12.22
2.7	9.86	10.13	10.40	10.67	10.94	11.21	11.48	11.75	12.02	12.29	12.56	12.83
2.8	10.36	10.64	10.92	11.20	11.48	11.76	12.04	12.32	12.60	12.88	13.16	13.44
2.9	10.88	11.17	11.46	11.75	12.04	12.33	12.62	12.91	13.20	13.49	13.78	14.07
3.0	11.40	11.70	12.00	12.30	12.60	12.90	13.20	13.50	19.80	14.10	14.40	14.70
3.1	11.94	12.25	12.56	12.87	13.18	13.49	13.80	14.11	14.42	14.73	15.04	15.35
3.2	12.48	12.80	13.12	13.44	13.76	14.08	14.40	14.72	15.04	15.36	15.68	16.00
3.3	13.04	13.37	13.70	14.03	14.36	14.69	15.02	15.35	15.68	16.01	16.34	16.67

续表 9-21

槽深/m	底宽/m											
	2.3	2.4	2.5	2.6	2.7	2.8	2.9	3.0	3.1	3.2	3.3	3.4
	土方量/m³											
3.4	13.60	13.94	14.28	14.62	14.96	15.30	15.64	15.98	16.32	16.66	17.00	17.34
3.5	14.18	14.53	14.88	15.23	15.58	15.93	16.28	16.63	16.98	17.33	17.68	18.03
3.6	14.76	15.12	15.48	15.84	16.20	16.56	16.92	17.28	17.64	18.00	18.36	18.72
3.7	15.36	15.73	16.10	16.47	16.84	17.21	17.58	17.95	18.32	18.69	19.06	19.43
3.8	15.96	16.34	16.72	17.10	17.48	17.86	18.24	18.62	19.00	19.38	19.76	20.14
3.9	16.58	16.97	17.36	17.75	18.14	18.53	18.92	19.31	19.70	20.09	20.48	20.87
4.0	17.20	17.60	18.00	18.40	18.80	19.20	19.60	20.00	20.40	20.80	21.20	21.60
4.1	17.84	18.25	18.66	19.07	19.48	19.89	20.30	20.71	21.12	21.53	21.94	22.35
4.2	18.48	18.90	19.32	19.74	20.16	20.58	21.00	21.42	21.84	22.26	22.68	23.10
4.3	19.14	19.57	20.00	20.43	20.86	21.29	21.72	22.15	22.58	23.01	23.44	23.87
4.4	19.80	20.24	20.68	21.12	21.58	22.00	22.44	22.88	23.32	23.76	24.20	24.64
4.5	20.48	20.93	11.38	21.83	22.28	22.73	23.18	23.63	24.08	24.53	24.98	25.43
4.6	21.16	21.62	22.08	22.54	23.00	23.46	23.92	24.38	24.84	25.30	25.76	26.22
4.7	21.86	22.33	22.80	23.27	23.74	24.21	24.68	25.15	25.62	26.09	26.56	27.30
4.8	22.56	23.04	23.52	24.00	24.48	24.96	25.44	25.92	26.40	26.88	27.36	27.84
4.9	23.28	23.77	24.26	24.75	25.24	25.73	26.22	26.71	27.20	27.69	28.18	28.67
5.0	24.00	24.50	25.00	25.50	26.00	26.50	27.00	27.50	28.00	28.50	29.00	29.50

(4)每米沟槽(坡度 1∶0.67)的土方数量见表 9-22。

表 9-22　每米沟槽(坡度 1∶0.67)土方数量表

槽深/m	底宽/m											
	1.0	1.1	1.2	1.3	1.4	1.5	1.6	1.7	1.8	1.9	2.0	2.1	2.2
	土方量/m³											
1.0	1.67	1.77	1.87	1.97	2.07	2.17	2.27	2.37	2.47	2.57	2.67	2.77	2.87
1.1	1.91	2.02	2.13	2.24	2.35	2.46	2.57	2.68	2.79	2.90	3.01	3.12	3.23
1.2	2.16	2.28	2.40	2.52	2.64	2.76	2.88	3.00	3.12	3.24	3.36	3.48	3.60
1.3	2.43	2.56	2.69	2.82	2.95	3.08	3.21	3.34	3.47	3.60	3.73	3.86	3.99
1.4	2.71	2.85	2.99	3.13	3.27	3.41	3.55	3.69	3.83	3.97	4.11	4.25	4.30
1.5	3.01	3.16	3.31	3.46	3.61	3.76	3.91	4.06	4.21	4.36	4.51	4.66	4.81
1.6	3.32	3.48	3.64	3.80	3.96	4.12	4.28	4.44	4.60	4.76	4.92	5.08	5.24
1.7	3.64	3.81	3.98	4.15	4.32	4.49	4.66	4.83	5.00	5.17	5.34	5.51	5.58
1.8	3.97	4.15	4.33	4.51	4.69	4.87	5.05	5.23	5.41	5.59	5.77	5.95	6.13
1.9	4.32	4.51	4.70	4.89	5.08	5.27	5.46	5.65	5.84	6.03	6.22	6.41	6.60
2.0	4.68	4.88	5.08	5.28	5.48	5.68	5.88	6.08	6.28	6.48	6.68	6.88	7.08
2.1	5.05	5.26	5.47	5.68	5.89	6.10	6.31	6.52	6.73	6.94	7.15	7.36	7.57

续表 9-22

槽深 /m	底宽/m												
	1.0	1.1	1.2	1.3	1.4	1.5	1.6	1.7	1.8	1.9	2.0	2.1	2.2
	土方量/m³												
2.2	5.44	5.66	5.88	6.10	6.32	6.54	6.76	6.98	7.20	7.42	7.64	7.86	8.08
2.3	5.84	6.07	6.30	6.53	6.76	6.90	7.22	7.45	7.68	7.91	8.14	8.37	8.60
2.4	6.26	6.50	6.74	6.98	7.22	7.46	7.70	7.94	8.18	8.42	8.60	8.90	9.14
2.5	6.69	6.94	7.19	7.44	7.69	7.94	8.19	8.44	8.69	8.94	9.19	9.44	9.69
2.6	7.13	7.39	7.65	7.91	8.17	8.43	8.69	8.95	9.21	9.47	9.73	9.09	10.25
2.7	7.58	7.85	8.12	8.39	8.66	8.93	9.20	9.47	9.74	10.01	10.28	10.55	10.82
2.8	8.05	8.33	8.61	8.89	9.17	9.45	9.73	10.01	10.29	10.57	10.85	11.13	11.41
2.9	8.53	8.82	9.11	9.40	9.69	9.98	10.27	10.56	10.85	11.14	11.43	11.72	12.01
3.0	9.03	9.33	9.63	9.43	10.23	10.53	10.83	11.13	11.43	11.73	12.03	12.33	12.63
3.1	9.53	9.85	10.16	10.47	10.78	11.08	11.39	11.70	12.00	12.32	12.63	12.94	13.25
3.2	10.06	10.38	10.70	11.02	11.34	11.66	11.98	12.30	12.62	12.94	13.26	13.58	13.90
3.3	10.62	10.93	11.26	11.59	11.92	12.57	12.90	12.90	13.23	13.56	13.89	14.22	14.55
3.4	10.92	11.26	11.60	11.94	12.28	12.85	13.19	13.53	13.87	14.21	14.55	14.89	15.23
3.5	11.71	12.06	12.41	12.76	13.11	13.46	13.81	14.16	14.51	14.86	15.21	15.56	15.91
3.6	12.28	12.64	13.00	13.36	13.72	14.03	14.44	14.80	15.16	15.52	15.88	16.24	16.60
3.7	12.87	13.24	13.61	13.98	14.35	14.72	15.09	15.46	15.83	16.20	16.57	16.94	17.31
3.8	13.47	13.85	14.23	14.61	14.99	15.37	15.75	16.13	16.51	16.89	17.27	17.65	18.03
3.9	14.09	14.48	14.87	15.26	15.65	16.05	16.44	16.83	17.22	17.61	18.00	18.39	18.78
4.0	14.72	15.12	15.52	15.92	16.32	16.72	17.12	17.52	17.92	18.32	18.72	19.12	19.52
4.1	15.36	15.77	16.18	16.59	17.00	17.41	17.82	18.23	18.64	19.05	19.46	19.87	20.28
4.2	16.01	16.43	16.85	17.28	17.70	18.12	18.54	18.96	19.38	19.80	20.22	20.64	21.06
4.3	16.69	17.12	17.55	17.98	18.41	18.84	19.27	19.70	20.13	20.56	20.99	21.42	21.85
4.4	17.37	17.81	18.25	18.69	19.13	19.57	20.01	20.45	20.89	21.33	21.77	22.21	22.65
4.5	18.07	18.52	18.97	19.42	19.87	20.32	20.77	21.22	21.67	22.12	22.57	23.02	23.47
4.6	18.78	19.24	19.70	20.16	20.62	21.08	21.54	22.00	22.46	22.92	23.38	23.84	24.30
4.7	19.50	19.97	20.44	20.91	21.38	21.85	22.32	22.79	23.26	23.73	24.20	24.67	25.14
4.8	20.24	20.72	21.20	21.68	22.16	22.64	23.12	23.60	24.08	24.56	25.04	25.52	26.00
4.9	20.99	21.48	21.97	22.46	22.95	23.44	23.33	24.42	24.91	25.40	25.89	26.38	26.87
5.0	21.75	22.25	22.75	23.25	23.75	24.25	24.75	25.25	25.75	26.25	26.75	27.25	27.75

槽深 /m	底宽/m											
	2.3	2.4	2.5	2.6	2.7	2.8	2.9	3.0	3.1	3.2	3.3	3.4
	土方量/m³											
1.0	2.97	3.07	3.17	3.27	3.37	3.47	3.57	3.67	3.77	3.87	3.97	4.07
1.1	3.34	3.45	3.56	3.67	3.78	3.89	4.00	4.11	4.22	4.33	4.14	4.55

续表 9-22

槽深/m	底宽/m											
	2.3	2.4	2.5	2.6	2.7	2.8	2.9	3.0	3.1	3.2	3.3	3.4
	土方量/m³											
1.2	3.72	3.84	3.96	4.08	4.20	4.32	4.44	4.56	4.68	4.80	4.92	5.04
1.3	4.12	4.25	4.38	4.51	4.64	4.77	4.90	5.03	5.16	5.29	5.42	5.55
1.4	4.53	4.67	4.81	4.95	5.09	4.23	5.37	5.51	5.65	5.79	5.93	6.07
1.5	4.96	5.11	5.26	5.41	5.56	5.71	5.86	6.01	6.16	6.31	6.46	6.61
1.6	5.40	5.56	5.72	5.88	6.04	6.20	6.26	6.52	6.68	6.84	7.00	7.16
1.7	5.85	6.02	6.19	6.36	6.63	6.70	6.87	7.04	7.21	7.38	7.55	7.72
1.8	6.31	6.49	6.67	6.85	7.03	7.21	7.39	7.57	7.75	7.93	8.11	8.29
1.9	6.79	6.98	7.17	7.36	7.55	7.74	7.93	8.12	8.31	8.50	8.69	8.88
2.0	7.28	7.48	7.68	7.88	8.08	8.28	8.48	8.68	8.88	9.08	9.28	9.48
2.1	7.78	7.99	8.20	8.41	8.62	8.83	9.04	9.25	9.46	9.67	9.88	10.09
2.2	8.30	8.52	8.74	8.96	9.18	9.40	9.62	9.84	10.06	10.28	10.50	10.72
2.3	8.83	9.04	9.29	9.52	9.75	9.85	10.21	10.44	10.67	10.90	11.13	11.36
2.4	9.38	9.62	9.85	10.10	10.34	10.58	10.82	11.06	11.30	11.54	11.78	12.02
2.5	9.94	10.19	10.44	10.69	10.94	11.19	11.44	11.69	11.94	12.19	12.44	13.60
2.6	10.51	10.77	11.03	11.29	11.55	11.81	12.07	12.33	12.59	12.85	13.11	13.37
2.7	11.09	11.36	11.63	11.90	12.17	12.44	12.71	12.98	13.25	13.52	13.79	14.06
2.8	11.69	11.97	12.25	12.53	12.81	13.09	13.37	13.65	13.96	14.21	14.49	14.77
2.9	12.30	12.59	12.88	13.17	13.46	13.75	14.04	14.33	14.62	14.91	15.20	15.49
3.0	12.93	13.23	13.53	13.83	14.13	14.43	14.73	15.03	15.33	15.63	15.93	16.23
3.1	13.56	13.87	14.18	14.49	14.80	15.11	15.42	15.73	16.04	16.35	16.66	16.97
3.2	14.22	14.54	14.86	15.18	15.50	15.82	16.14	16.46	16.78	17.10	17.42	17.74
3.3	14.88	15.21	15.54	15.87	16.20	16.53	16.86	17.19	17.52	17.85	18.18	18.51
3.4	15.57	15.91	16.25	16.59	16.93	17.27	17.61	17.95	18.29	18.63	18.97	19.31
3.5	16.26	16.61	16.96	17.31	17.66	18.01	18.36	18.71	19.06	19.41	19.76	20.11
3.6	16.96	17.32	17.68	18.04	18.40	18.76	19.12	19.48	19.84	20.20	20.56	20.92
3.7	17.68	18.05	18.42	18.79	19.16	19.53	19.20	20.27	20.64	21.01	21.38	21.75
3.8	18.41	18.79	19.17	19.55	19.93	20.31	20.69	21.07	21.45	21.83	22.21	22.59
3.9	19.17	19.56	19.95	20.34	20.73	21.12	21.51	21.90	22.29	22.68	23.07	22.46
4.0	19.92	20.32	20.72	21.12	21.52	21.92	22.32	22.72	23.12	23.52	23.92	24.32
4.1	20.69	21.10	21.51	21.92	22.33	22.74	23.15	23.55	23.96	24.38	24.79	25.20
4.2	21.48	21.90	22.32	22.74	23.16	23.58	24.00	24.42	24.84	25.26	25.68	26.10
4.3	22.28	22.71	23.14	23.57	24.00	24.43	24.86	25.29	25.72	26.12	26.58	27.01
4.4	23.09	23.53	23.97	24.41	24.85	25.29	25.73	26.17	26.61	27.05	27.49	27.93
4.5	23.92	24.37	24.82	25.27	26.72	26.17	26.62	27.07	27.52	27.97	28.42	28.87

续表 9-22

槽深/m	底宽/m											
	2.3	2.4	2.5	2.6	2.7	2.8	2.9	3.0	3.1	3.2	3.3	3.4
	土方量/m³											
4.6	24.76	25.22	25.68	26.14	26.60	27.06	27.52	27.97	28.43	28.89	29.35	29.81
4.7	25.61	26.08	26.55	27.02	27.49	27.96	28.43	28.90	29.37	29.84	30.31	30.78
4.8	26.48	26.96	27.44	27.92	28.40	28.88	29.36	29.83	30.32	30.80	31.28	31.76
4.9	27.36	27.85	28.34	28.83	29.32	29.81	30.30	30.79	31.28	31.77	32.26	32.75
5.0	28.25	28.75	29.25	29.75	30.25	30.75	31.25	31.75	32.25	32.75	33.25	33.75

(5)每米沟槽(坡度 1：0.75)的土方数量见表 9-23。

表 9-23 每米沟槽(坡度 1：0.75)土方数量表

槽深/m	底宽/m											
	1.0	1.1	1.2	1.3	1.4	1.5	1.6	1.7	1.8	1.9	2.0	2.1	2.2
	土方量/m³											
1.0	1.75	1.85	1.95	2.05	2.15	2.25	2.35	2.45	2.55	2.65	2.75	2.85	2.95
1.1	2.01	2.12	2.23	2.34	2.45	2.56	2.67	2.78	2.89	3.00	3.11	3.21	3.33
1.2	2.28	2.40	2.52	2.64	2.76	2.88	3.00	3.12	3.24	3.36	3.48	3.60	3.72
1.3	2.57	2.70	2.83	2.96	3.09	3.22	3.35	3.48	3.61	3.74	3.87	4.00	4.13
1.4	2.87	3.01	3.15	3.29	3.43	3.57	3.71	3.85	3.99	4.13	4.27	4.41	4.55
1.5	3.19	3.34	3.49	3.64	3.79	3.94	4.09	4.24	4.39	4.54	4.69	4.84	4.99
1.6	3.52	3.68	3.84	4.00	4.16	4.32	4.48	4.64	4.80	4.91	5.12	5.28	5.44
1.7	3.87	4.04	4.21	4.38	4.55	4.72	4.89	5.06	5.23	5.40	5.57	5.74	5.91
1.8	4.23	4.41	4.59	4.77	4.95	5.13	5.31	5.49	5.67	5.85	6.03	6.21	6.39
1.9	4.61	4.80	4.99	5.18	5.37	5.56	5.75	5.94	6.13	6.32	6.51	6.70	6.89
2.0	5.00	5.20	5.40	5.60	5.80	6.00	6.20	6.40	6.60	6.80	7.00	7.20	7.40
2.1	5.41	5.62	5.83	6.04	6.25	6.46	6.67	6.88	7.09	7.30	7.51	7.72	7.93
2.2	5.83	6.05	6.27	6.49	6.71	6.93	7.15	7.37	7.59	7.81	8.03	8.25	8.47
2.3	6.27	6.50	6.73	6.96	7.19	7.42	7.65	7.88	8.11	8.34	8.57	8.80	9.03
2.4	6.72	6.96	7.20	7.44	7.68	7.92	8.16	8.40	8.64	8.88	9.12	9.36	9.60
2.5	7.19	7.44	7.69	7.94	8.19	8.44	8.69	8.94	9.19	9.44	9.69	9.94	10.19
2.6	7.69	7.93	8.19	8.45	8.71	8.97	9.23	9.49	9.75	10.01	10.27	10.53	10.79
2.7	8.17	8.44	8.71	8.98	9.25	9.52	9.79	10.06	10.33	10.60	10.87	11.14	11.44
2.8	8.68	8.96	9.24	9.52	9.80	10.08	10.36	10.64	10.92	11.20	11.48	11.76	12.04
2.9	9.21	9.50	9.79	10.08	10.37	10.66	10.95	11.24	11.53	11.82	12.11	12.40	12.69
3.0	9.75	10.05	10.35	10.65	10.95	11.25	11.55	11.85	12.15	12.45	12.75	13.05	13.35
3.1	10.31	10.62	10.93	11.24	11.55	11.86	12.17	12.48	12.79	13.10	13.41	13.72	14.03
3.2	10.88	11.20	11.52	11.84	12.16	12.48	12.80	13.12	13.44	13.76	14.08	14.40	14.72

续表 9-23

槽深/m	底宽/m												
	1.0	1.1	1.2	1.3	1.4	1.5	1.6	1.7	1.8	1.9	2.0	2.1	2.2
	土方量/m³												
3.3	11.47	11.80	12.13	12.46	12.79	13.12	13.45	13.78	14.11	14.44	14.77	15.10	15.43
3.4	12.07	12.41	12.75	13.09	13.43	13.77	14.11	14.45	14.79	15.13	15.47	15.81	16.15
3.5	12.69	13.04	13.39	13.74	14.09	14.44	14.79	15.14	15.49	15.84	16.19	16.54	16.89
3.6	13.32	13.68	14.04	14.40	14.76	15.12	15.48	15.84	16.20	16.56	16.92	17.28	17.64
3.7	13.97	14.34	14.71	15.08	15.45	15.82	16.19	16.56	16.93	17.30	17.67	18.04	18.41
3.8	14.63	15.01	15.39	15.77	16.15	16.53	16.91	17.29	17.67	18.05	18.43	18.81	19.19
3.9	15.31	15.70	16.09	16.48	16.87	17.26	17.65	18.04	18.43	18.82	19.21	19.60	19.99
4.0	16.00	16.40	16.80	17.20	17.60	18.00	18.40	18.80	19.20	19.60	20.00	20.40	20.80
4.1	16.71	17.12	17.53	17.94	18.35	18.76	19.17	19.58	19.99	20.40	20.81	21.22	21.63
4.2	17.43	17.85	18.27	18.69	19.11	19.53	19.95	20.37	20.79	21.21	21.63	22.05	22.47
4.3	18.17	18.60	19.03	19.46	19.89	20.32	20.75	21.18	21.61	22.04	22.47	22.90	23.33
4.4	18.92	19.36	19.80	20.24	20.68	21.12	21.56	22.00	22.44	22.88	23.32	23.76	24.20
4.5	19.69	20.14	20.59	21.04	21.49	21.94	22.39	22.84	23.29	23.74	24.19	24.64	25.09
4.6	20.47	20.93	21.39	21.85	22.31	22.77	23.23	23.69	24.15	24.61	25.07	25.53	25.99
4.7	21.27	21.74	22.21	22.68	23.15	23.62	24.09	24.56	25.03	25.50	25.97	26.44	26.91
4.8	22.08	22.56	23.04	23.52	24.00	24.48	24.96	25.44	25.92	26.40	26.88	27.36	27.84
4.9	22.91	23.40	23.89	24.38	24.87	25.36	25.85	26.34	26.83	27.32	27.81	28.30	28.79
5.0	23.75	24.25	24.75	25.25	25.75	26.25	26.75	27.25	27.75	28.25	28.75	29.25	29.75

槽深/m	底宽/m											
	2.3	2.4	2.5	2.6	2.7	2.8	2.9	3.0	3.1	3.2	3.3	3.4
	土方量/m³											
1.0	3.05	3.15	3.25	3.35	3.45	3.55	3.65	3.75	3.85	3.95	4.05	4.15
1.1	3.44	3.55	3.66	3.77	3.88	3.99	4.10	4.21	4.32	4.43	4.54	4.65
1.2	3.84	3.96	4.08	4.20	4.32	4.44	4.56	4.68	4.80	4.92	5.04	5.16
1.3	4.26	4.39	4.52	4.65	4.78	4.91	5.04	5.17	5.30	5.43	5.56	5.69
1.4	4.69	4.83	4.97	5.11	5.25	5.39	5.53	5.67	5.81	5.95	6.09	6.23
1.5	5.14	5.29	5.44	5.59	5.74	5.89	6.04	6.19	6.34	5.49	6.64	6.79
1.6	5.60	5.76	5.92	6.08	6.24	6.40	6.56	6.72	6.88	7.04	7.20	7.36
1.7	6.08	6.25	6.42	6.59	6.76	6.93	7.10	7.27	7.44	7.61	7.78	7.95
1.8	6.57	6.75	6.93	7.11	7.29	7.47	7.65	7.83	8.01	8.19	8.37	8.55
1.9	7.08	7.27	7.46	7.65	7.84	8.03	8.22	8.41	8.60	8.79	8.98	9.17
2.0	7.60	7.80	8.00	8.20	8.40	8.60	8.80	9.00	9.20	9.40	9.60	9.80
2.1	8.14	8.35	8.56	8.77	8.98	9.19	9.40	9.61	9.82	10.03	10.24	10.45
2.2	8.69	8.91	9.13	9.35	9.57	9.79	10.01	10.23	10.45	10.67	10.89	11.11

续表 9-23

槽深 /m	底宽/m											
	2.3	2.4	2.5	2.6	2.7	2.8	2.9	3.0	3.1	3.2	3.3	3.4
	土方量/m³											
2.3	9.26	9.49	9.72	9.95	10.18	10.41	10.64	10.87	11.10	11.33	11.56	11.79
2.4	9.84	10.08	10.32	10.56	10.80	11.04	11.28	11.52	11.76	12.00	12.24	12.48
2.5	10.44	10.69	10.94	11.19	11.44	11.69	11.94	12.19	12.44	12.69	12.94	13.19
2.6	11.05	11.31	11.57	11.83	12.09	12.35	12.61	12.87	13.13	13.39	13.65	13.91
2.7	11.68	11.95	12.22	12.49	12.76	13.03	13.30	13.57	13.84	14.11	14.38	14.65
2.8	12.32	12.60	12.88	13.16	13.44	13.72	14.00	14.28	14.56	14.84	15.12	15.40
2.9	12.98	13.27	13.56	13.85	14.14	14.43	14.72	15.01	15.30	15.59	15.88	16.17
3.0	13.65	13.95	14.25	14.55	14.85	15.15	15.45	15.75	16.05	16.35	16.65	16.95
3.1	14.34	14.65	14.96	15.27	15.58	15.79	16.20	16.51	16.82	17.13	17.44	17.75
3.2	15.04	15.36	15.68	16.00	16.32	16.64	16.96	17.28	17.60	17.92	18.24	18.56
3.3	15.76	16.09	16.42	16.75	17.08	17.41	17.74	18.07	18.40	18.73	19.06	19.39
3.4	16.49	16.83	17.17	17.51	17.85	18.19	18.53	18.87	19.21	19.55	19.89	20.23
3.5	17.24	17.59	17.94	18.29	18.64	18.99	19.34	19.69	20.04	20.39	20.74	21.09
3.6	18.00	18.36	18.72	19.08	19.44	19.80	20.16	20.52	20.88	21.24	21.60	21.96
3.7	18.78	19.15	19.52	19.89	20.26	20.63	21.00	21.37	21.74	22.11	22.48	22.85
3.8	19.57	19.95	20.33	20.71	21.09	21.47	21.85	22.23	22.61	22.99	23.37	23.75
3.9	20.38	20.77	21.16	21.55	21.94	22.33	22.72	23.11	23.50	23.89	24.28	24.67
4.0	21.20	21.60	22.00	22.40	22.80	23.20	23.60	24.00	24.40	24.80	25.20	25.60
4.1	22.04	22.45	22.86	23.27	23.68	24.09	24.50	24.91	25.32	25.73	26.14	26.55
4.2	22.89	23.31	23.73	24.15	24.57	24.99	25.41	25.83	26.25	26.67	27.09	27.51
4.3	23.76	24.19	24.62	25.05	25.48	25.91	26.34	26.77	27.20	27.63	28.06	28.49
4.4	24.64	25.08	25.52	25.96	26.40	26.84	27.28	27.72	28.16	28.60	29.04	29.48
4.5	25.54	25.99	26.44	26.89	27.34	27.79	28.24	28.69	29.14	29.59	30.04	30.49
4.6	26.45	26.91	27.37	27.83	28.29	28.75	29.21	29.67	30.13	30.59	31.05	31.51
4.7	27.85	28.32	28.79	29.26	29.73	30.20	30.67	31.14	31.61	31.61	32.08	32.55
4.8	28.32	28.80	29.28	29.76	30.24	30.72	31.20	31.68	32.16	32.64	33.12	33.60
4.9	29.28	29.77	30.26	30.75	31.24	31.73	32.22	32.71	33.20	33.69	34.18	34.67
5.0	30.25	30.75	31.25	31.75	32.25	32.75	33.25	33.75	34.25	34.75	35.25	35.75

(6)每米沟槽(坡度1:1)的土方数量见表9-24。

表 9-24 每米沟槽(坡度1:1)土方数量表

槽深 /m	底宽/m												
	1.0	1.1	1.2	1.3	1.4	1.5	1.6	1.7	1.8	1.9	2.0	2.1	2.2
	土方量/m³												
1.0	2.00	2.10	2.20	2.30	2.40	2.50	2.60	2.70	2.80	2.90	3.00	3.10	3.20
1.1	2.31	2.42	2.53	2.64	2.75	2.86	2.97	3.08	3.19	3.30	3.41	3.52	3.68

续表 9-24

槽深 /m	底宽/m												
	1.0	1.1	1.2	1.3	1.4	1.5	1.6	1.7	1.8	1.9	2.0	2.1	2.2
	土方量/m³												
1.2	2.64	2.76	2.88	3.00	3.12	3.24	3.36	3.48	3.60	3.72	3.84	3.96	4.03
1.3	2.99	3.12	3.25	3.38	3.51	3.64	3.77	3.90	4.03	4.16	4.29	4.42	4.55
1.4	3.36	3.50	3.64	3.78	3.92	4.06	4.20	4.34	4.48	4.62	4.76	4.90	5.04
1.5	3.75	3.90	4.05	4.20	4.35	4.50	4.65	4.80	4.95	5.10	5.25	5.40	5.55
1.6	4.16	4.32	4.48	4.64	4.80	4.96	5.12	5.28	5.44	5.60	5.76	5.92	6.08
1.7	4.59	4.76	4.93	5.10	5.27	5.44	5.61	5.78	5.95	6.12	6.29	6.46	6.63
1.8	5.04	5.22	5.40	5.58	5.76	5.94	6.12	6.30	6.48	6.66	6.84	7.02	7.20
1.9	5.51	5.70	5.89	6.08	6.27	6.46	6.65	6.84	7.03	7.22	7.41	7.60	7.79
2.0	6.00	6.20	6.40	6.60	6.80	7.00	7.20	7.40	7.60	7.80	8.00	8.20	8.40
2.1	6.51	6.72	6.93	7.14	7.35	7.56	7.77	7.98	8.19	8.40	8.61	8.82	9.03
2.2	7.04	7.26	7.48	7.70	7.92	8.14	8.36	8.58	8.80	9.02	9.24	9.46	9.68
2.3	7.59	7.82	8.05	8.28	8.51	8.74	8.97	9.20	9.43	9.66	9.89	10.12	10.35
2.4	8.16	8.40	8.64	8.88	9.12	9.36	9.60	9.84	10.08	10.32	10.56	10.80	11.04
2.5	8.75	9.00	9.25	9.50	9.75	10.00	10.25	10.50	10.75	11.00	11.25	11.50	11.75
2.6	9.36	9.62	9.88	10.14	10.40	10.66	10.92	11.18	11.44	11.70	11.96	12.22	12.48
2.7	9.99	10.26	10.53	10.80	11.07	11.34	11.61	11.88	12.15	12.42	12.69	12.96	13.23
2.8	10.64	10.92	11.20	11.48	11.76	12.04	12.32	12.60	12.80	13.16	13.44	13.72	14.00
2.9	11.31	11.60	11.89	12.18	12.47	12.76	13.05	13.34	13.63	13.92	14.21	14.50	14.79
3.0	12.00	12.30	12.60	12.90	13.20	13.50	13.80	14.10	14.40	14.70	15.00	15.30	15.60
3.1	12.71	13.02	13.33	13.64	13.95	14.26	14.57	14.88	15.19	15.50	15.81	16.12	16.43
3.2	13.44	13.76	14.08	14.40	14.72	15.04	15.36	15.68	16.00	16.32	16.64	16.96	17.28
3.3	14.19	14.52	14.85	15.18	15.51	15.84	16.17	16.50	16.83	17.16	17.49	17.82	18.15
3.4	14.96	15.30	15.64	15.98	16.32	16.66	17.00	17.34	17.68	18.02	18.36	18.70	19.04
3.5	15.75	16.10	16.45	16.80	17.15	17.50	17.85	18.20	18.55	18.90	19.25	19.60	19.95
3.6	16.56	16.92	17.28	17.64	18.00	18.36	18.72	19.08	19.44	19.80	20.16	20.52	20.88
3.7	17.39	17.76	18.13	18.50	18.87	19.24	19.61	19.98	20.35	20.77	21.09	21.46	21.83
3.8	18.24	18.62	19.00	19.38	19.76	20.14	20.52	20.90	21.28	21.66	22.04	22.42	22.80
3.9	19.11	19.50	19.89	20.28	20.67	21.06	21.45	21.84	22.23	22.62	23.01	23.40	23.79
4.0	20.00	20.40	20.80	21.20	21.60	22.00	22.40	22.80	23.20	23.60	24.00	24.40	24.80
4.1	20.91	21.32	21.73	22.14	22.55	22.96	23.37	23.78	24.19	24.60	25.01	25.42	25.83
4.2	21.84	22.26	22.68	23.10	23.52	23.94	24.36	24.78	25.20	25.62	26.04	26.46	26.88
4.3	22.79	23.22	23.65	24.08	24.51	24.94	25.37	25.80	26.23	26.66	27.09	27.52	27.95
4.4	23.76	24.20	24.64	25.08	25.52	25.96	26.40	26.84	27.28	27.72	28.16	28.60	29.04
4.5	24.75	25.20	25.65	26.10	26.55	27.00	27.45	27.90	28.35	28.80	29.25	29.70	30.15

续表 9-24

槽深/m	底宽/m												
	1.0	1.1	1.2	1.3	1.4	1.5	1.6	1.7	1.8	1.9	2.0	2.1	2.2
	土方量/m³												
4.6	25.76	26.22	26.68	27.14	27.60	28.06	28.52	28.98	29.44	29.90	30.36	30.82	31.28
4.7	26.79	27.26	27.73	28.20	28.67	29.14	29.61	30.08	30.55	31.02	31.49	31.96	32.43
4.8	27.84	28.32	28.80	29.28	29.76	30.24	30.72	31.20	31.68	32.16	32.64	33.12	33.60
4.9	28.91	29.40	29.89	30.38	30.87	31.36	31.85	32.34	32.83	33.32	33.81	34.30	34.79
5.0	30.00	30.50	31.00	31.50	32.00	32.50	33.00	33.50	34.00	34.50	35.00	35.50	36.00

槽深/m	底宽/m											
	2.3	2.4	2.5	2.6	2.7	2.8	2.9	3.0	3.1	3.2	3.3	3.4
	土方量/m³											
1.0	3.30	3.40	3.50	3.60	3.70	3.80	3.90	4.00	4.10	4.20	4.30	4.40
1.1	3.74	3.85	3.96	4.07	4.18	4.29	4.40	4.51	4.62	4.73	4.84	4.95
1.2	4.20	4.32	4.44	4.56	4.68	4.80	4.92	5.04	5.16	5.28	5.40	5.52
1.3	4.68	4.81	4.94	5.07	5.20	5.33	5.46	5.59	5.72	5.85	5.98	6.11
1.4	5.18	5.32	5.46	5.60	5.74	5.88	6.02	6.16	6.30	6.44	6.58	6.72
1.5	5.70	5.85	6.00	6.15	6.30	6.45	6.60	6.75	6.90	7.05	7.20	7.35
1.6	6.24	6.40	6.56	6.72	6.88	7.04	7.20	7.36	7.52	7.68	7.84	8.00
1.7	6.80	6.97	7.14	7.31	7.48	7.65	7.82	7.99	8.16	8.33	8.50	8.67
1.8	7.38	7.56	7.74	7.92	8.10	8.28	8.46	8.64	8.82	9.00	9.18	9.36
1.9	7.98	8.17	8.36	8.55	8.74	8.93	9.12	9.31	9.50	9.69	9.88	10.07
2.0	8.60	8.80	9.00	9.20	9.40	9.60	9.80	10.00	10.20	10.40	10.60	10.80
2.1	9.24	9.45	9.66	9.87	10.08	10.29	10.50	10.71	10.92	11.13	11.34	11.55
2.2	9.90	10.12	10.34	10.56	10.78	11.00	11.22	11.44	11.66	11.88	12.10	12.32
2.3	10.58	10.81	11.04	11.27	11.50	11.73	11.96	12.19	12.42	12.65	12.88	13.11
2.4	11.28	11.52	11.76	12.00	12.24	12.48	12.72	12.96	13.20	13.44	13.68	13.92
2.5	12.00	12.25	12.50	12.75	13.00	13.25	13.50	13.75	14.00	14.25	14.50	14.75
2.6	12.74	13.00	13.26	13.52	13.78	14.04	14.30	14.56	14.82	15.08	15.34	15.60
2.7	13.50	13.77	14.04	14.31	14.58	14.85	15.12	15.39	15.66	15.93	16.20	16.47
2.8	14.28	14.56	14.84	15.12	15.40	15.68	15.96	16.24	16.52	16.80	17.08	17.36
2.9	15.08	15.37	15.66	15.95	16.24	16.53	16.82	17.11	17.40	17.69	17.98	18.27
3.0	15.90	16.20	16.50	16.80	17.10	17.40	17.70	18.00	18.30	18.60	18.90	19.20
3.1	16.74	17.05	17.36	17.67	17.98	18.29	18.60	18.91	19.22	19.53	19.84	20.15
3.2	17.60	17.92	18.24	18.56	18.88	19.20	19.52	19.84	20.16	20.48	20.80	21.12
3.3	18.48	18.81	19.14	19.47	19.80	20.13	20.46	20.79	21.12	21.45	21.78	22.11
3.4	19.38	19.72	20.06	20.40	20.74	21.08	21.42	21.76	22.10	22.44	22.78	23.12
3.5	20.30	20.65	21.00	21.35	21.70	22.05	22.40	22.75	23.10	23.45	23.80	24.15

续表 9-24

槽深/m	底宽/m											
	2.3	2.4	2.5	2.6	2.7	2.8	2.9	3.0	3.1	3.2	3.3	3.4
	土方量/m³											
3.6	21.24	21.60	21.96	22.32	22.68	23.04	23.40	23.76	24.12	24.48	24.84	25.20
3.7	22.20	22.57	22.94	23.31	23.68	24.05	24.42	24.79	25.16	25.53	25.90	26.27
3.8	23.18	23.56	23.94	24.32	24.70	25.08	25.46	25.84	26.22	26.60	26.98	27.36
3.9	24.18	24.57	24.96	25.35	25.74	26.13	26.52	26.91	27.30	27.69	28.08	28.47
4.0	25.20	25.60	25.00	26.40	26.80	27.20	27.60	28.00	28.40	28.80	29.20	29.60
4.1	26.24	26.65	27.06	27.47	27.88	28.29	28.70	29.11	29.52	29.93	30.34	30.75
4.2	27.30	27.72	28.14	28.56	28.98	29.40	29.82	30.24	30.66	31.80	31.50	31.29
4.3	28.38	28.81	29.24	29.67	30.10	30.53	30.96	31.39	31.82	32.25	32.68	33.11
4.4	29.48	29.92	30.36	30.80	31.24	31.68	32.12	32.56	33.00	33.44	33.88	34.32
4.5	30.60	31.05	31.50	31.95	32.40	32.85	33.30	33.75	34.20	34.65	35.10	35.55
4.6	31.74	32.20	32.66	33.12	33.58	34.04	34.50	34.96	35.42	35.88	36.34	36.80
4.7	32.90	33.37	33.84	34.31	34.78	35.25	35.72	36.19	36.66	37.13	37.60	37.07
4.8	34.08	34.56	35.04	35.52	36.00	36.48	36.96	37.44	37.92	38.40	38.88	39.36
4.9	35.28	35.77	36.36	36.75	37.24	37.73	38.21	38.71	39.20	39.69	40.18	40.67
5.0	36.50	37.00	37.50	38.00	38.50	39.00	39.50	40.00	40.50	41.00	41.50	42.00

第四节　土石方工程工程量计算应用实例

【例 9-1】　如图 9-5 所示,求挖沟槽工程量。

【解】　沟槽工程量＝$(1.0+0.15×2)×1.8×(10+5)×2=70.2(m^3)$

【例 9-2】　如图 9-6 所示,求挖地坑工程量。

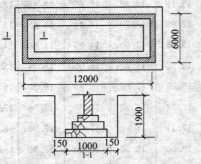

图 9-5　某沟槽不需要放坡剖面图

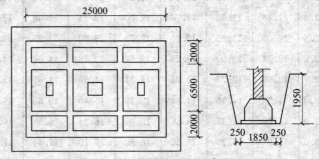

图 9-6　挖地坑工程示意图

【解】　先按一般放坡计算:

工程量 $F_1 = (1.85+0.25×2+1.85+0.25×2+2×0.33×2)×2÷2×$

$[(25.0+6.5+2.0×2)×2+(25.0-1.85-0.25×20)×$

$$2+6.5+2.0\times2-1.85-0.25\times2]=695.01(\text{m}^3)$$

再按大开口放坡计算：

工程量 $F_2=(25.0+1.85+0.25\times2)\times(6.5+2.0\times2+1.85+0.25\times2)\times$
$$2+(25.0+1.85+0.25\times2+6.5+2.0\times2+1.85+0.25\times2)\times$$
$$0.33\times2^2+(\frac{4}{3}\times0.33^2\times2^3)=757.12(\text{m}^3)$$

$F_1<F_2$，故按大开挖计算工程量为 695.01m^3。

【例 9-3】　人工挖地槽，地槽尺寸如图 9-7 所示，墙厚 240mm，工作面每边放出 300mm，从垫层下表面开始放坡，计算地槽挖方量。

【解】　由于人工挖土深度为 1.4m，放坡系数取 0.3。

外墙槽长：$(21+4.2)\times2=50.4(\text{m})$

内墙槽长：$4.2-0.3\times2=3.6(\text{m})$

$V=(b+2c+k\times h)\times h\times l=(0.5+2\times0.3+0.3\times1.4)\times1.4\times54.0$
$$=114.91\text{m}^3$$

【例 9-4】　如图 9-8 所示，求建筑物人工平整场地工程量。

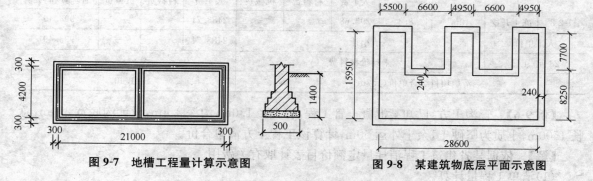

图 9-7　地槽工程量计算示意图　　　　图 9-8　某建筑物底层平面示意图

【解】　人工平整场地工程量$=\{(28.6+0.24)\times(15.95+0.24)-7.7\times(6.6-0.24)\times$
$$2+[(28.6+0.24+15.95+0.24)\times2+7.7\times4]\times2+16\}$$
$$=626.70(\text{m}^2)$$

【例 9-5】　冻土开挖，某工程基槽开挖冻土尺寸长 20m，宽 8.4m，冻土深度为 0.5m，冻土不考虑外运，计算冻土开挖清单合价。

【解】　依据某省建筑工程消耗量定额价目表计取有关费用。

(1)清单工程量计算。
$$V=20\times8.4\times0.5=84(\text{m}^3)$$

(2)消耗量定额工程量。
$$V=20\times8.4\times0.5=84(\text{m}^3)$$

(3)挖冻土土方。

人工费：$84\times295.68/10=2483.71(\text{元})$

(4)综合。

直接费合计：2483.71 元

管理费:$2483.71 \times 35\% = 869.30$(元)

利润:$2483.71 \times 5\% = 124.19$(元)

合价:3477.20 元

综合单价:$3477.20 \div 84 = 41.40$(元)

结果见表 9-25 和表 9-26。

表 9-25   分部分项工程量清单计价表

序号	项目编码	项目名称	项目特征描述	计量单位	工程数量	金额/元		
						综合单价	合价	其中:直接费
1	010101004001	冻土开挖	人工开挖冻土,冻土深度 0.5m	m³	84	41.40	3477.20	2483.71

表 9-26   分部分项工程量清单综合单价计算表

项目编号	010101004001		项目名称	冻土开挖	计量单位		m³		
清单综合单价组成明细									
定额编号	定额内容	定额单位	数量	单价/(元/m³)			合价/(元/m³)		
				人工费	材料费	机械费	人工费	材料费	机械费	管理费和利润
1-2-8	冻土开挖	10m³	8.4	295.68	—	—	2483.71	—	—	993.49
人工单价			小计				2483.71	—	—	993.49
28 元/工日			未计价材料费					—		
清单项目综合单价(元/m³)								41.40	

【**例 9-6**】   管沟土方:已知某混凝土管工程,管直径 1.0m,沟深 2.4m,设计沟底宽 2.0m,总长 1500m,土质为坚硬土,余土外运 50m,计算该工程土方清单合价。

【**解**】   依据某省建筑工程消耗量定额价目表计取有关费用。

(1)清单工程量计算。

$$V = 1500m$$

(2)消耗量定额工程量。

挖沟槽:$V = 2.4 \times 2.0 \times 1500 = 7200$(m³)

外运土方:$V = 3.14 \times 0.5^2 \times 1500 = 1177.5$(m³)

回填土:$V = 7200 - 1177.5 = 6022.5$(m³)

(3)挖沟槽。

①人工费:$7200 \times 157.3/10 = 113256$(元)

②机械费:$7200 \times 0.19/10 = 136.8$(元)

(4)外运土方。

人工费:$1177.5 \times 9.68/10 = 1139.82$(元)

(5)回填土。

①人工费:$6022.5 \times 44/10 = 26499$(元)

②材料费:$6022.5 \times 0.26/10 = 156.59$(元)

(6)综合。

直接费合计:141188.21 元

管理费:141188.21×35%＝49415.87(元)

利润:141188.21×5%＝7059.41(元)

合价:197663.49 元

综合单价:197663.49÷1500＝131.78(元)

结果见表 9-27 和表 9-28。

表 9-27 分部分项工程量清单计价表

序号	项目编码	项目名称	项目特征描述	计量单位	工程数量	金额/元		
						综合单价	合价	其中:直接费
1	010101006001	管沟土方	挖沟槽外运土方回填土	m	1500	131.78	197663.49	141188.21

表 9-28 分部分项工程量清单综合单价计算表

项目编号	010101006001	项目名称	管沟土方	计量单位	m³

清单综合单价组成明细

定额编号	定额内容	定额单位	数量	单价/(元/m³)			合价/(元/m³)			
				人工费	材料费	机械费	人工费	材料费	机械费	管理费和利润
1-2-13	人工挖沟槽坚土深 4m 内	10m³	720	157.3	—	0.19	113256	—	136.8	45357.12
1-2-44	人工运土方 200m 内增运 20m	10m³	117.75	9.68	—	—	1139.82	—	—	455.93
1-4-12	人工槽坑夯填土	10m³	602.25	44	0.26	—	26499	156.59	—	10662.236
人工单价		小 计					140894.82	156.59	136.8	56475.28
28 元/工日		未计价材料费					—			
清单项目综合单价/(元/m)							131.78			

第十章　桩与地基基础工程计量与计价

内容提要：

1. 熟悉桩与地基基础工程定额说明。
2. 了解桩与地基基础工程定额计算规则。
3. 掌握工程量清单项目设置与工程量计算规则。
4. 了解桩与地基基础工程工程量计算主要技术资料。
5. 掌握桩与地基基础工程工程量计算在实际工程中的应用。

第一节　桩与地基基础工程基础定额工程量计算规则

一、基础定额说明

(1)《全国统一建筑工程基础定额(土建)》第二章桩基础工程适用于一般工业与民用建筑工程的桩基础。

(2)定额中土的级别划分应根据工程地质资料中的土层构造和土的物理、力学性能的有关指标，参考纯沉桩时间确定。凡遇有砂夹层者，应首先按砂层情况确定土级；无砂层者，按土的物理力学性能指标并参考每米平均纯沉桩时间确定。用土的力学性能指标鉴别土的级别时，桩长在12m以内，相当于桩长的1/3的土层厚度应达到所规定的指标；12m以外，按5m厚度确定。土质鉴别见表10-1。

表 10-1　土质鉴别表

内　　容		土　壤　级　别	
		一级	二级
砂夹层	砂层连续厚度	<1m	>1m
	砂层中卵石含量	—	<15%
物理性能	压缩系数	>0.02	<0.02
	孔隙比	>0.7	<0.7
力学性能	静力触探值	<50	>50
	动力触探系数	<12	>12
每米纯沉桩时间平均值		<2min	>2min
说　　明		桩经外力作用较易沉入的土，土壤中夹有较薄的砂层	桩经外力作用较难沉入的土，土壤中夹有不超过3m的连续厚度砂层

(3)定额中除静力压桩外，均未包括接桩，若需接桩，除按相应打桩定额项目计算外，按设计要求另行计算接桩项目。

（4）单位工程打（灌）桩工程量在表 10-2 规定数量以内时，其人工、机械量按相应定额项目乘以 1.25 计算。

表 10-2　单位工程打（灌）桩工程量

项　　目	单位工程的工程量	项　　目	单位工程的工程量
钢筋混凝土方桩	150m³	打孔灌注混凝土桩	60m³
钢筋混凝土管桩	50m³	打孔灌注砂、石桩	60m³
钢筋混凝土板桩	50m³	钻孔灌注混凝土桩	100m³
钢板桩	50t	潜水钻孔灌注混凝土桩	100m³

（5）焊接桩接头钢材用量，设计与定额用量不同时，可按设计用量换算。

（6）打试验桩按相应定额项目的人工、机械乘以系数 2 计算。

（7）打桩、打孔，桩间净距小于 4 倍桩径（桩边长）的，按相应定额项目中的人工、机械量乘以系数 1.13。

（8）定额以打直桩为准，打斜桩若斜度在 1∶6 以内，按相应定额项目乘以系数 1.25；若斜度大于 1∶6，按相应定额项目人工、机械量乘以系数 1.43。

（9）定额以平地（坡度小于 15°）打桩为准，若在堤坡上（坡度大于 15°）打桩，按相应定额项目人工、机械量乘以系数 1.15。若在基坑内（基坑深度大于 1.5m）打桩或在地坪上打坑槽内（坑槽深度大于 1m）桩，按相应定额项目人工、机械量乘以系数 1.11。

（10）定额各种灌注的材料用量中，均已包括表 10-3 规定的充盈系数和材料损耗，其中灌注砂石桩除上述充盈系数和损耗率外，还包括级配密实系数 1.334。

表 10-3　定额各种灌注的材料用量表

项目名称	充盈系数	损耗率（%）	项目名称	充盈系数	损耗率（%）
打孔灌注混凝土桩	1.25	1.5	打孔灌注砂桩	1.30	3
钻孔灌注混凝土桩	1.30	1.5	打孔灌注砂石桩	1.30	3

（11）在桩间补桩或强夯后的地基打桩时，按相应定额项目人工、机械量乘以系数 1.15。

（12）打送桩时可按相应打桩定额项目综合工日及机械台班乘以表 10-4 规定的系数计算。

表 10-4　送桩深度及系数表

送桩深度	系　　数
2m 以内	1.25
4m 以内	1.43
4m 以上	1.67

（13）金属周转材料中包括桩帽、送桩器、桩帽盖、活瓣桩尖、钢管及料斗等。

二、基础定额工程量计算规则

（1）计算打桩（灌注桩）工程量前应确定下列事项。

①确定土质级别：依工程地质资料中的土层构造，土的物理、化学性质及每米沉桩时间鉴别适用定额土质级别。

②确定施工方法、工艺流程,采用机型,桩、土的泥浆运距。

(2)打预制钢筋混凝土桩的体积,按设计桩长(包括桩尖,不扣除桩尖虚体积)乘以桩截面面积计算。管桩的空心体积应扣除。若管桩的空心部分按设计要求灌注混凝土或其他填充材料,应另行计算。

(3)接桩。电焊接桩按设计接头,以个计算,硫磺胶泥接桩截面以 m² 计算。

(4)送桩。按桩截面面积乘以送桩长度(即打桩架底至桩顶面高度或自桩顶面至自然地坪面另加 0.5m)计算。

(5)打拔钢板桩按钢板桩重量以 t 计算。

(6)打孔灌注桩。

①混凝土桩、砂桩、碎石桩的体积,按设计规定的桩长(包括桩尖,不扣除桩尖虚体积)乘以钢管管箍外径的截面面积计算。

②扩大桩的体积按单桩体积乘以次数计算。

③打孔后先埋入预制混凝土桩尖,再灌注混凝土者,桩尖按钢筋混凝土相关规定计算体积,灌注桩按设计长度(自桩尖顶面至桩顶面高度)乘以钢管管箍外径截面面积计算。

(7)钻孔灌注桩,按设计桩长(包括桩尖,不扣除桩尖虚体积)增加 0.25m 乘以设计断面面积计算。

(8)灌注混凝土桩的钢筋笼制作依设计规定,按钢筋混凝土相应项目以 t 计算。

(9)泥浆运输工程量按钻孔体积以 m³ 计算。

(10)其他。

①安拆导向夹具,按设计图样规定的水平延长米计算。

②桩架 90°调面只适用轨道式、走管式、导杆、筒式柴油打桩机以次计算。

第二节 工程量清单项目设置与工程量计算规则

一、混凝土桩

混凝土桩(编码:010201)工程的工程量清单项目设置及工程量计算规则,应按表 10-5 的规定执行。

表 10-5 混凝土桩(编码:010201)

项目编码	项目名称	项目特征	计量单位	工程量计算规则	工程内容
010201001	预制钢筋混凝土桩	(1)土壤级别 (2)单桩长度、根数 (3)桩截面 (4)板桩面积 (5)管桩填充材料种类 (6)桩倾斜度 (7)混凝土强度等级 (8)防护材料种类	m/根	按设计图示尺寸以桩长(包括桩尖)或根数计算	(1)桩制作、运输 (2)打桩、试验桩、斜桩 (3)送桩 (4)管桩填充材料、刷防护材料 (5)清理、运输

续表 10-5

项目编码	项目名称	项目特征	计量单位	工程量计算规则	工程内容
010201002	接桩	(1)桩截面 (2)接头长度 (3)接桩材料	个/m	按设计图示规定以接头数量(板桩按接头长度)计算	(1)桩制作、运输 (2)接桩、材料运输
010201003	混凝土灌注桩	(1)土壤级别 (2)单桩长度、根数 (3)桩截面 (4)成孔方法 (5)混凝土强度等级	m/根	按设计图示尺寸以桩长(包括桩尖)或根数计算	(1)成孔、固壁 (2)混凝土制作、运输、灌注、振捣、养护 (3)泥浆池及沟槽砌筑、拆除 (4)泥浆制作、运输 (5)清理、运输

二、其他桩

其他桩(编码:010202)工程的工程量清单项目设置及工程量计算规则,应按表 10-6 的规定执行。

表 10-6　其他桩(编码:010202)

项目编码	项目名称	项目特征	计量单位	工程量计算规则	工程内容
010202001	砂石灌注桩	(1)土壤级别 (2)桩长 (3)桩截面 (4)成孔方法 (5)砂石级配			(1)成孔 (2)砂石运输 (3)填充 (4)振实
010202002	灰土挤密桩	(1)土壤级别 (2)桩长 (3)桩截面 (4)成孔方法 (5)灰土级配	m	按设计图示尺寸以桩长(包括桩尖)计算	(1)成孔 (2)灰土拌和、运输 (3)填充 (4)夯实
010202003	旋喷桩	(1)桩长 (2)桩截面 (3)水泥强度等级			(1)成孔 (2)水泥浆制作、运输 (3)水泥浆旋喷
010202004	喷粉桩	(1)桩长 (2)桩截面 (3)粉体种类 (4)水泥强度等级 (5)石灰粉要求			(1)成孔 (2)粉体运输 (3)喷粉固化

三、地基与边坡处理

地基与边坡处理(编码:010203)工程的工程量清单项目设置及工程量计算规则,应按表10-7的规定执行。

表 10-7 地基与边坡处理(编码:010203)

项目编码	项目名称	项目特征	计量单位	工程量计算规则	工程内容
010203001	地下连续墙	(1)墙体厚度 (2)成槽深度 (3)混凝土强度等级	m³	按设计图示墙中心线长乘以厚度乘以槽深以体积计算	(1)挖土成槽、余土运输 (2)导墙制作、安装 (3)锁口管吊拔 (4)浇注混凝土连续墙 (5)材料运输
010203002	振冲灌注碎石	(1)振冲深度 (2)成孔直径 (3)碎石级配		按设计图示孔深乘以孔截面积以体积计算	(1)成孔 (2)碎石运输 (3)灌注、振实
010203003	地基强夯	(1)夯击能量 (2)夯击遍数 (3)地耐力要求 (4)夯填材料种类		按设计图示尺寸以面积计算	(1)铺夯填材料 (2)强夯 (3)夯填材料运输
010203004	锚杆支护	(1)锚孔直径 (2)锚孔平均深度 (3)锚固方法、浆液种类 (4)支护厚度、材料种类 (5)混凝土强度等级 (6)砂浆强度等级	m²	按设计图示尺寸以支护面积计算	(1)钻孔 (2)浆液制作、运输、压浆 (3)张拉锚固 (4)混凝土制作、运输、喷射、养护 (5)砂浆制作、运输、喷射、养护
010203005	土钉支护	(1)支护厚度、材料种类 (2)混凝土强度等级 (3)砂浆强度等级			(1)钉土钉 (2)挂网 (3)混凝土制作、运输、喷射、养护 (4)砂浆制作、运输、喷射、养护

四、其他相关问题

其他相关问题应按下列规定处理:

(1)土壤级别按前面表10-1确定。

(2)混凝土灌注桩的钢筋笼、地下连续墙的钢筋网制作、安装,应按混凝土及钢筋混凝土工程清单项目及计算方法中相关项目编码列项。

第三节 桩与地基基础工程工程量计算主要技术资料

一、爆扩桩体积

爆扩桩的体积可参照表10-8进行计算。

表 10-8 爆扩桩体积表

桩身直径 /mm	桩头直径 /mm	桩 长 /m	混凝土量 /m³	桩身直径 /mm	桩头直径 /mm	桩 长 /m	混凝土量 /m³
250	800	3.0	0.376	300	800	3.0	0.424
		3.5	0.401			3.5	0.459
		4.0	0.425			4.0	0.494
		4.5	0.451			4.5	0.530
		5.0	0.474			5.0	0.565
250	1000	3.0	0.622	300	900	3.0	0.530
		3.5	0.647			3.5	0.566
		4.0	0.671			4.0	0.601
		4.5	0.696			4.5	0.637
		5.0	0.720			5.0	0.672
每增减		0.50	0.025	每增减		0.50	0.026
300	1000	3.0	0.665	400	1000	3.0	0.755
		3.5	0.701			3.5	0.838
		4.0	0.736			4.0	0.901
		4.5	0.771			4.5	0.964
		5.0	0.807			5.0	1.027
300	1200	3.0	1.032	400	1200	3.0	1.156
		3.5	1.068			3.5	1.219
		4.0	1.103			4.0	1.282
		4.5	1.138			4.5	1.345
		5.0	1.174			5.0	1.408
每增减		0.50	0.036	每增减		0.50	0.064

注:1. 桩长系指桩全长包括桩头。

　　2. 计算公式:

$$V = A(L-D) + (\frac{1}{6}\pi D^3) \tag{10-1}$$

式中　A——断面面积;

　　　L——桩长(全长包括桩尖);

　　　D——球体直径。

二、混凝土灌注桩体积

混凝土灌注桩的体积可参照表 10-9 计算。

表 10-9 混凝土灌注桩体积表

桩直径 /mm	套管外径 /mm	桩全长 /m	混凝土体积 /m³	桩直径 /mm	套管外径 /mm	桩全长 /m	混凝土体积 /m³
300	325	3.00	0.2489	300	351	5.00	0.4838
		3.50	0.2904			5.50	0.5322
		4.00	0.3318			6.00	0.5806
		4.50	0.3733			每增减 0.10	0.0097
		5.00	0.4148	400	459	3.00	0.4965
		5.50	0.4563			3.50	0.5793
		6.00	0.4978			4.00	0.6620
		每增减 0.10	0.0083			4.50	0.7448
300	351	3.00	0.2903			5.00	0.8275
		3.50	0.3387			5.50	0.9103
		4.00	0.3870			6.00	0.9930
		4.50	0.4354			每增减 0.10	0.0165

注:混凝土体积 $= \pi r^2 = 0.7854 \times$ 套管外径半径的平方。

三、预制钢筋混凝土方桩体积

预制钢筋混凝土方桩的体积可参照表 10-10 进行计算。

表 10-10　预制钢筋混凝土方桩体积表

桩截面 /mm	桩尖长 /mm	桩 长 /m	混凝土体积（m³） A	混凝土体积（m³） B	桩截面 /mm	桩尖长 /mm	桩 长 /m	混凝土体积/m³ A	混凝土体积/m³ B
250×250	400	3.00	0.171	0.188	350×350	400	3.00	0.335	0.368
		3.50	0.202	0.229			3.50	0.396	0.429
		4.0	0.233	0.250			4.00	0.457	0.490
		5.00	0.296	0.312			5.00	0.580	0.613
		每增减 0.5	0.031	0.031			6.00	0.702	0.735
300×300	400	3.00	0.246	0.270			8.00	0.947	0.980
		3.50	0.291	0.315			每增减 0.5	0.0613	0.0613
		4.00	0.336	0.360	400×400	400	5.00	0.757	0.800
		5.00	0.426	0.450			6.00	0.917	0.960
		每增减 0.5	0.045	0.045			7.00	1.077	1.120
320×320	400	3.00	0.280	0.307			8.00	1.237	1.280
		3.50	0.331	0.358			10.00	1.557	1.600
		4.00	0.382	0.410			12.00	1.877	1.920
		5.00	0.485	0.512			15.00	2.357	2.400
		每增减 0.5	0.051	0.051			每增减 0.5	0.08	0.08

注：1. 混凝土体积栏中，A 栏为理论计算体积，B 栏为按工程量计算的体积。

2. 桩长包括桩尖长度。混凝土体积理论计算公式：

$$V = LA + \frac{1}{3}AH \tag{10-2}$$

式中　V——体积；

　　　L——桩长（不包括桩尖长）；

　　　A——桩截面面积；

　　　H——桩尖长。

第四节　桩与地基基础工程工程量计算应用实例

【例 10-1】　如图 10-1 所示，已知共有 30 根预制桩，二级土质。求用打桩机打桩的工程量。

【解】　工程量＝0.42×0.42×(14＋0.75)×30＝78.06(m³)

【例 10-2】　某预制钢筋混凝土管桩，外径为 50cm，内径 34cm，桩长为 12m（图 10-2），试计算其工程量。

【解】　该管桩的工程量为：$V = 12 \times 3.1416 \times [(0.5/2) - (0.34/2)]^2 = 0.24(m³)$

【例 10-3】　计算图 10-3 所示预制钢筋混凝土桩 100 根的工程量。

【解】　根据计算规则，按桩全长（不扣除桩尖虚体积），以 m³ 计算。

工程量＝(10＋0.4)×0.32×0.32×100＝106.50(m³)

【**例 10-4**】　计算图 10-4 预制钢筋混凝土送桩 200 根的工程量。

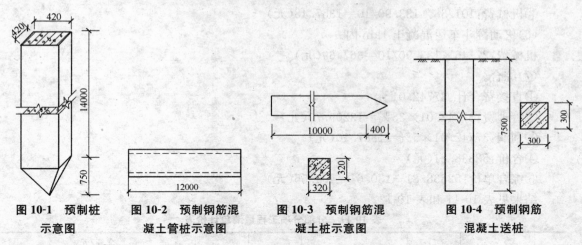

图 10-1　预制桩
示意图

图 10-2　预制钢筋混
凝土管桩示意图

图 10-3　预制钢筋混
凝土桩示意图

图 10-4　预制钢筋
混凝土送桩

【**解**】　长度按送桩长度加 0.5m 计算。

工程量 $=(7.5+0.5)\times 0.3\times 0.3\times 200=144(\text{m}^3)$

【**例 10-5**】　预制钢筋混凝土桩:已知某工程用打桩机打入如图 10-5 所示钢筋混凝土预制方桩,共 30 根,确定其工程清单合价。

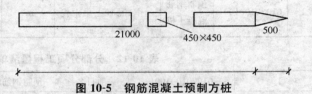

图 10-5　钢筋混凝土预制方桩

【**解**】　依据某省建筑工程消耗量定额价目表计取有关费用。

(1)清单工程量计算。

$$V=0.45\times 0.45\times (21+0.5)\times 30=130.61(\text{m}^3)$$

(2)消耗量定额工程量计算。

打桩:$V=130.61\text{m}^3$

桩制作:$V=130.61\text{m}^3$

混凝土集中搅拌:$V=0.45\times 0.45\times (21+0.5)\times 30\times 1.01\times 1.015=133.90(\text{m}^3)$

混凝土运输:$V=133.90\text{m}^3$

(3)打混凝土方桩 30m 内。

①人工费:$70.18\times 130.61/10=916.62(元)$

②材料费:$49.75\times 130.61/10=649.78(元)$

③机械费:$912.77\times 130.61/10=11921.69(元)$

(4)C254 预制混凝土方桩、板桩。

①人工费:$175.56\times 130.61/10=2292.99(元)$

②材料费:$1467.33\times 130.61/10=19164.80(元)$

③机械费:$59.75\times 130.61/10=780.39(元)$

(5)场外集中搅拌混凝土。

①人工费:$13.2\times 133.90/10=176.75(元)$

②材料费:8.5×133.90/10=113.82(元)

③机械费:101.38×133.90/10=1357.48(元)

(6)机动翻斗车运混凝土 1km 内。

机械费:27.46×133.90/10=367.69(元)

(7)综合。

①直接费合计:37742.01 元

②管理费:37742.01×35%=13209.70(元)

③利润:37742.01×5%=1887.10(元)

④合价:52838.81(元)

⑤综合单价:52838.81÷130.61=404.55(元)

结果见表 10-11 和表 10-12。

表 10-11 分部分项工程量清单计价表

序号	项目编码	项目名称	项目特征描述	计量单位	工程数量	金额/元		
						综合单价	合价	其中:直接费
1	010201001001	预制钢筋混凝土桩	内容包括打桩、桩制作、混凝土集中搅拌、混凝土运输	m³	130.61	404.55	52838.81	37742.01

表 10-12 分部分项工程量清单综合单价计算表

项目编号	010201001001		项目名称	预制钢筋混凝土桩	计量单位	m³

清单综合单价组成明细

定额编号	定额内容	定额单位	数量	单价/(元/m³)			合价/(元/m³)			
				人工费	材料费	机械费	人工费	材料费	机械费	管理费和利润
2-3-3	打混凝土方桩 30m 内	10m³	13.061	70.18	49.75	912.77	916.62	649.78	11921.69	5395.24
4-3-1	C254 预制混凝土方桩、板桩	10m³	13.061	175.56	1467.33	59.75	2292.99	19164.80	780.39	8895.27
4-4-1	场外集中搅拌混凝土	10m³	13.39	13.2	8.5	101.38	176.75	113.82	1357.48	659.22
4-4-5	机动翻斗车运混凝土 1km 内	10m³	13.39	—		27.46			367.69	147.08
人工单价			小 计				3386.36	19928.4	14427.25	15096.80
28 元/工日			未计价材料费				—			
			清单项目综合单价/(元/m³)				404.55			

【例 10-6】 接桩:已知某工程硫磺泥接桩,如图 10-6 所示,试计算该工程清单合价。

【解】 依据某省建筑工程消耗量定额价目表计取有关费用。

(1)清单工程量计算。

$$V = 4 \times 2 = 8(个)$$

（2）消耗量定额工程量计算。

$$V = 0.6 \times 0.6 \times 2 \times 4 = 2.88(m^2)$$

（3）预制钢筋混凝土桩接桩注硫磺胶泥。

①人工费：$2120.8 \times 2.88/10 = 610.79$（元）

②材料费：$4649.69 \times 2.88/10 = 1339.11$（元）

③机械费：$10061.73 \times 2.88/10 = 2897.78$（元）

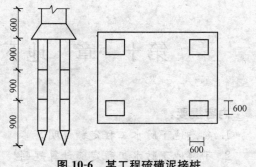

图 10-6　某工程硫磺泥接桩

（4）综合。

①直接费合计：4847.68（元）

②管理费：$4847.68 \times 35\% = 1696.69$（元）

③利润：$4847.68 \times 5\% = 242.38$（元）

④合价：6786.75（元）

⑤综合单价：$6786.75 \div 8 = 848.34$（元）

结果见表 10-13 和表 10-14。

表 10-13　分部分项工程量清单计价表

序号	项目编码	项目名称	项目特征描述	计量单位	工程数量	金额/元		
						综合单价	合价	其中：直接费
1	010201002001	硫磺泥接桩	钢筋混凝土方桩，硫磺胶泥接桩	个	8	848.34	6786.75	4847.68

表 10-14　分部分项工程量清单综合单价计算表

项目编号	010201002001	项目名称	硫磺泥接桩	计量单位	m^2

清单综合单价组成明细

定额编号	定额内容	定额单位	数量	单价/（元/m^3）			合价/（元/m^3）			
				人工费	材料费	机械费	人工费	材料费	机械费	管理费和利润
2-3-63	硫磺泥接桩	10m^2	0.288	2120.8	4649.69	10061.73	610.79	1339.11	2897.78	1939.07
人工单价		小　计					610.79	1339.11	2897.78	1939.07
28元/工日		未计价材料费					—			
清单项目综合单价/（元/个）							848.34			

第十一章 地下防水工程计量与计价

内容提要：

1. 熟悉地下防水工程定额说明。
2. 了解地下防水工程定额计算规则。
3. 掌握工程量清单项目设置与工程量计算规则。
4. 掌握桩与地基基础工程工程量计算在实际工程中的应用。

第一节 地下防水工程基础定额工程量计算规则

一、基础定额说明

(1)水泥瓦、黏土瓦、小青瓦、石棉瓦规格与定额不同时，瓦材数量可以换算，其他不变。

(2)高分子卷材的厚度。再生橡胶卷材按 1.5mm 取定，其他均按 1.2mm 取定。

(3)防水工程也适用于楼地面、墙基、墙身、构筑物、水池、水塔及室内厕所、浴室等防水，建筑物±0.000 以下的防水、防潮工程按防水工程相应项目计算。

(4)三元乙丙丁基橡胶卷材屋面防水，按相应三元丙橡胶卷材屋面防水项目计算。

(5)氯丁冷胶"二布三涂"项目。"三涂"是指涂料构成防水层数并非指涂刷遍数；每一层"涂层"刷两遍至数遍不等。

(6)定额中的沥青、玛琋脂分别指石油沥青、石油沥青玛琋脂。

(7)变形缝填缝。建筑油膏聚氯乙烯胶泥断面取定 3cm×2cm；油浸木丝板取定为 2.5cm×15cm；紫铜板止水带系 2mm 厚，展开宽 45cm；氯丁橡胶宽 30cm；涂刷式氯丁胶贴玻璃止水片宽 35cm；其余均为 15cm×3cm。若设计断面不同，用料可以换算。

(8)盖缝。木板盖缝断面为 20cm×2.5cm，若设计断面不同，用料可以换算，人工不变。

(9)屋面砂浆找平层、面层按楼地面相应定额项目计算。

二、地下防水工程基础定额工程量计算规则

(1)建筑物地面防水、防潮层，按主墙间净空面积计算，扣除凸出地面的构筑物、设备基础等所占的面积，不扣除柱、垛、间壁墙、烟囱及 0.3m² 以内孔洞所占面积。与墙面连接处高度在 500mm 以内者按展开面积计算，并入平面工程量内，超过 500mm 时，按立面防水层计算。

(2)建筑物墙基防水、防潮层，外墙长度按中心线，内墙按净长乘以宽度以 m² 计算。

(3)建(构)筑物地下室防水层，按实铺面积计算，但不扣除 0.3m² 以内的孔洞面积。平面与立面交接处的防水层，其上卷高度超过 500mm 时，按立面防水层计算。

(4)防水卷材的附加层、接缝、收头、冷底子油等人工材料均已计入定额内，不另计算。

(5)变形缝按延长米计算。

第二节 地下防水工程工程量清单项目设置与工程量计算规则

墙、地面防水、防潮工程的工程量清单项目设置及工程量计算规则,应按表 11-1 的规定执行。

表 11-1 墙、地面防水、防潮(编码:010703)

项目编码	项目名称	项目特征	计量单位	工程量计算规则	工程内容
010703001	卷材防水	(1)卷材、涂膜品种 (2)涂膜厚度、遍数、增强材料种类 (3)防水部位 (4)防水做法 (5)接缝、嵌缝材料种类 (6)防护材料种类	m^2	按设计图示尺寸以面积计算 (1)地面防水。按主墙间净空面积计算,扣除凸出地面的构筑物、设备基础等所占面积,不扣除间壁墙及单个 $0.3m^2$ 以内的柱、垛、烟囱和孔洞所占面积 (2)墙基防水。外墙按中心线,内墙按净长乘以宽度计算	(1)基层处理 (2)抹找平层 (3)刷粘结剂 (4)铺防水卷材 (5)铺保护层 (6)接缝、嵌缝
010703002	涂膜防水				(1)基层处理 (2)抹找平层 (3)刷基层处理剂 (4)铺涂膜防水层 (5)铺保护层
010703003	砂浆防水(潮)	(1)防水(潮)部位 (2)防水(潮)厚度、层数 (3)砂浆配合比 (4)外加剂材料种类	m^2		(1)基层处理 (2)挂钢丝网片 (3)设置分格缝 (4)砂浆制作、运输、摊铺、养护
010703004	变形缝	(1)变形缝部位 (2)嵌缝材料种类 (3)止水带材料种类 (4)盖板材料 (5)防护材料种类	m	按设计图示以长度计算	(1)清缝 (2)填塞防水材料 (3)止水带安装 (4)盖板制作 (5)刷防护材料

第三节 地下防水工程工程量计算应用实例

【例 11-1】 如图 11-1 所示,求不保温二毡三油一砂卷材防水屋面的工程量。

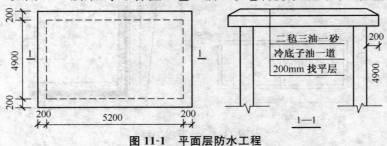

图 11-1 平面层防水工程

【解】 工程量=(5.2+0.2×2)×(4.9+0.2×2)=29.68(m²)

【例 11-2】 某仓库如图 11-2 所示,地面抹防水砂浆五层,求工程量。

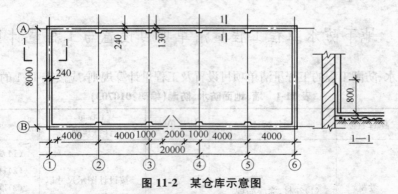

图 11-2　某仓库示意图

【解】　地面抹防水砂浆五层工程量＝$(20-0.24)\times(8-0.24)=153.34(m^2)$

【例 11-3】　如图 11-3 所示，求地下室防水层工程量。

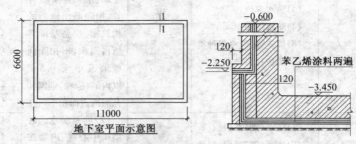

图 11-3　某工程地下室防水层示意图

注：地下室平面示意图中标注尺寸为外围尺寸

【解】　地下室防水层工程量计算如下：

底面防水＝$11.0\times6.6=72.6(m^2)$

立面防水＝$[(11.0+6.6)\times2\times1.2+(11.0-0.12+6.6-0.12)\times2\times0.12]$

$\qquad+(11.0-0.24+6.6-0.24)\times2\times2.75$

$\qquad=42.24+4.17+94.16=140.57(m^2)$

【例 11-4】　计算图 11-4 所示地下室防水层工程量。

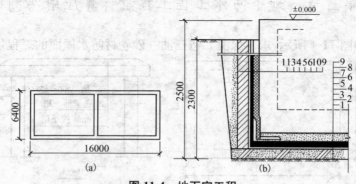

图 11-4　地下室工程

(a)平面　(b)局部大样

1. 素土夯实　2. 素混凝土垫层　3. 水泥砂浆找平层　4. 基层处理剂　5. 基层胶粘剂　6. 合成高分子卷材防水层
7. 油毡保护隔离层　8. 细石混凝土保护层　9. 钢筋混凝土结构层　10. 保护层　11. 永久性保护墙

【解】 由图 11-4 可知,地下室防水层包围钢筋混凝土结构层,属外防水做法,按计算规则,本例立面防水层高度超过 500mm,平面、立面应分别计算。

(1)平面部分防水层工程量。16×6.4=102.4(m²)

(2)立面部分防水层面积。结构外围围长×防水层高度=(16+6.4)×2×2.3=103.04 (m²)

【例 11-5】 如图 11-5 所示编制地面防水(二毡三油)工程量清单综合单价及合价,未考虑找平层。

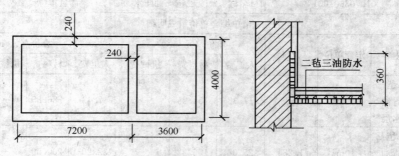

图 11-5 地面防水

【解】 依据某省建筑工程消耗量定额价目表计取有关费用。

(1)编制分部分项清单工程量。

①二毡三油平面:

(7.2－0.24)×(4.0－0.24)＋(3.6－0.24)×(4.0－0.24)＝38.80(m²)

②二毡三油立面:

0.36×[(7.2＋3.6－0.48)×2＋(4.0－0.24)×4]＝12.84(m²)

合计:38.80＋12.84＝51.64(m²)

(2)消耗量定额工程量。

38.80＋12.84＝51.64(m²)

(3)平面二毡三油沥青油毡防水层。

①人工费:17.38×38.80/10＝67.43(元)

②材料费:151.25×38.80/10＝586.85(元)

(4)立面二毡三油沥青油毡防水层。

①人工费:25.08×12.84/10＝32.20(元)

②材料费:156.22×12.84/10＝200.59(元)

(5)综合。

①直接费合计:887.07(元)

②管理费:887.07×35%＝310.47(元)

③利润:887.07×5%＝44.35(元)

④合价:1241.90(元)

⑤综合单价:1241.90÷51.64＝24.05(元)

结果见表 11-2 和表 11-3。

表 11-2　分部分项工程量清单计价表

序号	项目编码	项目名称	项目特征描述	计量单位	工程数量	金额/元		
						综合单价	合价	其中:直接费
1	010703001001	二毡三油防水	二毡三油防水	m²	51.64	24.05	1241.90	887.07

表 11-3　分部分项工程量清单综合单价计算表

项目编号		010703001001		项目名称		二毡三油防水		计量单位		m²

清单综合单价组成明细

定额编号	定额内容	定额单位	数量	单价/(元/m²)			合价/(元/m²)			
				人工费	材料费	机械费	人工费	材料费	机械费	管理费和利润
6-2-14	平面二毡三油沥青油毡防水层	10m²	3.88	17.38	151.25	—	67.43	586.85	—	261.71
6-2-15	立面二毡三油沥青油毡防水层	10m²	1.284	25.08	156.22	—	32.20	200.59	—	93.12
人工单价		小　计					99.63	787.44	—	354.83
28元/工日		未计价材料费					—			
清单项目综合单价/(元/m²)							24.05			

第十二章　措施项目计量与计价

内容提要：

1. 了解脚手架工程量计算一般规则及其应用。
2. 熟悉建筑工程垂直运输定额及其在工程量计算中的应用。
3. 熟悉建筑超高增加人工、机械定额及其在工程量计算中的应用。

第一节　深基础脚手架工程

一、脚手架工程量计算一般规则

(1)建筑物外墙脚手架。凡设计室外地坪至檐口(或女儿墙上表面)的砌筑高度在15m以下的按单排脚手架计算；砌筑高度在15m以上的或砌筑高度虽不足15m，但外墙门窗及装饰面积超过外墙表面积60%以上时，均按双排脚手架计算。采用竹制脚手架时，按双排计算。

(2)建筑物内墙脚手架。凡设计室内地坪至顶板下表面(或山墙高度的1/2处)的砌筑高度在3.6m以下的，按外脚手架计算。

(3)计算内、外墙脚手架时，均不扣除门、窗洞口、空圈洞口等所占的面积。

(4)石砌墙体。凡砌筑高度超过1.0m以上时，按外脚手架计算。

(5)同一建筑物高度不同时，应按不同高度分别计算。

(6)现浇钢筋混凝土框架柱、梁按双排脚手架计算。

(7)围墙脚手架，凡室外自然地坪至围墙顶面的砌筑高度在3.6m以下的按里脚手架计算；砌筑高度在3.6m以上时，按单排脚手架计算。

(8)室内顶棚装饰面距设计室内地坪在3.6m以上时，应计算满堂脚手架。计算满堂脚手架后，墙面装饰工程则不再计算脚手架。

(9)滑升模板施工的钢筋混凝土烟囱、筒仓，不另计算脚手架。

(10)砌筑贮仓按双排外脚手架计算。

(11)贮水(油)池、大型设备基础，凡距地坪高度超过1.2m以上的，均按双排脚手架计算。

(12)整体满堂钢筋混凝土基础，凡其宽度超过3m以上时，按其底板面积计算满堂脚手架。

二、深基础脚手架工程量计算的应用

【例12-1】　如图12-1所示，求贮油池脚手架工程量。

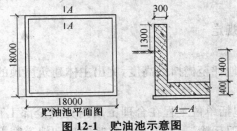

图 12-1　贮油池示意图

【解】　贮油池双排脚手架工程量＝外边线×地坪至池顶高度＝(18＋18)×2×1.3＝93.6(m²)

【例12-2】　计算有女儿墙单层建筑的脚手架工程量。

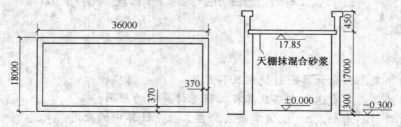

图12-2　有女儿墙单层建筑示意图

【解】　单层建筑物的高度,应自设计室外地坪至檐口的高度为准,如有女儿墙的,其高度应算至女儿墙顶面。

(1)综合脚手架工程量。

综合脚手架基本层工程量＝36.0×18.0＝648(m²)

综合脚手架增加层＝(0.30＋17.0＋0.45－6)/1层＝12(层)

(2)满堂脚手架工程量。

满堂脚手架工程量＝(36.0－0.37×2)×(18.0－0.37×2)＝608.59(m²)

增加层数＝(17.85－5.2)/1.2＝10.542(层)

0.542×1.2＝0.65(m)(0.65＞0.6)

取11层。

第二节　建筑工程垂直运输定额

一、垂直运输定额工作内容

(1)20m(6层)以内卷扬机施工包括单位工程在合理工期内完成全部工程项目所需的卷扬机台班。

(2)20m(6层)以内塔式起重机施工包括单位工程在合理工期内完成全部工程项目所需的塔式起重机、卷扬机台班。

(3)20m(6层)以上塔式起重机施工包括单位工程在合理工期内完成全部工程项目所需的塔式起重机、卷扬机、外用电梯和通信用步话机以及通信联络配备的人工。

(4)构筑物的垂直运输包括单位工程在合理工期内完成全部工程项目所需要的塔式起重机、卷扬机。

二、垂直运输定额一般规定

1. 建筑物垂直运输

(1)檐高是指设计室外地坪至檐口的高度,突出主体建筑屋顶的电梯间、水箱间等不计入檐口高度之内。

(2)本定额工作内容,包括单位工程在合理工期内完成全部工程项目所需的垂直运输机械台班,不包括机械的场外往返运输,一次安拆及路基铺垫和轨道铺拆等的费用。

（3）同一建筑物多种用途（或多种结构），按不同用途或结构分别计算。分别计算后的建筑物檐高均应以该建筑物总檐高为准。

（4）本定额中现浇框架系指柱、梁全部为现浇的钢筋混凝土框架结构，若部分现浇，按现浇框架定额乘以系数 0.96，若楼板也为现浇的钢筋混凝土，按现浇框架定额乘以系数 1.04。

（5）预制钢筋混凝土柱、钢屋架的单层厂房按预制排架定额计算。

（6）单身宿舍按住宅定额乘以系数 0.9。

（7）本定额是按Ⅰ类厂房为准编制的，Ⅱ类厂房定额乘以系数 1.14。厂房分类见表 12-1。

表 12-1　厂房分类

Ⅰ类	Ⅱ类
机加工、机修、五金缝纫、一般纺织（粗纺、制条、洗毛等）及无特殊要求的车间	厂房内设备基础及工艺要求较复杂、建筑设备或建筑标准较高的车间。如铸造、锻压、电镀、酸碱、电子、仪表、手表、电视、医药、食品等车间

（8）服务用房系指城镇、街道、居民区具有较小规模综合服务功能的设施。其建筑面积不超过 1000m²，层数不超过三层的建筑，例如副食、百货、饮食店等。

（9）檐高 3.6m 以内的单层建筑，不计算垂直运输机械台班。

（10）本定额项目划分是以建筑物的檐高及层数两个指标同时界定的，凡檐高达到上限而层数未达到时，以檐高为准；若层数达到上限而檐高未达到，以层数为准。

（11）本定额是按《全国统一建筑安装工程工期定额》中规定的Ⅱ类地区标准编制的，Ⅰ、Ⅲ类地区按相应定额乘以表 12-2 规定的系数。

表 12-2　系数表

项目	Ⅰ类地区	Ⅲ类地区
建筑物	0.95	1.10
构筑物	1	1.11

2. 构筑物垂直运输

构筑物的高度，从设计室外地坪至构筑物的顶面高度为准。

三、垂直运输工程量计算及其应用

（1）建筑物垂直运输机械台班用量，区分不同建筑物的结构类型及高度按建筑面积以 m² 计算。建筑面积按建筑面积计算规则规定计算。

（2）构筑物垂直运输机械台班以座计算。超过规定高度时，再按每增高 1m 定额项目计算，其高度不足 1m 时，亦按 1m 计算。

【例 12-3】　如图 12-3 所示，某建筑物带二层地下室，室外地坪以上部分楼层装饰装修工程量总工日为 6000 工日，以下部分地下层的装饰装修全面积总工日为 900 工日，计算该建筑物地

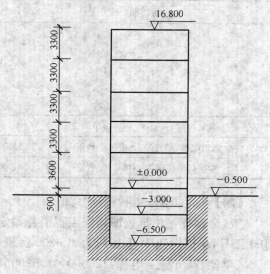

图 12-3　室外地坪以上部分示意图

下室垂直运输费。

【解】　建筑物设计室外地坪以上部分的垂直运输高度为：

$3.6+3.3×4+0.5=17.3(m)$

运输费工程量：6000 工日

套用《全国统一建筑装饰装修工程消耗量定额》：8-001

该建筑物垂直运输费见表 12-3。

表 12-3　建筑物垂直运输费　　　　　　　　　　（单位：100 元）

名　　称		单　位	定额含量	工程量	垂直运输费
机械	卷扬机、单筒慢速 5t	台班	2.92	60	175.2

建筑物设计室外地坪以下部分的垂直运输高度为：

$6.5-0.5=6.0(m)$

运输费工程量：900 工日

套用《全国统一建筑装饰装修工程消耗量定额》：8-001

该建筑物地下室垂直运输费见表 12-4。

表 12-4　建筑物地下室垂直运输费　　　　　　　（单位：100 元）

名　　称		单　位	定额含量	工程量	垂直运输费
机械	卷扬机、单筒慢速 5t	台班	2.92	9.0	26.28

【例 12-4】　××多层建筑物檐口高度为 32m，其室内装修合计工日数 12 万工日，人工费为 400 万元，机械费为 142 万元，其他资料见表 12-5，试计算该工程垂直运输工程量。

表 12-5　多层建筑物垂直运输费　　　　　　　　（单位：100 工日）

定　额　编　号				8-001	8-002	8-003
项　　目				建筑物檐高（m 以内）		
				20	40	
				垂直运输高度/m		
				20 以内	20～40	
	名　　称	单　位	代　码	数　量		
机械	施工电梯（单笼）75m	台班	TM0001	—	1.4600	1.6200
	卷扬机单筒慢速 5t	台班	TM0001	2.9200	1.4600	1.6200

【解】　垂直运输工程量计算如下：

查《全国统一建筑装饰装修工程消耗量定额》8-003，（单笼）75m 施工电梯为 1.6200 台班/100 工日，单筒慢速 5t 卷扬机为 1.6200 台班/工日。

（单笼）75m 施工电梯：$120000×1.6200/100=1944$（台班）

单筒慢速 5t 卷扬机：1944 台班。

第三节　建筑物超高增加人工、机械定额

一、建筑物超高增加人工、机械定额中的相关概念

1. 相关概念

(1)人工降效和机械降效。是指当建筑物超过六层或檐高超过20m时,由于操作工人的工效降低、垂直运输距离加长影响的时间,以及因操作工人降效而影响机械台班的降效等。

(2)加压用水泵。是指因高度增加考虑到自来水的水压不足,而需增压所用的加压水泵台班。

2. 超高费的计算

(1)适用于超过六层或檐高超过20m的建筑物。

(2)超高费包括人工超高费、吊装机械超高费及其他机械超高费。

①人工超高费等于基础以上全部工程项目的人工费乘以人工降效率。但是不包括垂直运输、各类构件的水平运输及各项脚手架。人工超高费并入工程的人工费内。

②吊装机械超高费等于吊装项目的全部机械费乘以吊装机械降效率。吊装机械超高费并入工程的机械费内。

③其他机械超高费等于其他机械(不包括吊装机械)的全部机械费乘以其他机械降效率。其他机械超高费并入工程的机械费内。

(3)建筑物超高人工、机械降效率见表12-6。

表 12-6　建筑物超高人工、机械降效率

项　目	降效率	檐高(层数)				
		30m (7～10) 以内	40m (11～13) 以内	50m (14～16) 以内	60m (17～19) 以内	70m (20～22) 以内
人工降效	%	3.33	6.00	9.00	13.33	17.86
吊装机械降效	%	7.67	15.00	22.20	34.00	46.43
其他机械降效	%	3.33	6.00	9.00	13.33	17.86
项　目	降效率	檐高(层数)				
		80m (23～25) 以内	90m (26～28) 以内	100m (29～31) 以内	110m (32～34) 以内	120m (35～37) 以内
人工降效	%	22.50	27.22	35.20	40.91	45.83
吊装机械降效	%	59.25	72.33	85.60	99.00	112.50
其他机械降效	%	22.50	27.22	35.20	40.91	45.83

3. 加压用水泵台班费

(1)适用于超过六层或檐高超过20m的建筑物。

(2)加压用水泵台班费包括加压用水泵使用台班费和加压用水泵停滞台班费。

水泵使用台班费＝建筑面积×水泵使用台班定额×水泵台班单价

水泵停滞台班费＝建筑面积×水泵停滞台班定额×水泵台班单价

(3)水泵使用、停滞台班定额见表12-7。

表12-7 建筑物超高加压水泵台班

项 目	单位	檐高（层数）				
		30m (7~10) 以内	40m (11~13) 以内	50m (14~16) 以内	60m (17~19) 以内	70m (20~22) 以内
加压用水泵使用	台班	1.14	1.74	2.14	2.48	2.77
加压用水泵停滞	台班	1.14	1.74	2.14	2.48	2.77
项 目	单位	檐高（层数）				
		80m (23~25) 以内	90m (26~28) 以内	100m (29~31) 以内	110m (32~34) 以内	120m (35~37) 以内
加压用水泵使用	台班	3.02	3.26	3.57	3.80	4.01
加压用水泵停滞	台班	3.02	3.26	3.57	3.80	4.01

二、建筑物超高增加人工、机械定额内容及一般规定

1. 定额工作内容

(1)建筑物超高人工、机械降效率工作内容。

①人工上下班降低工效、上楼工作前休息及自然休息增加的时间。

②垂直运输影响的时间。

③由于人工降效引起的机械降效。

(2)建筑物超高加压水泵台班。建筑物超高加压水泵台班工作内容是由于水压不足所发生的加压用水泵台班。

2. 定额一般规定

(1)本定额适用于建筑物檐高20m（层数6层）以上的工程。

(2)檐高是指设计室外地坪至檐口的高度。突出主体建筑屋顶的电梯间、水箱间等不计入檐高之内。

(3)同一建筑物高度不同时，按不同高度的建筑面积，分别按相应项目计算。

(4)加压水泵选用电动多级离心清水泵，规格见表12-8。

表12-8 电动多级离心清水泵规格

建筑物檐高	水泵规格
20~40m	ϕ50m 以内
40~80m	ϕ100m 以内
80~120m	ϕ150m 以内

三、建筑物超高增加人工、机械工程量计算及其应用

【例12-5】 ××酒店层数为10层，±0.000以上高度为34.9m，设计室外地坪为-0.500m，假设该建筑物所有装饰装修人工费之和为240965元，机械费之和为5987元，试计算该建筑物超高增加费。

【解】 该多层建筑物檐高为34.9＋0.5＝35.4(m)，在40m以内，因此套用装饰定额8-024，

又因为建筑物超高增加费工程量是以人工费和机械费之和以 100 元为计量单位,所以此建筑物超高增加费工程量为:

$$（240965＋5987）÷100＝2469.52（百元）$$

此建筑物超高增加费见表 12-9。

表 12-9　超高增加费　　　　　　　　　　　　　　（单位:100 元）

名　　称	单　位	定额含量	工程量	超高增加费
人工、机械降效系数	%	9.35	2469.52	23090.01

【例 12-6】　如图 12-4 所示一单层建筑物,其檐高 20.3m,该建筑物所有装饰装修人工费之和为 3059 元,机械费为 675 元,计算其超高增加费。

【解】　该单层建筑物檐高 20.3m 在 30m 以内,因此套用装饰定额 8-029,因为建筑物超高增加费工程量是以人工费和机械费之和以 100 元为计量单位,所以此建筑物超高增加费工程量为:

$$（3059＋675）÷100＝37.34（百元）$$

此建筑物超高增加费见表 12-10。

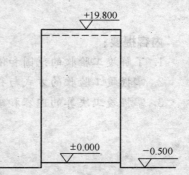

图 12-4　单层建筑物檐高

表 12-10　单层建筑物超高增加费　　　　　　　　（单位:100 元）

名　　称	单　位	定额含量	工程量	超高增加费
人工、机械降效系数	%	3.12	37.34	116.50

第四部分　土石方及桩基础工程竣工决算

第十三章　土石方及桩基础工程竣工验收与决算

内容提要：

1. 了解竣工验收的范围和依据、竣工验收的标准以及竣工决算的概念及作用。
2. 掌握竣工验收的方式与程序。
3. 掌握竣工决算的内容和编制。

第一节　工程竣工验收

一、竣工验收概述

1. 建设项目竣工验收的概念

建设项目竣工验收是指由发包人、承包人和项目验收委员会，以项目批准的设计任务书和设计文件，以及国家或部门颁发的施工验收规范和质量检验标准为依据，按照一定的程序和手续，在项目建成并试生产合格后（工业生产性项目），对工程项目的总体进行检验和认证、综合评价和鉴定的活动。

建设项目竣工验收，按被验收的对象划分，可分为单位工程验收、单项工程验收及工程整体验收（称为"动用验收"）。

通常所说的建设项目竣工验收，指的是"动用验收"，是发包人在建设项目按批准的设计文件所规定的内容全部建成后，向使用单位交工的过程。其验收程序是：整个建设项目按设计要求全部建成，经过第一阶段的交工验收，符合设计要求，并具备竣工图、竣工结算、竣工决算等必要的文件资料后，由建设项目主管部门或发包人，按照国家有关部门关于《建设项目竣工验收办法》的规定，及时向负责验收的单位提出竣工验收申请报告，按现行验收组织规定，接受由银行、物资、环保、劳动、统计、消防及其他有关部门组成的验收委员会或验收组的验收，办理固定资产移交手续。

2. 建设项目竣工验收的作用

（1）全面考核建设成果，检查设计、工程质量是否符合要求，确保建设项目按设计要求的各项技术经济指标正常使用。

（2）通过竣工验收办理固定资产使用手续，可以总结工程建设经验，为提高建设项目的经济效益和管理水平提供重要依据。

（3）建设项目竣工验收是项目施工阶段的最后一个程序，是建设成果转入生产使用的标志，是审查投资使用是否合理的重要环节。

（4）建设项目建成投产交付使用后，能否取得良好的宏观效益，需要经过国家权威管理部门按照技术规范、技术标准组织验收确认。

通过建设项目验收,国家可以全面考核项目的建设成果,检验建设项目决策、设计、设备制造和管理水平,以及总结建设经验。因此,竣工验收是建设项目转入投产使用的必要环节。

3. 建设项目竣工验收的任务

(1)发包人、勘察和设计单位、监理人、承包人分别对建设项目的决策和论证、勘察和设计以及施工的全过程进行最后的评价,对各自在建设项目进展过程中的经验和教训进行客观的评价,以保证建设项目按设计要求的各项技术经济指标正常使用。

(2)办理建设项目的验收和移交手续,并办理建设项目竣工结算和决算,以及建设项目档案资料的移交和保修手续等,总结建设经验,提高建设项目的经济效益和管理水平。

(3)承包人通过竣工验收应采取措施将该项目的收尾工作和包括市场需求、"三废"治理、交通运输等遗留问题尽快处理好,确保建设项目尽快发挥效益。

二、竣工验收的范围和依据

1. 竣工验收的范围

国家颁布的建设法规规定,凡新建、扩建、改建的基本建设项目和技术改造项目(所有列入固定资产投资计划的建设项目或单项工程),已按国家批准的设计文件所规定的内容建成,符合验收标准的,必须及时组织验收,办理固定资产移交手续,即工业投资项目经负荷试车考核。试生产期间能够正常生产出合格产品,形成生产能力的;非工业投资项目符合设计要求,能够正常使用的。不论是属于哪种建设性质,都应及时组织验收,办理固定资产移交手续。

(1)因少数非主要设备或某些特殊材料短期内不能解决,虽然工程内容尚未全部完成,但是已可以投产或使用的工程项目。

(2)规定要求的内容已完成,但是因外部条件的制约,例如流动资金不足、生产所需原材料不能满足等,而使已建工程不能投入使用的项目。

(3)有些建设项目或单项工程,已形成部分生产能力,但是近期内不能按原设计规模续建。应从实际情况出发,经主管部门批准后,可缩小规模对已完成的工程和设备组织竣工验收,移交固定资产。

(4)国外引进设备项目,按照合同规定完成负荷调试、设备考核合格后,进行竣工验收。

2. 竣工验收的条件

(1)完成建设工程设计和合同约定的各项内容,并满足使用要求,具体如下:

①民用建筑工程完工后,承包人按照施工及验收规范和质量检验标准进行自验,不合格品已自行返修或整改,达到验收标准。水、电、暖、设备、智能化、电梯经过试验,符合使用要求。

②生产性工程、辅助设施及生活设施,按合同约定全部施工完毕,室内工程和室外工程全部完成,建(构)筑物周围2m以内的场地平整完成,障碍物已清除,给排水、动力、照明、通信畅通,达到竣工条件。

③工业项目的各种管道设备、电气、空调、仪表、通信等专业施工内容已全部安装结束,已做完清洁、试压、油漆、保温等,经过试运转,试运转考核各项指标已达到设计能力并全部符合工业设备安装施工及验收规范和质量标准的要求。

④其他专业工程按照合同的规定和施工图规定的工程内容全部施工完毕,已达到相关专业技术标准,质量验收合格,达到了交工的条件。

(2)有完整的技术档案和施工管理资料。

(3)有工程使用的主要建筑材料、建筑构配件和设备的进场试验报告。

(4)有勘察、设计、施工、工程监理等单位分别签署的质量合格文件。

(5)发包人已按合同约定支付工程款。

(6)有承包人签署的工程质量保修书。

(7)在建设行政主管部门及工程质量监督部门等有关部门的历次抽查中,责令整改的问题全部整改完毕。

(8)工程项目前期审批手续齐全,主体工程、辅助工程和公用设施,已按批准的设计文件要求建成。

(9)国外引进项目或设备应按合同要求完成负荷调试考核,并达到规定的各项技术经济指标。

(10)建设项目基本符合竣工验收标准,但是有部分零星工程和少数尾工未按设计规定的内容全部建成,却不影响正常生产和使用,也应组织竣工验收。对剩余工程应按设计留足投资。

3. 竣工验收的依据

(1)国家、省、自治区、直辖市和行业行政主管部门颁布的法律、法规,现行的施工技术验收标准及技术规范、质量标准等有关规定。

(2)审批部门批准的可行性研究报告、初步设计、实施方案、施工图样和设备技术说明书。

(3)施工图设计文件及设计变更洽商记录。

(4)国家颁布的各种标准和现行的施工验收规范。

(5)工程承包合同文件。

(6)技术设备说明书。

(7)建筑安装工程统计规定及主管部门关于工程竣工规定。

从国外引进的新技术和成套设备的项目,以及中外合资建设项目,要按照签订的合同和进口国提供的设计文件等资料进行验收。

利用世界银行等国际金融机构贷款的建设项目,应按世界银行规定,按时编制《项目完成报告》。

三、竣工验收的方式与程序

1. 建设项目竣工验收的方式

(1)单位工程竣工验收(又称中间验收)。单位工程验收是承包人以单位工程或某专业工程为对象,独立签订建设工程施工合同,达到竣工条件后,承包人可单独进行交工,发包人根据竣工验收的依据和标准,按施工合同约定的工程内容组织竣工验收。按照现行建设工程项目划分标准,单位工程是单项工程的组成部分,有独立的施工图样,承包人施工完毕,征得发包人同意,或原施工合同已有约定的,可进行分阶段验收。在一些较大型的、技术较复杂的建设工程中普遍使用这种验收方式。分段验收或中间验收的做法也符合国际惯例,它可以有效控制分项、分部和单位工程的质量,保证建设工程项目系统目标的实现。

(2)单项工程竣工验收(又称交工验收)。它是在一个总体建设项目中,一个单项工程已完成设计图样规定的工程内容,能满足生产要求或具备使用条件,承包人向监理人提交"工程竣工报告"和"工程竣工报验单",经确认后向发包人发出"交付竣工验收通知书",说明工程完工情况、竣工验收准备情况、设备无负荷单机试车情况,具体约定单项工程竣工验收的有关工作。这阶段工作由发包人组织,会同承包人、监理人、设计单位和使用单位等有关部门完成。对于投标竞争承包的单项工程施工项目,则根据施工合同的约定,仍由承包人向发包人发出交工通知书请求组织验收。竣工验收前,承包人要按照国家规定,整理好全部竣工资料并完成现场竣工验收的准备工作,明确提出交工要求,发包人应按约定的程序及时组织正式验收。对于工业设备安装工程的竣工验收,则要根据设备技术规范说明书和单机试车方案,逐级进行设备的试运行。验收合格后应签署设备安装工程的竣工验收报告。

(3)全部工程的竣工验收。它是建设项目已按设计规定全部建成、达到竣工验收条件,由发包人组织设计、施工、监理等单位和档案部门进行全部工程的竣工验收。它一般是在单位工程、单项工程竣工验收的基础上进行。对已经交付竣工验收的单位工程(中间交工)或单项工程并已办理了移交手续的,原则上不再重复办理验收手续,但是应将单位工程或单项工程竣工验收报告作为全部工程竣工验收的附件加以说明。

2. 建设项目竣工验收的程序

建设项目全部建成,经过各单项工程的验收符合设计的要求,并具备竣工图表、竣工决算、工程总结等必要文件资料,由建设项目主管部门或发包人向负责验收的单位提出竣工验收申请报告,按程序验收。

(1)承包人申请交工验收。承包人在完成了合同工程或按合同约定可分部移交工程的,可申请交工验收,交工验收一般为单项工程,但是在某些特殊情况下也可以是单位工程的施工内容,例如特殊基础处理工程、发电站单机机组完成后的移交等。承包人施工的工程达到竣工条件后,应先进行预检验,对不符合要求的部位和项目,确定修补措施和标准,修补有缺陷的工程部位;对于设备安装工程,要与发包人和监理人共同进行无负荷的单机和联动试车。承包人在完成了上述工作和准备好竣工资料后,即可向发包人提交"工程竣工报验单"。

(2)监理人现场初步验收。监理人收到"工程竣工报验单"后,应由总监理工程师组成验收组,对竣工的工程项目的竣工资料和各专业工程的质量进行初验,在初验中发现的质量问题,要及时书面通知承包人,令其修理甚至返工。经整改合格后监理工程师签署"工程竣工报验单",并向发包人提出质量评估报告,至此现场初步验收工作结束。

(3)单项工程验收。

①检查、核实竣工项目准备移交给发包人的所有技术资料的完整性、准确性。

②按照设计文件和合同,检查已完工程是否有漏项。

③检查工程质量、隐蔽工程验收资料,关键部位的施工记录等,考察施工质量是否达到合同要求。

④检查试车记录及试车中所发现的问题是否得到改正。

⑤从交工验收中发现需要返工、修补的工程,明确规定完成期限。

⑥其他涉及的有关问题。验收合格后,发包人和承包人共同签署"交工验收证书"。然后,由发包人将有关技术资料和试车记录、试车报告及交工验收报告一并上报主管部门,经批准后该部分工程即可投入使用。验收合格的单项工程,在全部工程验收时,原则上不再办理验收手续。

(4)全部工程的竣工验收。全部施工过程完成后,由国家主管部门组织的竣工验收,又称为动用验收。发包人参与全部工程竣工验收。全部工程竣工验收分为验收准备、预验收和正式验收三个阶段。

1)验收准备。发包人、承包人和其他有关单位均应进行验收准备,验收准备的主要工作内容如下：

①收集、整理各类技术资料，分类装订成册。

②核实建筑安装工程的完成情况，列出已交工工程和未完工工程一览表，包括单位工程名称、工程量、预算估价以及预计完成时间等内容。

③提交财务决算分析。

④检查工程质量，查明须返工或补修的工程并提出具体的时间安排，预申报工程质量等级的评定，做好相关材料的准备工作。

⑤整理汇总项目档案资料，绘制工程竣工图。

⑥登载固定资产，编制固定资产构成分析表。

⑦落实生产准备各项工作，提出试车检查的情况报告，总结试车考评情况。

⑧编写竣工结算分析报告和竣工验收报告。

2)预验收。建设项目竣工验收准备工作结束后，由发包人或上级主管部门会同监理人、设计单位、承包人及有关单位或部门组成预验收组进行预验收。预验收的主要工作包括以下几个方面：

①核实竣工验收准备工作内容，确认竣工项目所有档案资料的完整性和准确性。

②检查项目建设标准、评定质量，对竣工验收准备过程中有争议的问题和有隐患及遗留问题提出处理意见。

③检查财务账表是否齐全并验证数据的真实性。

④检查试车情况和生产准备情况。

⑤编写竣工预验收报告和移交生产准备情况报告，在竣工预验收报告中应说明项目的概况，对验收过程进行阐述，对工程质量做出总体评价。

3)正式验收。建设项目的正式竣工验收是由国家、地方政府、建设项目投资商或开发商以及有关单位领导和专家参加的最终整体验收。大、中型和限额以上的建设项目的正式验收，由国家投资主管部门或其委托项目主管部门或地方政府组织验收，一般由竣工验收委员会（或验收小组）主任（或组长）主持，具体工作可由总监理工程师组织实施。国家重点工程的大型建设项目，由国家有关部委邀请有关方面参加，组成工程验收委员会进行验收。小型和限额以下的建设项目由项目主管部门组织。发包人、监理人、承包人、设计单位和使用单位共同参加验收工作。

①发包人、勘察设计单位分别汇报工程合同履约情况以及在工程建设各环节执行法律、法规与工程建设强制性标准的情况。

②听取承包人汇报建设项目的施工情况、自验情况和竣工情况。

③听取监理人汇报建设项目监理内容和监理情况及对项目竣工的意见。

④组织竣工验收小组全体人员进行现场检查，了解项目现状、查验项目质量，及时发现存在和遗留的问题。

⑤审查竣工项目移交生产使用的各种档案资料。

⑥评审项目质量，对主要工程部位的施工质量进行复验、鉴定，对工程设计的先进性、合理性和经济性进行复验和鉴定，按设计要求和建筑安装工程施工的验收规范和质量标准进行质量评定验收。在确认工程符合竣工标准和合同条款规定后，签发竣工验收合格证书。

⑦审查试车规程，检查投产试车情况，核定收尾工程项目，对遗留问题提出处理意见。

⑧签署竣工验收鉴定书，对整个项目做出总的验收鉴定。竣工验收鉴定书是表示建设项目

已经竣工，并交付使用的重要文件，是全部固定资产交付使用和建设项目正式动用的依据。竣工验收鉴定书的格式见表13-1。

表 13-1　建设项目竣工验收鉴定书

工 程 名 称	工 程 地 点		
工程范围	按合同要求定　　建筑面积		
工程造价			
开工日期	年　月　日　竣工日期　年　月　日		
日历工作天	实际工作天		
验收意见			
发包人验收人			

第二节　工程竣工决算

一、竣工决算的概念及作用

1. 建设项目竣工决算的概念

竣工决算是以实物数量和货币指标为计量单位，综合反映竣工项目从筹建开始到项目竣工交付使用为止的全部建设费用、投资效果和财务情况的总结性文件，是竣工验收报告的重要组成部分。它是正确核定新增固定资产价值，考核分析投资效果，建立健全经济责任制的依据，是反映建设项目实际造价和投资效果的文件。通过竣工决算，既能够正确反映建设工程的实际造价和投资效果；又可以通过竣工决算与概算、预算的对比分析，考核投资控制的工作成效，为工程建设提供重要的技术经济方面的基础资料，提高未来工程建设的投资效益。

2. 建设项目竣工决算的作用

(1)它是综合全面地反映竣工项目建设成果及财务情况的总结性文件，它采用货币指标、实物数量、建设工期和各种技术经济指标综合、全面地反映建设项目自开始建设到竣工为止全部建设成果和财务状况。

(2)它是办理交付使用资产的依据，也是竣工验收报告的重要组成部分。建设单位与使用单位在办理交付资产的验收交接手续时，通过竣工决算反映了交付使用资产的全部价值，包括固定资产、流动资产、无形资产和其他资产的价值。

(3)它是分析和检查设计概算的执行情况，考核建设项目管理水平和投资效果的依据。竣工决算反映了竣工项目计划、实际的建设规模、建设工期以及设计和实际的生产能力，反映了概算总投资和实际的建设成本，同时还反映了所达到的主要技术经济指标。通过对这些指标计划数、概算数与实际数进行对比分析，不仅可以全面掌握建设项目计划和概算执行情况，而且可以考核建设项目投资效果，为今后制订建设项目计划，降低建设成本，提高投资效果提供必要的参考资料。

二、竣工决算的内容和编制

1. 竣工决算的内容

建设项目竣工决算应包括从筹集资金到竣工投产全过程的全部实际费用，即包括建筑工程费、安装工程费、设备工器具购置费用及预备费等费用。按照财政部、国家发展与改革委员会和住房和城乡建设部的有关文件规定,竣工决算是由竣工财务决算说明书、竣工财务决算报表、工程竣工图和工程竣工造价对比分析四部分组成。其中,竣工财务决算说明书和竣工财务决算报表两部分又称建设项目竣工财务决算,是竣工决算的核心内容。

(1)竣工财务决算说明书。竣工财务决算说明书主要反映竣工工程建设成果和经验,是对竣工决算报表进行分析和补充说明的文件,是全面考核分析工程投资与造价的书面总结,是竣工决算报告的重要组成部分,其内容主要包括以下几个方面:

①建设项目概况,对工程总的评价。一般从进度、质量、安全和造价方面进行分析说明。进度方面主要说明开工和竣工时间,对照合理工期和要求工期分析是提前还是延期;质量方面主要根据竣工验收委员会或相当一级质量监督部门的验收评定等级,合格率和优良品率;安全方面主要根据劳动工资和施工部门的记录,对有无设备和人身事故进行说明;造价方面主要对照概算造价,说明节约或超支的情况,用金额和百分率进行分析说明。

②资金来源及运用等财务分析。主要包括工程价款结算、会计账务的处理、财产物资情况及债权债务的清偿情况。

③基本建设收入、投资包干结余、竣工结余资金的上交分配情况。通过对基本建设投资包干情况的分析,说明投资包干数、实际支用数和节约额、投资包干节余的有机构成和包干节余的分配情况。

④各项经济技术指标的分析。概算执行情况分析,根据实际投资完成额与概算进行对比分析;新增生产能力的效益分析,说明支付使用财产占总投资额的比例、占支付使用财产的比例,不增加固定资产的造价占投资总额的比例,分析有机构成和成果。

⑤工程建设的经验及项目管理和财务管理工作以及竣工财务决算中有待解决的问题。

⑥需要说明的其他事项。

(2)竣工财务决算报表。建设项目竣工财务决算报表根据大、中型建设项目和小型建设项目分别制定。大、中型建设项目竣工决算报表包括:建设项目竣工财务决算审批表,大、中型建设项目概况表,大、中型建设项目竣工财务决算表,大、中型建设项目交付使用资产总表,建设项目交付使用资产明细表;小型建设项目竣工财务决算报表包括建设项目竣工财务决算审批表、竣工财务决算总表、建设项目交付使用资产明细表等。

1)建设项目竣工财务决算审批表(表13-2)。该表作为竣工决算上报有关部门审批时使用,其格式是按照中央级小型项目审批要求设计的,地方级项目可按审批要求作适当修改,大、中、小型项目均要按照下列要求填报此表。

表13-2   建设项目竣工财务决算审批表

建设项目法人(建设单位)		建设性质	
建设项目名称		主管部门	
开户银行意见:			(盖章) 年　月　日
专员办审批意见:			(盖章) 年　月　日
主管部门或地方财政部门审批意见:			(盖章) 年　月　日

①表中"建设性质"按照新建、改建、扩建、迁建和恢复建设项目等分类填写。

②表中"主管部门"是指建设单位的主管部门。

③所有建设项目均须经过开户银行签署意见后，按照有关要求进行报批。中央级小型项目由主管部门签署审批意见；中央级大、中型建设项目报所在地财政监察专员办事机构签署意见后，再由主管部门签署意见报财政部审批；地方级项目由同级财政部门签署审批意见。

④已具备竣工验收条件的项目，三个月内应及时填报审批表，若三个月内不办理竣工验收和固定资产移交手续的视同项目已正式投产，其费用不得从基本建设投资中支付，所实现的收入作为经营收入，不再作为基本建设收入管理。

2)大、中型建设项目概况表（表13-3）。该表综合反映大、中型项目的基本概况，内容包括该项目总投资、建设起止时间、新增生产能力、主要材料消耗、建设成本、完成主要工程量和主要技术经济指标，为全面考核和分析投资效果提供依据，可按下列要求填写。

表 13-3　大、中型建设项目概况表

建设项目(单项工程)名称			建设地址			项　目	概算/元	实际/元	备　注
主要设计单位			主要施工企业			建筑安装工程投资			
						设备、工具、器具			
占地面积	设计	实际	总投资/万元	设计	实际	待摊投资			
						其中：建设单位管理费			
新增生产能力	能力(效益)名称			设计	实际	其他投资			
						待核销基建支出			
建设起止时间	设计		从　年　月开工至　年　月竣工			非经营项目转出投资			
	实际		从　年　月开工至　年　月竣工			合计			
初步设计和概算批准文号									
完成主要工程量	建设规模				设备(台、套、吨)				
	设计		实际		设计		实际		
收尾工程	工程项目、内容		已完成投资额		尚需投资额		完成时间		

①建设项目名称、建设地址、主要设计单位和主要承包人，要按全称填写。

②表中各项目的设计、概算、计划等指标，根据批准的设计文件和概算、计划等确定的数字填写。

③表中所列新增生产能力、完成主要工程量的实际数据，根据建设单位统计资料和承包人提供的有关成本核算资料填写。

④表中基建支出是指建设项目从开工起至竣工为止发生的全部基本建设支出,包括形成资产价值的交付使用资产,例如固定资产、流动资产、无形资产、其他资产支出,还包括不形成资产价值按照规定应核销的非经营项目的待核销基建支出和转出投资。上述支出,应根据财政部门历年批准的"基建投资表"中的有关数据填写。需要注意以下几点:

a. 建筑安装工程投资支出、设备工器具投资支出、待摊投资支出和其他投资支出构成建设项目的建设成本。

b. 待核销基建支出是非经营性项目发生的,例如江河清障、补助群众造林、水土保持、城市绿化、取消项目可行性研究、项目报废等不能形成资产部分的投资。对于能够形成资产部分的投资,应计入交付使用资产价值。

c. 非经营性项目转出投资支出是指非经营项目为项目配套的专用设施投资,包括专用道路、专用通信设施、送变电站、地下管道等,其产权不属于本单位的投资支出,对于产权归属本单位的,应计入交付使用资产价值。

⑤表中"初步设计和概算批准文号",按最后经批准的日期和文件号填列。

⑥表中收尾工程是全部工程项目验收后尚遗留的少量收尾工程,在表中应明确填写收尾工程内容、完成时间、该部分工程的实际成本,可根据实际情况进行估算并加以说明,完工后不再编制竣工决算。

3)大、中型建设项目竣工财务决算表(表13-4)。竣工财务决算表是竣工财务决算报表的一种,大、中型建设项目竣工财务决算表是用来反映建设项目的全部资金来源和资金占用情况,是考核和分析投资效果的依据。它是考核和分析投资效果,落实结余资金,并作为报告上级核销基本建设支出和基本建设拨款的依据。在编制该表前,应先编制出项目竣工年度财务决算,根据编制出的竣工年度财务决算和历年财务决算编制项目的竣工财务决算。此表采用平衡表形式,即资金来源合计等于资金支出合计。

表 13-4　大、中型建设项目竣工财务决算表　　　　　　　　　(单位:元)

资金来源	金额	资金占用	金额	补充资料
一、基建拨款		一、基本建设支出		
1. 预算拨款		1. 交付使用资产		
2. 基建基金拨款		2. 在建工程		1. 基建投资借款期末余额
其中:国债专项资金拨款		3. 待核销基建支出		
3. 专项建设基金拨款		4. 非经营性项目转出投资		
4. 进口设备转账拨款		二、应收生产单位投资借款		
5. 器材转账拨款		三、拨付所属投资借款		
6. 煤代油专用基金拨款		四、器材		2. 应收生产单位投资借款期末数
7. 自筹资金拨款		其中:待处理器材损失		
8. 其他拨款		五、货币资金		
二、项目资本金		六、预付及应收款		
1. 国家资本		七、有价证券		3. 基建结余资金
2. 法人资本		八、固定资产		

续表 13-4

资金来源	金额	资金占用	金额	补充资料
3. 个人资本		固定资产原价		
三、项目资本公积金		减：累计折旧		
四、基建借款		固定资产净值		
其中：国债转贷		固定资产清理		
五、上级拨入投资借款		待处理固定资产损失		
六、企业债券资金				
七、待冲基建支出				
八、应付款				
九、未交款				
1. 未交税金				
2. 其他未交款				
十、上级拨入资金				
十一、企业留成收入				
合　　计		合　　计		

大、中型建设项目竣工财务决算表编制方法如下：

①资金来源包括基建拨款、项目资本金、项目资本公积金、基建借款、上级拨入投资借款、企业债券资金、待冲基建支出、应付款和未交款以及上级拨入资金和企业留成收入等。

a. 项目资本金是经营性项目投资者按国家有关项目资本金的规定，筹集并投入项目的非负债资金，在项目竣工后，相应转为生产经营企业的国家资本金、法人资本金、个人资本金和外商资本金。

b. 项目资本公积金是经营性项目投资者实际缴付的出资额超过其资金的差额（包括发行股票的溢价净收入）、资产评估确认价值或者合同协议约定价值与原账面净值的差额、接受捐赠的财产、资本汇率折算差额，在项目建设期间作为资本公积金，项目建成交付使用并办理竣工决算后，转为生产经营企业的资本公积金。

c. 基建收入是基建过程中形成的各项工程建设副产品变价净收入、负荷试车的试运行收入以及其他收入，在表中基建收入以实际销售收入扣除销售过程中所发生的费用和税后的实际纯收入填写。

②表中"交付使用资产"、"预算拨款"、"自筹资金拨款"、"其他拨款"、"项目资本金"、"基建借款"、"其他借款"等项目，是指自开工建设至竣工的累计数，上述有关指标应根据历年批复的年度基本建设财务决算和竣工年度的基本建设财务决算中资金平衡表相应项目的数字进行汇总填写。

③表中其余项目费用办理竣工验收时的结余数，根据竣工年度财务决算中资金平衡表的有关项目期末数填写。

④资金支出反映建设项目从开工准备到竣工全过程资金支出的情况，内容包括基建支出、应收生产单位投资借款、库存器材、货币资金、有价证券和预付及应收款以及拨付所属投资借款和库存固定资产等，资金支出总额应等于资金来源总额。

⑤基建结余资金可以按下列公式计算：

基建结余资金＝基建拨款＋项目资本金＋项目资本公积金＋基建投资借款＋企业债券基金
＋待冲基建支出－基本建设支出－应收生产单位投资借款

4）大、中型建设项目交付使用资产总表（表 13-5）。该表反映建设项目建成后新增固定资产、流动资产、无形资产和其他资产价值的情况和价值，作为财产交接、检查投资计划完成情况和分析投资效果的依据。小型项目不编制"交付使用资产总表"，直接编制"交付使用资产明细表"，大、中型项目在编制"交付使用资产总表"的同时，还需编制"交付使用资产明细表"，大、中型建设项目交付使用资产总表具体编制方法如下。

表 13-5 大、中型建设项目交付使用资产总表 （单位：元）

序号	单项工程项目名称	总计	固定资产				流动资产	无形资产	其他资产
			合计	建安工程	设备	其他			

交付单位： 负责人： 接受单位： 负责人：

盖 章 年 月 日 盖 章 年 月 日

①表中各栏目数据根据"交付使用明细表"的固定资产、流动资产、无形资产、其他资产的各相应项目的汇总数分别填写，表中总计栏的总计数应与竣工财务决算表中的交付使用资产的金额一致。

②表中第3栏，第4栏，第8、9、10栏的合计数，应分别与竣工财务决算表交付使用的固定资产、流动资产、无形资产、其他资产的数据相符。

5)建设项目交付使用资产明细表（表13-6）。该表反映交付使用的固定资产、流动资产、无形资产和其他资产及其价值的明细情况，是办理资产交接和接收单位登记资产账目的依据，是使用单位建立资产明细账和登记新增资产价值的依据。大、中型和小型建设项目均需编制此表。编制时要做到齐全完整，数字准确，各栏目价值应与会计账目中相应科目的数据保持一致。建设项目交付使用资产明细表具体编制方法如下。

表 13-6 建设项目交付使用资产明细表

单项工程名称	建筑工程			设备、工具、器具、家具						流动资产		无形资产		其他资产	
	结构	面积/m²	价值/元	名称	规格型号	单位	数量	价值/元	设备安装费/元	名称	价值/元	名称	价值/元	名称	价值/元

①表中"建筑工程"项目应按单项工程名称填写其结构、面积和价值。其中"结构"按钢结构、钢筋混凝土结构、混合结构等结构形式填写;面积则按各项目实际完成面积填写;价值按交付使用资产的实际价值填写。

②固定资产部分要在逐项盘点后,根据盘点实际情况填写,工具、器具和家具等低值易耗品可分类填写。

③表中"流动资产"、"无形资产"、"其他资产"项目应根据建设单位实际交付的名称和价值分别填写。

6)小型建设项目竣工财务决算总表(表13-7)。因为小型建设项目内容比较简单,所以可将工程概况与财务情况合并编制一张"竣工财务决算总表",该表主要反映小型建设项目的全部工程和财务情况。具体编制时可参照大、中型建设项目概况表指标和大、中型建设项目竣工财务决算表相应指标内容填写。

表 13-7 小型建设项目竣工财务决算总表

建设项目名称					建设地址			资金来源		资金运用	
初步设计概算批准文号								项目	金额/元	项目	金额/元
占地面积	计划	实际	总投资/万元	计划		实际		一、基建拨款 其中:预算拨款		一、交付使用资产	
				固定资产	流动资金	固定资产	流动资金	二、项目资本金		二、待核销基建支出	
								三、项目资本公积金		三、非经营项目转出投资	
新增生产能力	能力(效益)名称		设计		实际			四、基建借款		四、应收生产单位投资借款	
								五、上级拨入借款			
建设起止时间	计划		从 年 月开工 至 年 月竣工					六、企业债券资金		五、拨付所属投资借款	
	实际		从 年 月开工 至 年 月竣工					七、待冲基建支出		六、器材	
基建支出	项目			概算/元		实际/元		八、应付款		七、货币资金	
	建筑安装工程							九、未付款 其中: 未交基建收入 未交包干收入		八、预付及应收款	
	设备 工具 器具									九、有价证券	
	待摊投资 其中:建设单位管理费							十、上级拨入资金		十、原有固定资产	
	其他投资							十一、留成收入			
	待核销基建支出										
	非经营性项目转出投资										
	合 计							合计		合计	

（3）建设工程竣工图。它是真实地记录各种地上、地下建筑物、构筑物等情况的技术文件，是工程进行交工验收、维护、改建和扩建的依据，是国家的重要技术档案。全国各建设、设计、施工单位和各主管部门都要认真做好竣工图的编制工作。国家规定：各项新建、扩建、改建的基本建设工程，特别是基础、地下建筑、管线、结构、井巷、桥梁、隧道、港口、水坝以及设备安装等隐蔽部位，都要编制竣工图。为确保竣工图质量，必须在施工过程中（不能在竣工后）及时做好隐蔽工程检查记录，整理好设计变更文件。编制竣工图的形式和深度，应根据不同情况区别对待，其具体要求如下。

1）凡按图竣工没有变动的，由承包人（包括总包和分包承包人）在原施工图上加盖"竣工图"标志后，即作为竣工图。

2）凡在施工过程中，虽有一般性设计变更，但是能将原施工图加以修改补充作为竣工图的，可不重新绘制，由承包人负责在原施工图（必须是新蓝图）上注明修改的部分，并附以设计变更通知单和施工说明，加盖"竣工图"标志后，作为竣工图。

3）凡结构形式改变、施工工艺改变、平面布置改变、项目改变以及有其他重大改变，不宜再在原施工图上修改、补充时，应重新绘制改变后的竣工图。由原设计原因造成的，由设计单位负责重新绘制；由施工原因造成的，由承包人负责重新绘图；由其他原因造成的，由建设单位自行绘制或委托设计单位绘制。承包人负责在新图上加盖"竣工图"标志，并附以有关记录和说明，作为竣工图。

4）为了满足竣工验收和竣工决算需要，还应绘制反映竣工工程全部内容的工程设计平面示意图。

5）重大的改建、扩建工程项目涉及原有的工程项目变更时，应将相关项目的竣工图资料统一整理归档，并在原图案卷内增补必要的说明。

（4）工程造价对比分析。对控制工程造价所采取的措施、效果及其动态的变化需要进行认真地对比，总结经验教训。批准的概算是考核建设工程造价的依据。在分析时，可先对比整个项目的总概算，然后将建筑安装工程费、设备工器具费和其他工程费用逐一与竣工决算表中所提供的实际数据和相关资料及批准的概算、预算指标、实际的工程造价进行对比分析，以确定竣工项目总造价是节约还是超支，并在对比的基础上，总结先进经验，找出节约和超支的内容和原因，提出改进措施。在实际工作中，应主要分析以下内容。

1）主要实物工程量。对于实物工程量出入比较大的情况，必须查明原因。

2）主要材料消耗量，考核主要材料消耗量，要按照竣工决算表中所列明的三大材料实际超概算的消耗量，查明是在工程的哪个环节超出量最大，再进一步查明超耗的原因。

3）考核建设单位管理费、措施费和间接费的取费标准。建设单位管理费、措施费和间接费的取费标准要按照国家和各地的有关规定，根据竣工决算报表中所列的建设单位管理费与概预算所列的建设单位管理费数额进行比较，依据规定查明多列或少列的费用项目，确定其节约超支的数额，并查明原因。

2. 竣工决算的编制

（1）竣工决算的编制依据。

①经批准的可行性研究报告、投资估算书，初步设计或扩大初步设计、修正总概算及其批复文件。

②经批准的施工图设计及其施工图预算书。

③设计交底或图样会审会议纪要。

④设计变更记录、施工记录或施工签证单及其他施工发生的费用记录。

⑤招标控制价、承包合同、工程结算等有关资料。

⑥历年基建计划、历年财务决算及批复文件。

⑦设备、材料调价文件和调价记录。

⑧有关财务核算制度、办法和其他有关资料。

（2）竣工决算的编制要求。

①按照规定组织竣工验收，保证竣工决算的及时性。竣工结算是对建设工程的全面考核。所有的建设项目（或单项工程）按照批准的设计文件所规定的内容建成后，具备了投产和使用条件的，都要及时组织验收。对于竣工验收中发现的问题，应及时查明原因，采取措施加以解决，以保证建设项目按时交付使用和及时编制竣工决算。

②积累、整理竣工项目资料，保证竣工决算的完整性。积累、整理竣工项目资料是编制竣工决算的基础工作。它关系到竣工决算的完整性和质量的好坏。所以，在建设过程中，建设单位必须随时收集项目建设的各种资料，并在竣工验收前，对各种资料进行系统整理，分类立卷，为编制竣工决算提供完整的数据资料，为投产后加强固定资产管理提供依据。在工程竣工时，建设单位应将各种基础资料与竣工决算一起移交给生产单位或使用单位。

③清理、核对各项账目，保证竣工决算的正确性。工程竣工后，建设单位要认真核实各项交付使用资产的建设成本；做好各项账务、物资以及债权的清理结余工作，应偿还的及时偿还，该收回的应及时收回，对各种结余的材料、设备、施工机械工具等，要逐项清点核实，妥善保管，按照国家有关规定进行处理，不得任意侵占；对竣工后的结余资金，要按规定上交财政部门或上级主管部门。在完成上述工作，核实了各项数字的基础上，正确编制从年初起到竣工月份止的竣工年度财务决算，以便根据历年的财务决算和竣工年度财务决算进行整理汇总，编制建设项目决算。

按照规定竣工决算应在竣工项目办理验收交付手续后一个月内编好，并上报主管部门，有关财务成本部分，还应送经办行审查签证。主管部门和财政部门对报送的竣工决算审批后，建设单位即可办理决算调整和结束有关工作。

（3）竣工决算的编制步骤。

①收集、整理和分析有关依据资料。在编制竣工决算文件之前，应系统地整理所有的技术资料、工料结算的经济文件、施工图样和各种变更与签证资料，并分析它们的准确性。完整、齐全的资料，是准确而迅速编制竣工决算的必要条件。

②清理各项财务、债务和结余物资。在收集、整理和分析有关资料中，要特别注意建设工程从筹建到竣工投产或使用的全部费用的各项账务、债权和债务的清理，做到工程完毕账目清晰，既要核对账目，又要查点库存实物的数量，做到账与物相等，账与账相符，对结余的各种材料、工器具和设备，要逐项清点核实，妥善管理，并按规定及时处理，收回资金。对各种往来款项要及时进行全面清理，为编制竣工决算提供准确的数据和结果。

③核实工程变动情况。重新核实各单位工程、单项工程造价，将竣工资料与原设计图样进行查对、核实，必要时可实地测量，确认实际变更情况；根据经审定的承包人竣工结算等原始资

料,按照有关规定对原概、预算进行增减调整,重新核定工程造价。

④编制建设工程竣工决算说明。按照建设工程竣工决算说明的内容要求,根据编制依据材料填写在报表中的结果,编写文字说明。

⑤填写竣工决算报表。按照建设工程决算表格中的内容,根据编制依据中的有关资料进行统计或计算各个项目和数量,并将其结果填到相应表格的栏目内,完成所有报表的填写。

⑥做好工程造价对比分析。

⑦清理、装订好竣工图。

⑧上报主管部门审查存档。

将上述编写的文字说明和填写的表格经核对无误,装订成册,即为建设工程竣工决算文件。将其上报主管部门审查,并把其中财务成本部分送交开户银行签证。竣工决算在上报主管部门的同时,抄送有关设计单位。大、中型建设项目的竣工决算还应抄送财政部、建设银行总行和省、自治区、直辖市的财政局和建设银行分行各一份。建设工程竣工决算的文件,由建设单位负责组织人员编写,在竣工建设项目办理验收使用一个月之内完成。

参 考 文 献

[1] 中华人民共和国住房和城乡建设部. 建设工程工程量清单计价规范 GB 50500—2008[S]. 北京：中国计划出版社，2008.

[2] 住房和城乡建设部标准定额研究所. 建设工程工程量清单计价规范 GB 50500—2008 宣贯辅导教材[M]. 北京：中国计划出版社，2008.

[3] 中华人民共和国建设部. 全国统一建筑工程预算工程量计算规则（土建工程）GJDGZ—101—1995[S]. 北京：中国计划出版社，2002.

[4] 中华人民共和国建设部. 全国统一建筑工程基础定额（土建工程）GJD—101—1995[S]. 北京：中国计划出版社，2002.

[5] 中华人民共和国建设部. 建筑工程建筑面积计算规范 GB/T 50353—2005[S]. 北京：中国计划出版社，2005.

[6] 曹启坤. 土建施工员[M]. 武汉：华中科技大学出版社，2009.

[7] 建设部人事教育司、城市建设司. 施工员专业与实务[M]. 北京：中国建筑工业出版社，2006.

[8] 张建新，徐琳. 土建工程造价员速学手册[M]. 北京：知识产权出版社，2009.

[9] 武建文. 造价工程师提高必读[M]. 北京：中国电力出版社，2005.

[10] 谭大璐. 工程估价（第三版）[M]. 北京：中国建筑工业出版社，2008.

[11] 曾繁伟. 工程估价学[M]. 北京：中国经济出版社，2005.

[12] 高继伟. 建筑基础工程预算知识问答[M]. 北京：机械工业出版社，2009.